Second Edition

Lebesgue's Theory of Integration:
Its Origins and Development *Thomas Hawkins*

∫

제2판

르베그 적분

기원과 발달

Thomas Hawkins 지음 | **김경화** 옮김

教友社

Lebesgue's Theory of Integration:
Its Origins and Development, Second Edition
by Thomas Hawkins

The Kyowoosa edition is based on
a translation of the American Mathematical Society edition, 2001.

Both the Kyowoosa edition and the American Mathematical Society edition were published by arrangement with the University of Wisconsin Press. Rights inquiries should be directly to the University of Wisconsin Press.

머리말

이 책은 적분론의 이론과 역사적 진화에 대한 나의 흥미로부터 태어났다. 현대의 측도와 적분론이 프랑스 수학자 앙리 르베그의 업적에 뿌리를 두고 있다는 것은 잘 알려져 있다. 르베그의 업적을 실제로 논하는 것은 상대적으로 적은 공간 만을 차지하게 하였으나, 그것이 책 전체의 초점이 된다. 나의 목표는 적분론에 대한 르베그의 초기 업적 (1901 – 10)을, 한편으로, 그것의 동기가 되고 중요성을 부여한 19세기 동안의 발전과, 다른 한편으로는, 그의 동시대인들이 이 분야에 기여한 것과 연관시킴으로써, 적절한 역사적 맥락 안에 놓도록 하는 것 이었다. 나는 이 책이 많은 다른 수학자들의 업적 위에 그의 업적이 쌓아진 방식을 인정하는 균형 잡힌 르베그의 천재성에 대해 이해하게 만들 것을 바란다.

형식에 관한 몇 가지 말이 필요하다. 채택된 수학적 표기법은 아이디어의 흐름을 방해하는 것을 최소화 하고자 하는 의도로 선택되었다. 그래서 나는 저자의 표기법을 그것이 편리한 경우에만 따르거나 모방하였다. 그러나 표기법이 불일치하는 경우에도, 독자는 논의를 원래의 논문과 연관 짓는데 거의 어려움이 없을 것이다. 용어해설은 에를 들면 “기본정리 II”와 “리만의 적분 가능성 조건 (R_1)”처럼 이 책에 특히 자주 사용되는 표현뿐만 아니라 전문용어들을 포함한다.

마지막으로, 나는 격려와 조언을 준 위스콘신 대학교의 R. Creighton Buck 교수와 Erwin Hiebert 교수에게 감사하고, 가치를 따질 수 없는 보조적 역할을 해 준 나의 아내 Marie에게 감사하고, 이 책을 쓸 수 있도록 한 연구를 수행하는 데 재정적 지원을 한 National Science Foundation에 감사하고 싶다. 또한 첫 번째 판의 104쪽에 있는 중대한 오류를 일깨워 준 플로렌스 대학교의 Gerald S. Goodman 교수에게 감사한다.

Thomas Hawkins

역자 머리말

수학의 역사에 대한 책을 읽는 것은 확실히 한글이 아니면 이해가 느리다. 이것이 나 만의 문제는 아닐 것이라는 생각에 번역을 하게 되었다.

현재 르베그 적분론이 해석학을 비롯하여 적분이 나오는 모든 분야에서 이론의 기초가 되어 있으나, 대학의 학부 학생들이 르베그 적분론을 배우는 데 있어 어려움을 느끼고 있는 것이 현실이다. 이에 르베그 적분론의 탄생의 동기와 배경을 제공해 준 이론의 발전 과정을 알면, 르베그 적분론에 대한 흥미가 돋아져서 그 이론을 습득하는 데 도움이 되리라고 생각하였다. 그래서 보다 더 많은 학생들이 보다 더 쉽게 역사적 배경을 익힐 수 있도록, 한글로 된 책을 제공해 주기 위하여 이 책을 번역하게 되었다.

어휘 선택이 자연스럽지 못한 부분들에 대해 독자들의 이해를 구하며, 이 책이 나오게끔 해 주신 교우사의 오판근 사장님께 감사드린다.

2012년 1월

옮긴이 김경화

차 례

서론

최초로 순수한 적분론을 창조한 사람은 르베그라고 할 수 있다. 르베그적분론 이전에 여러 정의, 정리, 예들이 있었으나 그들 사이의 일관성이나 완벽함이 부족하였다. 그럼에도 불구하고 이 르베그 이전의 것들이 르베그에게 다음을 제공하였다.

(1) 충분히 개발된 측도론적 견해

(2) 리만적분의 정의에서 발견된 여러 이론적 "문제들" (당시에는 문제가 있다고 진지하게 생각되지 않았지만).

르베그가 무엇을 했고 왜 했나를 이해하기 위하여, (1)과 (2)가 나오도록 한 역사적 배경 속에서 르베그가 한 일을 생각해 볼 필요가 있다. 이 이유로 이 책의 상당부분에서 이 과정을 살펴 볼 것이다. 역사적 관점을 왜곡하지 않으면서 (1)과 (2)가 나오게 한 발전과정을 분리해서 다루는 것은, 그들이 상당히 겹쳐지기 때문에, 어려울 것이며, 그래서 그 접근법은 시도하지 않았다. 그러나 (1)과 (2) 각각의 중요성을 분명하게 하기 위하여, 책 전체에 대한 개요로 시작할 가치가 있다.

측도론적 견해의 발달이 역사적으로 중요한 것은 그것이 코시-리만의 정의를 보는 새로운 방법들을 주었다는 것이다 - 그 방법들은 코시-리만 정의가 일반화 될 수 있음을 더 분명하게 보이도록 하였다. 리만의 적분론(1854)은 코시의 적분론으로부터 적분가능한 함수에 대한 가정을 가능한 한 약하게 하여 만들어졌다. 즉, 코시는 연속함수로 제한했지만 리만은 유계함수 $f(x)$가 $[a, b]$에서 적분가능

하기 위한 필요충분조건을 코시합

$$S=\sum_{k=1}^{n} f(t_k)(x_k-x_{k-1})$$

이 분할의 노름이 0에 접근할 때 유일한 극한값으로 접근하는 것으로 정의하였다. 여기서 $a=x_0<x_1<\cdots<x_n=b$이고 $t_k\in[x_{k-1}, x_k]$이다. 이 유일한 극한값을 $\int_a^b f(x)\,dx$ 로 정의하였다.

리만의 정의가 지금은 분명하고 거의 사소한 것처럼 보이지만 역사적으로는 매우 용감하고 통찰력이 뛰어난 과거로부터의 출발을 의미하였다. 왜냐하면 그것은 함수에 대한 매우 다른 개념을 포함했기 때문이다. 당시에 리만의 이론은 일반성에 있어서 궁극에 달한 것처럼 보였다. 왜냐하면 그의 적분가능성 조건은 코시합에 기초한 전통적 정의가 의미를 가질 수 있는 가장 약한 조건이었고, 그 적분가능성 조건이 매우 약한 것이어서 불연속점들이 조밀 집합(dense set)이 되는 함수 – 존재성조차도 대부분의 수학자들이 생각하지 못했던 함수 – 까지 적분개념이 확장될 수 있었기 때문이다. 따라서 더욱 일반화 하는 것은 생각할 수 없는 듯하였다. 즉, 코시합이 적분의 정의에 대한 유일한 접근방법이라고 생각되는 한 생각할 수 없었다. 이 면에서 측도론적 개념이 리만적분을 정의하는 새로운 토대를 제공하였기 때문에 매우 중요해졌다.

우선 몇 개의 정의를 보자. S가 실수들의 유계집합일 때 S의 *외용량*은 다음과 같이 정의되는 실수 $c_e(S)$이다. $I_1, \ldots, I_n$ 이 $S\subset\bigcup_{k=1}^{n} I_k$의 의미에서 S를 덮는 유한개의 구간이라 하자. 그러면 $c_e(S)$는 I_k들이 S를 덮고 $L(I_k)$가 I_k의 길이일 때 $\sum_{k=1}^{n} L(I_k)$ 형태의 모든 실수들의 최대하계이다. 마찬가지로 S의 *내용량* $c_i(S)$는 $I_k\cap I_{k'}=\varnothing$ 이고 $\bigcup_{k=1}^{n} I_k\subset S$일 때 $\sum_{k=1}^{n} L(I_k)$들의 최소상계로 정의된다. $c_i(S)=c_e(S)$이면 S는 *죠르단–측정가능*이라고 하고, 측정가능집합의 *용량*은 $c(S)=c_i(S)=c_e(S)$이다. 르베그측도가 아니라 용량을 말하는 것이 분명할 때는 “죠르단”을 빼고 그냥 “측정가능”이라고 우리는 말할 것이다. 이 정의들은 자연스럽게 고차원으로 확장된다.

1890년대 초에 나온 이 개념들은 리만의 적분가능성 조건을 나타내는 두 개의 새로운 표현을 제시하였다. 첫 번째 것은 함수의 적분을 그래프에 의해 둘러싸이는 부분의 면적으로 보는 "기하학적" 견해에 기초한다. 구간 $[a, b]$에서 정의되고 유계인 f에 대해, E를 f의 그래프, 직선 $x=a$와 $x=b$, 그리고 x-축에 의해 둘러싸이는 평면상의 점들의 집합을 나타내는 것으로 하자. 그러면 f가 리만-적분 가능할 필요충분조건은 집합 E가 죠르단-측정가능인 것이고,

(1) $$\int_a^b |f| = c(E), \int_a^b f = c(E^+) - c(E^-)$$

이다. 여기서 E^+와 E^-는 각각 x축의 위와 아래에 있는 E의 부분을 나타낸다.

두 번째 것은 f의 하적분과 상적분, 즉 $\underline{\int_a^b} f$와 $\overline{\int_a^b} f$가 같아야 한다는 사실로부터 나온다. $a = x_0 < x_1 < \cdots < x_n = b$가 $[a, b]$의 분할을 나타내고, m_i와 M_i는 각각 $[x_{i-1}, x_i]$에서 $f(x)$의 최대하계와 최소상계를 나타낼 때

$$L = \sum_{i=1}^{n} m_i(x_i - x_{i-1}), \ U = \sum_{i=1}^{n} M_i(x_i - x_{i-1})$$

에 대해 $\underline{\int_a^b} f$와 $\overline{\int_a^b} f$는 각각 L과 U들의 최소상계와 최대하계를 나타낸다. 측정가능집합 개념의 도입은 적분가능성에 대한 이 표현을 다음과 같이 변형시키게 하였다. 좀 더 일반적인 합

(2) $$L = \sum_{i=1}^{n} m_i c(E_i) \text{와 } U = \sum_{i=1}^{n} M_i c(E_i)$$

를 생각하자. 여기서 E_i들은 $[a, b] = \bigcup_{i=1}^{n} E_i$인 측정가능이고 서로소인 집합이다. 그러면 L의 최소상계와 U의 최대하계는 여전히 f의 하적분과 상적분이고, 따라서 리만의 적분가능조건은 좀 더 일반적인 이 합들에 의해 나타내질 수 있다.

이 두 표현은 측도와 측정가능 개념을 일반화함으로써 적분과 적분가능 개념을 일반화시킬 수 있으리라는 것을 볼 수 있도록 하였다. 달리 말하면, $\mathfrak{M}$이 죠르단-측정가능 집합들을 포함하는 측정가능 집합들의 모임을 나타낸다고 하고, $\mathfrak{M}$의 모든 원소들에 대해 E가 죠르단-측정가능일 때 $m(E)$가 $c(E)$와 일치하도록 측도

$m(E)$가 정의되었다고 하자. 그러면 리만적분가능 함수에 대한 첫 번째 표현, 식(1)은 적분가능 개념이 유계함수 f에 대응되는 집합 E가 $\mathfrak{M}$에 속하는 모든 유계함수 f로 확장될 수 있음을 암시한다. 그러면 f의 적분은 $\int_a^b f = m(E^+) - m(E^-)$로 정의될 수 있을 것이다. 비슷하게, 두 번째 표현, 식(2)는 $\mathfrak{M}$에 대한 하적분과 상적분 $*\underline{\int_a^b} f$ 와 $*\overline{\int_a^b} f$ 를 이제 E_i가 $\mathfrak{M}$에 속할 때, 합

$$L^* = \sum_{i=1}^{n} m_i m(E_i) \text{와} \quad U^* = \sum_{i=1}^{n} M_i m(E_i)$$

에 대해 L^*의 최소상계와 U^*의 최대하계로 정의하는 것을 암시한다. 그러면

$$\underline{\int_a^b} f \leq *\underline{\int_a^b} f \leq *\overline{\int_a^b} f \leq \overline{\int_a^b} f$$

이고, $*\underline{\int_a^b} f = *\overline{\int_a^b} f$ 이면 f는 적분가능하다고 정의할 수 있었다. 분명히, 좀 더 넓은 측정가능 개념에 기초한 이 두 정의들은 리만적분의 일반화를 나타낸다; $\mathfrak{M}$이 르베그측정가능 집합들의 모임이면, 이 정의들은 유계함수에 대한 르베그적분이 된다.

르베그가 (그리고 독립적으로 Young, W. H. 이) 적분의 일반화를 얻은 것은 근본적으로 그러한 생각들을 통해서였다 – 보렐이 일반화된 측도가 가져야할 성질들을 제시한 후에. 사실, 일단 이 아이디어들이 나온 후에는, 누군가가 그것들을 결국 적분개념에 적용하는 것은 필연적이었고, 르베그 이전의 측도론적 개념의 전개와 적분론과의 관계에 특별한 관심이 기울여지는 것은 이 이유 때문이다.

그러나 적분의 일반화된 정의는 르베그에게 적분론에 대한 그의 기여의 단지 시작이며 최소한의 중요한 부분이다. 초기 발견을 중요하게 만든 것은 그가 옛 적분론과 관련하여 생겼던 해결 안 된 문제들을 다룰 수 있는 – 그리고 광범위하게 극복할 수 있는 – 해석적 도구를 그 안에서 알아 볼 수 있었다는 것이다. 르베그가 한때 설명했듯이, "일반화하는 헛된 즐거움을 위해서가 아니고 이전에 존재했던 문제들을 풀기 위하여 만들어진 일반화는 항상 유익한 일반화이다" [1966: 194].

사실, 해결 안 된 문제들이 르베그의 모든 주요 결과들의 동기가 되었다.

첫 번째 그러한 문제는 1822년에 푸리에에 의해 부지중에 제기되었다: (A) 유계 함수 f가 삼각급수로 나타내 질 수 있으면, 그 급수는 f의 푸리에급수인가? (A)와 밀접하게 관계된, (B) 언제 무한 함수급수를 항별적분하는 것이 가능한가? 즉, 언제

$$\int_a^b \left(\sum_{n=1}^{\infty} u_n(x)\right) dx = \sum_{n=1}^{\infty} \int_a^b u_n(x)\, dx$$

가 사실인가? 푸리에는 (B)에 대한 답이 *항상*이라고 가정하고 (A)에 대한 답이 *그렇다*라는 것을 증명하기 위하여 (B)를 사용하였다. 19세기 말에 이르러 $f(x) = \sum_{n=1}^{\infty} u_n(x)$가 리만-적분가능할 필요가 없다는 정확한 이유로 (B)가 균등유계인 급수에 대해서조차 항상 사실은 아니라는 것이 알려졌다. 또한 얻어진 긍정적 결과들은 매우 긴 증명을 필요로 하였다. 그러나 이 상황은 르베그로 하여금 르베그-적분가능 함수 $u_n(x)$들의 균등유계 급수에 대해 (B)가 사실임을 멋지게 증명하도록 길을 닦아 주었다. 그리고 이 결과를 (A)에 적용시킴으로써, 르베그는 답이 *항상*이라는 푸리에의 믿음을 확인할 수 있었다.

다른 어려움의 근원은 우리가 기본정리 II 라고 이름붙인 것, 즉,

$$\int_a^b f'(x)\, dx = f(b) - f(a)$$

라는 주장이었다. 디니와 볼테라의 결과는 적분가능하지 않은 유계 도함수를 갖는 함수가 존재해서 기본정리 II가 그 함수들에 대해 의미가 없어진다는 것을 분명하게 해 주었다. 나중에 이 성질을 갖는 함수들의 부류가 더 발견되었다. 하낵이 리만적분을 비유계함수로 확장시킨 것과 관련하여 또 다른 문제가 생겨났다. 왜냐하면 조밀하게 분포된 구간들 각각에서 함수값이 변하지 않는 연속단조함수들이 발견되었기 때문이다. 이 함수들은 기본정리 II가 성립하지 않는 하낵-적분가능 도함수들의 예가 되었다. 주로 르베그가 얻은 몇몇 정리들이 이 문제들을 해결하였다.

위에 언급된 단조함수들의 존재 또한 문제를 제기하였다: 언제 연속함수가 적분인가? 이것은 하낵으로 하여금 그 이후로 "절대연속"이라고 이름붙인 성질을 보여

주게 하였다. 1890년대에 비록 아무도 모든 절대연속함수가 적분이라는 것을 실제로 증명할 수 없었지만 절대연속은 절대수렴하는 급수의 고유한 성질로 간주되었다. 그러나 르베그는 이것이 정확히 적분이 그의 의미로 택해지는 경우라는 것을 깨달았다.

무한 점집합을 더 깊게 이해함으로써 기본정리 II와 관련된 문제들을 발견하게 되었다. 무한집합에 대한 초기의 이론은 곡선 $y=f(x)$의 길이에 대한 고전적 공식 $L=\int_a^b [1+(f')^2]^{\frac{1}{2}}$이 의미를 갖는가 하는 데에 대한 흥미를 불러 일으켰다. 이 문제에 대한 관심을 처음으로 보인 뒤 보아-레이몽은 현대 함수개념의 일반적 맥락에서 길이를 구할 수 있음과 곡선의 길이 개념들을 다루는데 적분론을 빼놓을 수 없음을 확신하였다. 그러나 이 견해는 19세기 말까지, 특히 셰퍼(Scheefer, L.)의 비판과 반례 때문에, 지지할 수 없는 것으로 보였다. 르베그는 이 문제에 매우 흥미를 느꼈고 곡선의 길이와 적분 개념들이 밀접하게 관계를 갖는다는 뒤 보아-레이몽의 주장이 확실함을 뒷받침 하는데 그의 적분론의 방법과 결과들을 사용할 수 있었다.

기본정리 II에 관한 것과 곡선의 길이를 구하는 것에 대한 이론에 관한 르베그의 연구는 유계변동연속함수(continuous function of bounded variation)가, 아마도 르베그측도 0을 갖는 집합에서를 제외하고, 유한한 도함수를 갖는다는 것을 그가 발견하는데 중요한 역할을 하였다. 이 정리는 연속함수의 미분가능성에 대한 100년에 걸친 논의에 비추어 볼 때 더욱 중요해진다. 19세기 전반부 경에, 비록 연속함수가 "조각마다" 단조하다고 자주 가정되었지만, 연속함수는 "대부분의" 점에서 미분가능하다고 일반적으로 생각되었다. (그래서 미분가능성과 단조성은, 조금이나마, 서로 관련이 있었다.) 세기 말에 이르러 이 견해는 믿어지지 않았고, 바이어슈트라스는 어느 곳에서도 미분가능하지 않은 연속 단조함수가 틀림없이 있을 것이라고 느꼈다. 그래서, 어떤 의미로, 르베그의 정리는 이전 세대 수학자들의 직관을 구체화시킨 것이라고 할 수 있다.

적분개념에 대한 리만의 확장은 또한 이중적분과 반복적분이 같다고 하는 고전적 정리, 즉, R이 $a \le x \le b$와 $c \le y \le d$에 의해 결정되는 사각형일 때

$$\int_R f(x,y)\,dR = \int_a^b \left[\int_c^d f(x,y)\,dy \right] dx = \int_c^d \left[\int_a^b f(x,y)\,dx \right] dy$$

와 관련된 문제를 불러 일으켰다. $f(x,y)$가 R 위에서 적분가능할 때, 함수 $x \to f(x,y)$와 $y \to f(x,y)$는 각각 y와 x의 조밀집합 - 양의 외용량을 가진 집합 - 에서 적분가능하지 않을 수 있다는 것이 곧 발견되었다. 그러므로 고전적 표현은 수정되어야 했다. 그리고 비유계함수를 생각할 때는 더 크게 수정해야한다는 것이 나중에 발견되었다. 비록 르베그가 이 부적절한 것을 해결하지는 않았지만 그 문제를 다룸으로써, 간단한 고전적 표현을 본질적으로 복구시킨 푸비니의 유명한 정리의 토대를 마련하였다.

1910년대 말에 이르러 르베그의 아이디어가 인기를 얻었고 르베그적분과 관련된 연구를 하는 수학자의 수가 급격히 증가하기 시작하였다. 1910년대에 르베그 자신의 연구 - 특히 새 적분을 삼각급수에 적용시킨 것 - 가 주된 이유였지만, 다른 수학자들 - Guido Fubini, Pierre Fatou, Ernst Fischer, 그리고 F. Riesz - 의 개척적 연구 또한 이 경향에 상당히 기여하였다. 6장에서 르베그적분의 초기 응용이 다루어질 것이다.

이 책의 마지막 절에서, 1913년에 라돈(J. Radon)에 의한, 소위 르베그-스틸테스 적분의 창조로 이끈 발전을 살펴본다. 르베그의 초기 결과들(1901-1910)이 그것이 창조되게 하는데 중요한 역할을 했기 때문에, 그리고 가산 가법적 집합함수(countably additive set function) 개념에 기초한, 르베그와 스틸테스의 적분들을 융합시킨 것이 근대의 추상 측도론과 적분론에 대한 기초를 쌓는 것을 도왔기 때문에, 이것은 적절한 끝맺음이다. 라돈의 논문은 르베그의 아이디어들의 진정한 승리를 나타냈다. 왜냐하면 그것이 르베그의 아이디어들이 훨씬 더 일반적인 환경에서 계속 자랄 수 있음을 보여 주었기 때문이다.

❖ 메모

제1장
리만의 적분론

1854년에 리만(Riemann, B.)이 내놓은 적분론은 그가 함수를 실수사이의 대응관계 $x \to f(x)$로 보는 현대 함수개념을 받아들인 것에 기초하였으며 동기가 되었다. 이 장에서 우리는 이 개념을 만들어낸 발전과정[1]과 적분론과의 연관을 간략히 돌아 볼 것이다. 이 발전과정의 결과로 "불연속함수"의 의미가 변한 것에 특별한 관심이 간다. 코시 이후의 적분론의 역사는 근본적으로 가능한 한 많은 불연속함수에 적분개념을 확장하려는 시도의 역사이기 때문에 이 의미변화가 특히 중요하다; 고도의 불연속함수의 존재가 인지되고 진지하게 받아들여진 후에야 그러한 시도가 의미를 갖게 될 수 있었다.

1.1 함수와 삼각급수표현에 대한 18세기의 개념

함수개념이 오일러로부터 나온 것은 아니지만, 미분적분학을 정식 함수론으로 다룸으로써 함수를 두드러지게 한 것은 그였다. 1748년의 *Introductio in analysin infinitorum*에서 오일러는 변량의 함수(a function of a variable quantity)를 그 변수와 상수로 구성된 "해석적 식(analytical expression)"으로 정의하였다 [1748 : 4].

1) 보다 자세한 사항과 참고문헌을 위하여 [Jourdain 1906; 1913] 보기.

이 정의의 핵심은 해석적 식의 개념인데, 오일러는 분명히 그것을 모든 알려진 함수들의 공통적 특징으로 이해하였다. 그러나 궁극적으로 현대 함수개념의 도입으로 이끈 관점을 처음 보인 사람 또한 오일러였다. 오일러는 1734년의 편미분방정식에 대한 개척적 연구에서 "임의의 함수"를 적분해에 받아들였다. 그리고 수학적 해석의 적절한 대상이 되기 위하여 이 임의의 함수는 한 개의 대수방정식 또는 초월방정식으로 나타내져야 한다고 주장한 달랑베르에 답하며, 오일러는 임의의 함수가 나타내는 곡선은 어떤 규칙에 따를 필요가 없고 "불규칙적(irregular)" 또는 "불연속(discontinuous)"일 수도 있다, 즉 여러 곡선들의 부분들로 이루어졌거나 평면에서 자유롭게 그려질 수 있다고 주장함으로써 이전에 발표한 것을 분명하게 만들었다.

오일러와 당시의 사람들에게 "불연속"은 함수관계를 해석적 식으로 표현하는 데에서의 불연속이었다: 한 함수가 현대 의미로 연속이고 오일러의 의미로 "불연속"이 될 수도 있다. 반면에, 유한구간에서 유한개의 점보다 많은 점에서 현대 의미로 불연속이 되는 임의의 함수의 가능성에 대해서는 이 시기에 아무도 진지하게 생각하지 않았던 듯하다. 관심은 임의의 함수가 실수들 사이의 대응관계 $x \to f(x)$로서 그들의 성질에 맞춰진 것이 아니라 한 개의 방정식에 의해 결정되지 않는다는 사실에 맞춰졌었다.

오일러–달랑베르 논쟁의 중심은 진동현 문제(vibrating string problem)에 관한 편미분방정식의 해로 받아들일 수 있는 함수의 본질에 관한 것이었으며, 목표는 시간 t에서 진동하는 현의 방정식 $y = F(x, t)$를 결정하는 것이었다. 달랑베르(d'Alembert, J.)는 1747년에 해가

$$F(x, t) = \frac{1}{2}\{f(x+t) + f(x-t)\}$$

의 형태를 가져야한다는 것을 보였다. $t = 0$에서 진동하는 현의 초기형태가 $y = f(x)$의 그래프로 주어진다. 달랑베르는 f가 "연속"함수, 즉 1개의 방정식으로 주어져야한다고 주장한 반면에 오일러는 이 제한은 불필요하며 f가 "불연속"일 수도 있다고 하였다. 다니엘 베르누이(Bernoulli, D.)가 논쟁에 새로운 장을 열었다. 진동하는 현이 기본 주기(fundamental frequency)를 갖고 조화로운 상음

(overtone)을 낸다는 물리적 원리에 근거하여 f가

$$f(x) = a_1 \sin \frac{\pi x}{L} + a_2 \sin \frac{2\pi x}{L} + a_3 \sin \frac{3\pi x}{L} + \cdots$$

과 같이 나타내진다고 하였다. 여기서 L은 현의 길이다. 순전히 수학적 입장에서, 베르누이의 주장은 모든 임의의 함수가 x값의 전 구간에서 삼각급수로 나타내질 수 있다는 뜻이 된다; 이 주장은 오일러, 달랑베르, 라그랑주를 포함한 대부분의 수학자들에 의해 단호히 거부되었다.

임의의 함수에 대한 관심은 19세기 초 1807년에 푸리에(Fourier, J. 1768–1830)가 열전도에 대한 논문을 파리 학술원(Academy of Science)에 제출하여 베르누이의 주장을 재확인하였을 때 다시 나왔다. 푸리에의 이 논문은 출판되지 않았고, 1822년의 *열에 대한 해석적 이론(Théorie analytique de la chaleur)*[1822] 에 삼각급수로 표현하는 것에 대한 그의 아이디어가 처음 출판되었다. 가장 일반적인 형태로, 푸리에의 정리는 다음과 같이 기술될 수 있다: $(-a, a)$에서 정의된 임의의 (유계) 함수 f는

$$f(x) = \frac{1}{2}a_0 + \sum_{n=1}^{\infty}\left(a_n \cos \frac{n\pi x}{a} + b_n \sin \frac{n\pi x}{a}\right)$$

와 같은 형태로 나타낼 수 있다. 여기서 계수는

$$a_n = \frac{1}{a}\int_{-a}^{a} f(x) \cos \frac{n\pi x}{a}\, dx$$

$$b_n = \frac{1}{a}\int_{-a}^{a} f(x) \sin \frac{n\pi x}{a}\, dx$$

로 주어진다.

푸리에는 다음을 썼을 때 18세기 논의에 비추어서 그의 주장의 중요성을 잘 알고 있었다:

> 연속적 법칙에 따르지 않는 곡선과 곡면의 세로좌표를 … 수렴하는 급수로 나타낼 수 있다는 것은 주목할 만한 일이다. 이것으로 우리는 두 함수에 다른 구간에

> 포함되는 수를 대입할 때 그 결과가 같지 않아도, 두 한계 사이에서 … 같은 값을 갖는 함수들을 해석학에 받아들여야 한다는 것을 본다. 이 성질을 갖는 함수 들은 일부분에서만 일치하는 다른 곡선들에 의해 나타내진다. [1822 : 199]

푸리에에게 "임의의 함수"는 "완전히 임의적인 것, 즉 공통의 법칙을 따르건 따르지 않건, 주어진 값들의 연속이고, 모든 x의 값에 답하는 것 …"이었다 [1822 : 432]. 나아가서, "함수 $f(x)$는 각각 임의인 값들 또는 세로좌표들의 연속을 나타낸다 … 그것들은 어떠한 방식으로든 서로를 따르며, 그들 각각은 마치 한 개의 양인 것처럼 주어진다" [1822 : 430].

이 문장들, 특히 위의 마지막 문장은 푸리에가 함수에 대한 극도로 일반적인 개념을 갖고 있었음을 암시할 수도 있지만, 사실은 아니다: 푸리에의 함수개념은 그의 18세기 선배들의 것이었다. 그의 용어가 이것을 암시하며, 특히 그는 "불연속함수"란 용어를 18세기의 의미로 사용하였다. 따라서, 예를 들어 [1822 : 340], x가 음이 아닐 때 값 e^{-x}를 취하고 x가 음 일 때 값 e^{x}을 취하는 함수를, 현대 의미로 연속이지만, 불연속함수로 불렀다. 오일러와 그의 동시대인들과 마찬가지로 푸리에는 "임의의(arbitrary)"란 용어를 함수의 식과 관련하여 사용하였다: 임의의 함수는 한 개의 식으로 표시되지 않는 것이다. 그러한 함수는 고도로 불연속이거나 미분불가능할 가능성의 의미에서 반드시 임의적은 아니다. 사실 푸리에는 임의의 함수를 매우 잘 작동하는 것으로 생각했던 듯하다. 예를 들어, 그는 임의의 함수 $f(x)$가

$$f(x)=\frac{1}{2\pi}\int_a^b f(\alpha)\,d\alpha\int_{-\infty}^{\infty}\cos(px-p\alpha)\,dp$$

와 같은 형태로 나타내질 수 있다고 하였다. 그러나 이것은 특이적분이 수렴하지 않기 때문에 의미를 갖지 않는다. 그러나 푸리에는 이 점을 간과하고, x가 오른편에서 미분가능 함수인 $\cos(px-p\alpha)$에만 나타나기 때문에, 함수 f는 "이 변환에 의해서 삼각함수의 모든 성질을 갖는다; 그래서 미분, 적분, 그리고 급수의 합이 일반적으로 지수삼각함수(exponential trigonometric function)에 적용되는 것과 같은 방식으로 적용 된다" 고 결론 내렸다[1822 : 434].

그러면 푸리에의 해석학에서 "함수"란 용어는 무엇을 의미했나? 분명히 그 자신의 예[2]들은 유한구간에서 *유한*개의 x 값들에 대해, 삼각급수로 나타내지는 함수가 (현대 의미에서) 불연속이 될 수 있거나 미분가능하지 않을 수도 있다는 것을 보인다. 따라서 푸리에는 유한구간에서 아마도 유한개의 예외적인 점들을 제외하고는 그래프가 부드러운 함수들을 생각하고 있었을 듯하다.

베르누이와 달리 푸리에는 그의 삼각급수 표현에 대한 정리의 정당성을 물리적 원리에 기초를 두지 않았다. 그는 정리를 수학적으로 정당화해야 한다고 인식하여서 두 개의 논거를 제공하였는데, 둘 다 $-\pi$와 π 사이의 x에 대해 정의된 임의의 함수 f에 대해 방정식

(1) $$f(x)=\frac{1}{2}a_0+\sum_{n=1}^{\infty}(a_n\cos nx+b_n\sin nx)$$

를 풀 수 있다면 – 즉 $a_0, a_1, \cdots, b_1, b_2, \cdots$ 이 구해지면 – 표현이 타당하다는 아이디어에 근거하였다. 첫 번째 증명[1822: 168–84]에서는 $f(x)$가 x에 대한 멱급수로 전개될 수 있다고 가정해야 했다. 그리고는 무한한 수의 미지수를 가진 무한한 수의 방정식과 관련된, 엄밀하지는 않지만 암시하는 바가 많은 조작에 의해 계수를 결정하였다. 두 번째 증명[1822: 184–208]에서는 그러나 완전한 일반성을 주장하였다. 증명의 아이디어는 라그랑주가 유한 삼각급수에 대해 이미 사용하였었다. 예를 들어, a_m을 구하기 위해, (1)의 양변에 $\cos mx$를 곱한 다음, 양변을 $-\pi$와 π 사이에서 적분하는데, 오른편의 $\int_{-\pi}^{\pi}\sum_{n=1}^{\infty}$ 를 $\sum_{n=1}^{\infty}\int_{-\pi}^{\pi}$ 로 대치한다 – 즉 항별적분을 할 수 있다고 가정한다. 그러면 a_m은 적분 $\frac{1}{\pi}\int_{-\pi}^{\pi}f(x)\cos mx\,dx$으로 표현된다.

따라서 푸리에의 증명은 임의의 (아마도 유계) 함수에 대해 (1)과 같은 표현이 존재함을 내포하는데, 그것은 현대의 관점에서 완전히 일반적인 함수를 생각하면 틀린 것이다. 그러나 (1)과 같이 나타내진다는 것을 가정해도 두 개의 가정을 더 필요로 한다: (a) (1)에서 f와 $f(x)\cos nx$, $f(x)\sin nx$가 적분을 갖는다; 그리고 (b) (1)의 항별적분 또는 (1)을 $\cos nx$ 또는 $\sin nx$와 곱한 급수의 항별적분을 할

2) 예를 들어, [Fourier 1822: 143–44, 150, 192, 194] 보기: 또한 여기에 주어진 함수 $e^{-|x|}$.

수 있다. 오래지 않아 항별적분의 일반적 타당성에 심각한 의문이 제기됐다 (2.1 보기).

그러나 푸리에는 a_n과 b_n을 적분으로 나타내는 것이 의미 있음을, 즉 임의의 함수의 정적분이 의미있음을 정당화해야 한다는 것을 인식하였다: 18세기에 적분은, 비록 두 관점이 인식되기는 하였지만, 합의 극한으로 보다는 미분의 역으로 생각되었다. f를 적분하는 것은 f의 원시함수, 즉 $F' = f$인 함수 F를 찾는 것이었다. 그러면 정적분 $\int_a^b f$는 단순히 $F(b) - F(a)$이다. 그러나 f가 임의의 함수이고 방정식으로 주어지지 않으면 F의 존재성은 분명치 않다. 아마도 이것을 마음에 두고, 푸리에는 넓이로서의 적분의 합개념으로 돌아갔다:

> 계수들은 … 정적분의 값들이다 …이 말은 중요하다. 왜냐하면 전적으로 임의인 함수까지도 어떻게 여러 개의 호로 이루어진 사인급수로 전개될 수 있는 지를 보여주기 때문이다. 사실, 함수 $\phi(x)$가 가로좌표가 $x = 0$에서 $x = \pi$까지 걸치는 어떤 곡선의 변하는 세로좌표로 나타내진다면, 그리고 같은 부분의 축에서, 세로 좌표가 $y = \sin x$ 인 알려진 삼각곡선이 만들어진다면, 적분 항의 값을 나타내는 것은 쉽다. 각 가로좌표 x에 $\phi(x)$의 한 값과 $\sin x$의 한 값이 대응된다고 가정하고, 후자에 전자를 곱하고, 축의 같은 점에서 $\phi(x)\sin x$와 같은 세로좌표를 세운다. 이 연속적 조작에 의해 세 번째 곡선이 만들어지는데, 그것의 세로좌표는 $\phi(x)$를 나타내는 임의의 곡선의 세로좌표에 비례하여 축소된 삼각곡선의 세로좌표이다. 이것이 되면, $x = 0$에서 $x = \pi$까지 취한 축소곡선의 면적은 $\sin x$의 계수의 정확한 값 [즉, b_1]을 준다; $\phi(x)$에 대응되는 주어진 곡선이 무엇이건, 그것에 해석적 식을 부여할 수 있건, 또는 그것이 어떠한 규칙에도 의존하지 않건, 그것이 어떠한 삼각곡선이라도 항상 어떠한 방식으로든 축소시키는 것은 분명하다; 그래서 축소된 곡선의 면적은, 모든 가능한 경우에, 명확한 값이며, 그것은 함수의 전개에서 $\sin x$의 계수의 값이다[1822: 186].

그러므로 임의의 함수의 정적분의 존재성은 함수의 세로좌표의 집합의 면적의 존재성에 기초를 두었다. 이것은 임의의 함수에 대한 오일러-푸리에 개념의 기하학적 근거와 조화를 이루는 기하학적으로 보는 관점이다. 그러나 양으로서의 면적은 정의되지 않았었다. 면적 개념을 분명히 하고 일반화 하는 것은 적분개념의 역사적 발전에서 근본적인 중요함을 갖는다. 푸리에의 가정 (a)와 (b)는 르베그가 (1)의 간단한 결과로서 (a)와 (b)가 성립하게끔 면적과 적분의 정의를 당연한 것으로 받아들이게 했을 때 일반적으로 타당하지 않다고 ((1)이 타당하다고 인정한다 하여도) 여기게 되었다.

1.2 코시의 적분개념

푸리에는 비록 그 자신의 연구에서 모든 함수에 식을 할당하여 그 근거를 훼손하였지만 "불연속함수"에 대한 18세기 용법에 충실하였다. 합의 극한으로 정적분의 정의를 정확히 한 것뿐만 아니라 현대의 연속개념을 소개한 것은 코시(*Augustin Cauchy*, 1789−1857)이다. 일찍이 1814년에, 그리고 코시가 푸리에의 결과에 대해 잘 알기 전에, 코시는 현대의 의미로의 연속성과 정적분에 대한 합개념의 중요성을 인식하였다. 코시가 푸리에의 결과 − 특히 계수 a_n, b_n을 적분으로 푸리에가 설명한 것 − 를 안 1818년 후에, 그는 더욱 더 의심의 여지없이 이 개념들의 중요성을 확신하였다.

Cours d'analyse[1821]에서 코시는 연속에 대한 새 개념을 내놓았다: a와 b 사이의 x에 대해 유일하게 정의되고 유계인 함수 $f(x)$는 그러한 x에 대해 "α의 값이 감소함에 따라 차 $f(x+\alpha)-f(x)$의 수 값이 한없이 감소하면" 이 한계 사이에서 연속이다[1821 : 34]. 연속성은 한 점에서의 성질이지만, 코시가 구간에서의 연속개념을 기본적인 것으로 만들었다는 것은 흥미롭고 중요하다. 반면에 불연속성은 특정한 점에서 성립하는 성질로 보여 주었다: $f(x)$가 x_0를 포함하는 모든 구간에서 연속이 아니면 $f(x)$는 x_0에서 불연속이다. 이렇게 다르게 접근한 것은 불연속함수에 대한 코시의 생각을 반영한다. 우리는 그것을 더 살펴 볼 것이다.

2년 후에 *Résumé des leçons données à l'École Royale Polytechnique sur le calcul infinitésimale*[1823](무한소해석학에 대한 에꼴로얄폴리테크닉에서 한 강의 요약)에서 코시는 다음과 같이 연속함수의 정적분을 정의하였다: $f(x)$를 $[a, b]$의 x에 대해 연속이라 하고, 이 구간의 분할

$$a = x_0 < x_1 < x_2 < \cdots < x_{n-1} < x_n = b$$

와 코시합

$$S = \sum_{i=1}^{n} (x_i - x_{i-1}) f(x_{i-1})$$

을 생각하자. $f(x)$의 연속성, 또는 좀 더 정확히, $f(x)$의 균등연속을 사용하면서 – 코시는 그들을 같은 것으로 잘못 생각하였다 – 그는 임의의 두 분할 P와 P'에 대해, P와 P'의 노름이 충분히 작기만 하면, 대응되는 합 S와 S'이 임의의 작은 양만큼 차이가 나게 만들어질 수 있다는 것을 보였다; 그러므로 "S의 값은 분명히 상수로 끝맺을 것이다… 이 극한이 정적분이라고 불리는 것이다"[1823 : 125].

코시의 관점에서 이 정의의 주된 이점 중의 하나는 이것이 "적분 또는 원시함수의 존재성을 일반적으로 증명"할 수 있게 하였다는 것이다[1823 : 9]. 코시는 그들의 여러 성질들은 존재성을 증명한 후에만 탐구될 수 있다고 느꼈다. a와 b 사이에서 연속인 함수 f에 대해, 코시는 $F(x) = \int_a^x f$에 의해 정의된 함수 $F(x)$를 생각하였다[1823 : 151]. $|c| \leq 1$에 대해 $\dfrac{F(x+h) - F(x)}{h} = \dfrac{1}{h}\int_x^{x+h} f = f(x+ch)$이므로 F는 연속일 뿐만 아니라 미분가능이다. 그리고 코시는 다음 결과들을 보였다.

정리 Ⅰ, Ⅱ

정리 I. F는 f의 원시함수이다; 즉 $F' = f$.

정리 II. f의 모든 원시함수는 C가 상수일 때 $\int_a^x f + C$ 형태여야 한다; 즉 G가 연속인 도함수 G'을 갖는 함수이면, $\int_a^x G' = G(x) - G(a)$.

코시는 정리 II를 증명하는데 다음 정리를 사용하였다.

정리 III

정리 III. G가 $[a, b]$의 모든 x에 대해 $G'(x)=0$인 함수이면 $G(x)$는 $[a, b]$에서 상수이다.

정리 I, II, III과 그들의 일반화들을 총체적으로 미분적분학의 기본정리 또는 좀 더 간단히 기본정리 라고 앞으로 부를 것이다. 그것의 성분 정리들은 각각 기본정리 I, II, III으로 불릴 것이다. 리만이 적분개념을 불연속함수까지 확장한 후에 기본정리에 대한 만족스럽지 못한 수정과 한계점들이 르베그가 한 일의 가치를 아는데 특히 중요하다.

코시가 연속함수와 정적분을 정의한 것은, 함수를 결정하는 해석적 식과 상관없기 때문에, 수 x와 $f(x)$ 사이의 대응 $x \to f(x)$로 함수를 보는 현대개념에 수정 없이 그대로 적용된다. 그러나 코시는 그러한 일반적 개념을 진지하게 다루지 않았던 것으로 보인다. 함수에 대한 그의 정의가 해석적 식을 언급하지 않은 것은 맞다: 그는 x의 특정한 값이 y의 값을 결정하는 방식으로 x와 y가 관련이 되면 y를 x의 함수로 정의하였다. 그러나 르베그가 지적했듯이[1904 : 4], 코시는 그리고는 양함수(explicit function)와 음함수(implicit function)를 구별하고 후자를 x와 y 사이의 관계가 대수적으로 풀려지지 않은 방정식으로 주어질 때 생기는 것으로 묘사하였다 [Cauchy 1821: 32; 1823: 18]. 분명히, 코시는 여전히 함수를 방정식으로 생각하는 경향이 있었다. (양함수와 음함수를 동시에 다 포함하도록 일반적인 듯 해 보이는 정의를 주는 것이 매우 흔했다.) 코시가 진지하게 함수를 현대적 의미로 보지 않았다는 것은 함수의 푸리에급수가 항상 수렴한다는 것을 증명하는 첫 시도가 되는 논문[1827b]에서 더 보인다. 그는 x를 복소변수 $z=x+iy$로 대체했을 때 함수 $f(x)$가 여전히 의미를 갖는다는 것을 암묵적으로 가정하여 그 문제를 다루기 시작하였다 – 그 가정은, 디리클레가 지적한 것처럼, $f(x)$를 해석적 식으로 간주할 때만 의미를 갖는 것이다.

19세기 전반부에, 코시가 쓴 하나를 포함하여 여러 연구물들이 "불연속 함수"에 대한 논의를 전적으로 다루었다.[3] 코시의 것을 제외하고, 이들은 모두 푸리에의 견해와 특히 푸리에가 "불연속 함수"란 용어를 사용한 것에 영향을 받았음을 반영한다. 함수가 코시의 의미로 불연속일 수 있다는 사실은 우연적이고 불필요한 것으로 남았다. 현대 표기법으로 이 수학자들이 생각하고 있던 함수의 유형은

$$f(x) = \sum_{r=1}^{n} \chi_{I_r}(x) g_r(x) \tag{2}$$

의 형태로 나타내질 수 있다. 여기서 f의 정의역 $[a, b]$가 부분구간 $I_1, I_2, \cdots, I_n$으로 분할되고, g_r들은 "연속"함수이고, χ_{I_r}은 I_r의 특성함수를 나타낸다 (집합 S의 특성함수는 다음과 같이 정의된다: x가 S에 속하면 $\chi_S(x) = 1$; x가 S에 있지 않으면 $\chi_S(x) = 0$.) 한 저자는 푸리에와 코시의 아이디어를 결합시키며 코시가 연속을 정의한 것과 푸리에의 불연속 개념을 채택하였다.[4)]

코시가 연속과 불연속에 대한 현대의 설명을 채택했지만, 코시의 불연속함수 개념은 (2)에 의해 묘사된 함수와 많이 비슷하다. 예를 들어 *Mémoire sur les fonctions discontinues* [1849]에서 코시는 물리문제와 관련된 미분방정식의 해에서 나오는 특별한 불연속함수들에 대해 "불연속함수"란 용어를 사용하였다. 그는 이 함수들이 매우 잘 작동한다고 독자들을 확신시켰다: "초기상태를 고려함으로써 미적분학에 들어오는 불연속함수들은 단지 관련된 변수의 어떤 [즉, 유한개의] 값들에 대해서만 연속이 되지 않는다는 것을 알아보는 것이 중요하다" [1849; 123]. 코시는 정확하게 (2)와 같은 방식으로 수학적으로 이 함수들을 특징지었다. 하나의 차이는 함수 g_r들이 이제 그의 의미에서 연속인 것이다. 그래서, 그가 비록 불연속함수에 대한 논리적 가능성이 이 특정한 형태에 의해 완전히 표현되지 않는다는 것을 인식했었을 지라도, 그는 관심을 그들로 제한하는데 만족하였다. 확실히, 함수를 방정식으로 생각하는 그의 경향이 이 태도를 갖게 했었을 것이다.

코시의 적분론은 전적으로 이 특별한 불연속함수류를 다루는데 적당하다는 것을 알아보는 것이 중요하다; 왜냐하면, f가 $[a, b]$에서 유계이고 (a, b)의 c에서 불연속이면, $\lim_{\epsilon \to 0^+} \int_a^{c-\epsilon} f$와 $\lim_{\epsilon \to 0^+} \int_{c+\epsilon}^b f$가 반드시 존재하고 정적분은

3) Piola 1828; Libri 1831–33, 1842; Murphy 1833; Peocock 1833: 248ff; Rawson 1848; Boole 1848.

4) Piola 1828: 574, 579–81

(3) $$\int_a^b f = \lim_{\epsilon \to 0^+} \int_a^{c-\epsilon} f + \lim_{\epsilon \to 0^+} \int_{c+\epsilon}^b f$$

로 정의될 수 있기 때문이다. (이것이 사실 코시가 그의 적분 정의를 비유계함수까지 확장하는데 택한 방법이다.) $[a, b]$에서 유한개의 불연속점을 갖는 함수의 정적분도 비슷하게 정의 될 수 있다.

1.3 디리클레의 기여

함수의 현대개념이 인식되고 진지하게 받아들여졌을 때에야 불연속함수의 적분문제가 분명해졌다. 푸리에와 코시의 불연속함수 개념에 대해 코시의 적분정의는 정적분으로서의 푸리에 계수 a_n과 b_n의 의미에 대한 문제를 완전히 해결한다. 이 문제에 대한 논의는 그러나 디리클레(Dirichet. P. G. Lejeune, 1805-1859)에 의해 다시 시작되었는데, 그는 유한구간에서 무한히 많은 점들에서 불연속인 함수의 존재와 적분개념을 그러한 함수에까지 확장하는 문제에 관심을 갖게 된 최초의 수학자였다.

푸리에급수와 적분이론에 대한 디리클레의 흥미는 1822-25년 동안에 푸리에와 개인적으로 가까운 데에서 자라났는데, 그 기간 동안에 그는 파리에서 수학공부를 계속하였다. 1829년에 디리클레는 어떤 일반적인 조건 하에서 함수 $f(x)$의 푸리에급수가 수렴한다는 것을 처음으로 엄밀하게 증명한 것을 발표하였다. 디리클레는 부분합

$$S_n(x) = \frac{1}{2}a_0 + \sum_{k=1}^{n}(a_k \cos kx + b_k \sin kx)$$

가

$$S_n(x) = \frac{1}{\pi}\int_{-\pi}^{\pi} f(t)\frac{\sin\frac{1}{2}(2n+1)(t-x)}{\sin\frac{1}{2}(t-x)}dt$$

와 같이 나타내진다는 것을 보여서 $S_n(x)$의 행태를 직접 생각함으로써 이 문제에 접근하였다. 디리클레는 함수 f가 최대값 또는 최소값을 갖거나 많아야 유한개의 점에서 (코시의 의미로) 연속이지 않다고 분명하게 가정하였다. 그리고는 $S_n(x)$가 $(-\pi, \pi)$ 안에 있는 x에 대해 $\frac{1}{2}[f(x^-)+f(x^+)]$로 수렴하고 $-\pi$ 또는 π에서 $\frac{1}{2}[f(-\pi^+)+f(\pi^-)]$로 수렴한다는 것을 증명하는데 성공하였다. 그러나 증명을 살펴보면, $S_n(x)$의 극한값에 대한 결론은 $[-\pi, \pi]$ 안의 임의의 x에 대해 (x는 끝점일 수도 있다) x를 포함하는 충분히 작은 구간에서 f가 단조하다는 사실에 기초한다. 그러면 왜 디리클레는 가정에 연속성을 넣었나? 그에 대한 답은 그가 f의 정적분과 f와 $\cos nx$, $\sin nx$의 곱의 정적분이 존재해서 푸리에계수 a_n과 b_n - 따라서 $S_n(x)$를 적분으로 나타내는 것 - 이 의미를 갖게 하는 조건을 포함했어야 했다는 것이다.

디리클레는 무한히 많은 극점(extrema) 또는 불연속점을 가진 함수에 대한 경우가 그가 생각했던 경우로 축소될 수 있다고 믿었다. 그는 함수에 대한 한 개의 필수적인 조건이 그것이 정적분을 갖는다는 것 일 것이라고 주장하였다. 유계함수에 대해서 이것을 위한 충분조건으로 그는 "a, b가 $-\pi$와 π 사이의 임의의 두 양이면, 구간 $[r, s]$에서 함수가 연속이 되게끔 충분히 가까운 두 값 r과 s가 a, b 사이에 놓여 질 수 있다" [1829: 169]는 것을 제의하였다. 현대 용어로, 디리클레의 조건은 함수의 불연속점들의 집합 D가 어느 곳에서도 조밀하지 않아야 한다는 것이다. 이때 디리클레는 그의 주장을 정당화하는 시도를 안했다. 왜냐하면 명쾌한 증명은 "다른 원고에 제시될 무한소해석학(infinitecimal analysis)의 기본원리들과 연관된 어떤 상세한 것을 요구 …" [1829: 169]하기 때문이다.

약속된 원고는 나오지 않아서 우리는 그가 적분의 정의를 확장하고자 한 방식에 대해 추측만 하게 되었다. 그가 후에 리만이 채택한 방식을 생각했었는지는 의심스럽다. 리만은 f가 연속이라는 조건을 코시합이 모두 유일한 극한으로 수렴한다는 약한 조건으로 대치함으로써 코시의 정의를 확장하였다. 디리클레가 이 방향으로 생각하고 있었다면, 그의 단조성 조건이 이 의미로 적분의 존재를 보장한다는 것을 깨달았었을 것이다; 푸리에급수의 수렴에 대한 그의 정리에서 연속성을 가정에 넣지 않았었을 것이다. 좀 더 그럴듯한 해석은 디리클레가 D가 무한집합 인 경우를 포함할 수 있게끔 식 (3)을 확장하고자 했다는 것이다.

리프쉬츠(Lipschitz, R. 1831–1904)는 그의 박사학위 논문[1864]에서 푸리에급수의 수렴에 대한 디리클레의 결과들을 확장하고자 하였는데, 그러는 중 그러한 해석에만 기초한 적분의 확장을 생각하게 되었다. 리만의 연구물들 보다 10년 후에 작성되었지만 리프쉬츠의 논문은 그것들의 영향을 받지 않았으며, 리프쉬츠가 그것들을 알았던 것 같지 않다. (대부분의 수학자들은 리만이 죽은 후 1867년에 출판될 때까지 리만의 논문에 대해 알지 못하였다.)

리프쉬츠는 디리클레가 그의 정리를 증명할 때 사용한 조건들을 함수가 만족시키지 못하는 경우들을 나열함으로써 시작하였다. 한 경우가 유계이고 조각마다 단조인 함수 f가 $[-\pi, \pi]$에서 무한히 많은 점에서 불연속인 때이다. 리프쉬츠는 적분개념이 f에 확장될 수 있으면 디리클레의 증명이 적용될 수 있을 것이라는 것을 깨달았다. 그리고 그는 불연속점들의 집합 D에 대한 디리클레 조건 (D가 어느 곳에서도 조밀하지 않다)을 만족시키는 함수들에 대해 이것이 쉽게 달성될 수 있다고 결론 내렸다. 확장이 그에게 쉽게 보였던 이유는 D가 어느 곳에서도 조밀하지 않으면 D의 극한점(limit points)들의 집합인 D'가 유한이어야 한다는 것이 "적절한 논법"에 의해 보여 질 수 있기 때문이라고 그가 믿었기 때문이다. 예를 들어, 만일 D'이 $(-\pi, \pi)$의 한 점 c로 구성되었다면, f는 $(-\pi, c-\epsilon)$과 $(c+\epsilon, \pi)$에서 많아야 유한개의 불연속점을 갖는다. 여기서 ϵ은 양수이다. 따라서 $\int_{-\pi}^{c-\epsilon} f$와 $\int_{c+\epsilon}^{\pi} f$는 1.2절에 있는 것처럼 (식 (3) 보기) 정의될 수 있고, $\int_{-\pi}^{\pi}$는 그러면

$$\lim_{\epsilon \to 0^+} \int_{-\pi}^{c-\epsilon} f + \lim_{\epsilon \to 0^+} \int_{c+\epsilon}^{\pi} f$$

와 같이 정의될 수 있다. 이 극한들은 f가 유계이기 때문에 항상 존재한다.

리프쉬츠가 어느 곳에서도 조밀하지 않은 집합 D를 D'이 유한인 집합과 동일시한 것은 집합론이 당시에 존재하지 않았다는 것을 생각하면 놀랄만한 일이 아니다. 특히 논법이 정도에서 벗어나지 않도록 해 줄 어느 곳에서도 조밀하지 않은 흥미있는 집합들의 예가 만들어지지 않았었다. 따라서 다른 무한집합 E ($f(x)$가 극대 또는 극소가 되는 점들의 집합)와 관련하여, 리프쉬츠가 $(-\pi, \pi)$에서 E의 점

들의 분포에 대해 세 가지 가능성으로 구별한 것을 우리는 본다: (1) r 주위의 구간 밖에 많아야 유한개의 E의 점을 갖는 점 r이 $[-\pi, \pi]$에 존재한다; (2) $(-\pi, \pi)$의 모든 부분구간이 무한히 많은 E의 점을 포함한다; (3) 구간 $(-\pi, \pi)$는 각 부분구간에서 (1) 또는 (2)가 성립하는 유한개의 부분구간으로 분할될 수 있다. 이 해석에서 곧장 나오는 결과는 E가 많아야 유한개의 극한점들을 갖거나 어떤 부분구간에서 조밀하다는 것이다. 왜냐하면 후자의 경우가 아니면 (즉 E가 어느 곳에서도 조밀하지 않으면 (1) 형태의 구간들만이 (3)에서 묘사된 $(-\pi, \pi)$의 분할에서 생길 수 있기 때문이다. 달리 말하면, 이 추론으로부터 D가 어느 곳에서도 조밀하지 않을 필요충분조건은 D'이 유한이라는 것이 나온다.

이 결점에도 불구하고 리프쉬츠의 논문은 삼각급수론에 중요한 기여를 한 것이 되었다. 리프쉬츠는 D가 어느 곳에서도 조밀하지 않을 때 존재하는 어려움을 얼버무렸기 때문에, 주로 디리클레의 단조성 조건을 없애는데 관심이 있었다. 그는 조각마다 단조인 것을 이제 리프쉬츠조건이라고 부르는 것으로 대치시켜 디리클레의 결과를 성공적으로 증명하였다.

리프쉬츠가 제안한 적분을 확장하는 과정이 $D^{(2)} = (D')'$이 유한한 경우에 적용되고, 일반적으로 귀납법에 의해 $D^{(n)} = (D^{(n-1)})'$이 유한한 경우에 적용되는 것을 쉽게 볼 수 있다. 이것이 아마도 1829년에 디리클레가 생각했던 것일 수도 있다. 그 경우에 그는 아마도 그 시기에 만일 D가 어느 곳에서도 조밀하지 않으면 $D^{(n)}$도 어떤 n에 대해 유한이어야한다고 생각했을 것이다. (유도 집합 $D^{(n)}$은 칸토르(Cantor, G.)[1872]에 의해 처음 출판되어 소개되었다; 2.1 보기.)

디리클레의 참고말에 의해 제시된, "어느 곳에서도 조밀하지 않은"을 "적분론에서 무시할 수 있는 것"과 같은 뜻으로 간주하는 경향과, 리프쉬츠의 논문에 명백히 보이는, 집합을 분리된 극한점들의 근방에서 조밀하거나 전체 구간에서 조밀한 것으로 생각하는 경향이 1880년 대 초까지 계속되었다. 이 경향들이 함께, 앞으로 명백하게 될 이유로, 적분론에 측도론적 관점을 도입하는 것을 늦추게 하였다.

디리클레는 아마도 그가 제안한 적분의 일반화를 수행할 수 없다는 것을 알았을 것이다: 그는 약속한 원고를 출판하지 않았으며, 1829년의 논문을 좀 더 정교하게 만든 것을 독일어로 출판하였을 때[1837], 전체적으로 다루고 있는 함수들의 연속성을 가정하고 정적분에 대한 코시의 정의를 보여 주었다. 그러나 우리는 디리클레가 연속함수들의 모임과 적분가능함수들의 모임을 구별하기 시작했다고 본다. 우리는 또한 디리클레가 처음으로 함수의 진정한 개념을 실수들 사이의 대응 $x \to f(x)$로 봤다고 본다. 함수를 해석적 식 보다는 대응관계로 보는 아이디어는 코시의 연속과 적분개념에 의해서 뿐만 아니라 오일러와 푸리에의 임의의 함수개념에 의해 제시된다. 그러나 아무도 디리클레 이전에 이 아이디어가 함의하는 것을 진지하게 받아들인 것으로 보이지 않는다. 태도에서의 이 차이는 x가 유리수일 때 한 값을 취하고 x가 무리수일 때 다른 값을 취하는 지금은 친숙한 함수를 디리클레가 소개하도록 하였다; 이 함수는 방정식으로도, 평면에 그려진 - 또는 그려질 수 있는 - 곡선으로도 정의되지 않는다. 디리클레는 그의 적분가능 조건을 만족시키지 않고 그 함수까지 적분개념이 의미있게 확장되지 않는 함수의 예로 그 함수를 1829년의 논문에 소개하였다. 르베그가 그의 적분의 정의를 소개할 때까지 디리클레가 잘못한 것이라고 증명되지 않았다.

리만 이전에, 볼차노(Bolzano, B. 1781–1848)가 함수의 현대개념을 채택하고 그러한 혁신적인 것의 결과들을 생각한 유일한 다른 수학자였던 것으로 보인다. 이것은 대부분 안 알려지고 1930년까지 원고의 형태로 남았던 미완성작인 그의 *함수론(Functionenlehre)*에서 가장 분명하게 보인다.[5] 이것의 완성된 부분은 연속과 미분개념에 주로 관계되고 적분에 대해서는 거의 말한 것이 없다.

1.4 리만

리만(Riemann, B. 1826–66)이 삼각급수론과 관련된 문제들에 흥미를 갖게 된 것은 아마도 디리클레와의 접촉을 통해서 일 것이다. 리만은 괴팅겐에서 1년을 지낸 후에 베를린으로 갔는데, 거기서 수론, 정적분론, 편미분방정식에 대한 디리클레의 강의를 들었다. 디리클레는 빠르게 젊은 리만에게 개인적 관심을 갖게 되었으며, 리만은 대신 디리클레를 가우스 다음가는 가장 위대한 살아있는 수학자라고 생각하였다. 리만은 2년 후에 괴팅겐으로 돌아 왔고 1851년에 박사학위 논문,

5) B. Bolzano, *Functionenlehre*, vol. 1, *Schriften* (Prague, 1930).

"Grundlagen für eine allgemeine Theorie der Functionen einer ver-änderlichen complexen Grösse"를 제출하였다. "Grundlagen"의 시작점은 변수가 실수 또는 복소수일 때 리만이 제의한 "함수"란 용어의 상당히 다른 정의들이다. 복소수들 사이의 대응관계 $w=f(z)$에 대해 $f'(z)$가 존재하는 것을 요구하였다. 그러나 실변수에 대하여 리만의 정의는 함수가 어떤 대응관계로 정의된다는 디리클레의 영향을 반영한다. 디리클레가 그랬던 것처럼, 리만이 실변수의 모든 연속함수가 그것의 푸리에급수로 나타내질 수 있다고 믿었기 때문에[6], 그는 실수값을 갖는 함수를 해석적 식으로 정의한 것은 임의의 대응관계로 된 표면상으로 좀 더 일반적인 것과 동일선 상에 있다고 결론 내렸다.

1854년의 *Habilitationschrift*를 위해 리만은 함수를 삼각급수로 표현하는 것에 대한 연구를 하기로 결정하였다[Riemann 1902: 227–65]. 첫 번째 부분은 그 주제의 역사로 이루어지는데, 그것을 준비하는데 그는 디리클레로부터 직접 정보를 얻었다. 디리클레의 기여를 논한 후에 리만은 "디리클레의 해석에 의해 다루어지지 않는 함수는 자연에서 일어나지 않는다"[1902: 237]라고 가정하는 것이 합리적이라고 말하였다. 그럼에도 불구하고, 두 가지 이유로, 좀 더 일반적인 함수들의 경우를 생각하는 것이 가치있다고 느꼈다. 첫째 이유는, 디리클레 자신이 주장했던 것처럼 "이 주제가 무한소해석학의 원리들과 밀접한 관계를 갖고 있으며 이 원리들을 더 명쾌하고 정밀하게 하는데 도움이 될 수 있다"[1902: 238]는 것이다. 그리고 두 번째 이유는 "푸리에급수의 응용이 물리적 연구에 제한되지 않는다; 그것은 이제 순수수학의 영역, 수론에 성공적으로 응용이 되고 있고, 여기서는 디리클레가 삼각급수로 표현가능한 것을 조사하지 않은 함수가 중요한 것으로 보인다"[1902: 238]는 것이다.

리만은 디리클레가 풀지 않고 남겨둔 문제, 즉 어떤 경우에 함수가 적분가능한가로 그 자신의 연구를 시작하였다. 그러나 리만은 적분가능성의 의미를 함수에 대응하는 코시합으로 해석하였다: $f(x)$에 대한 어떤 조건하에서 이 합들이 대응되는 분할들의 노름이 0으로 접근할 때 유일한 극한으로 접근하는가? 그는

6) 가우스도 이것을 또한 믿었다. (Gauss, *Werke*, Vol. 7, 2nd ed. (Leipzig, 1906), pp. 470–72 보기.) 폴 뒤보아–레이몽이 이것이 일반적으로 사실이 아니라는 것을 처음으로 보였다. ([du Bois–Reymond 1873; 1876: 75–76, 79–100] 보기.)

$$(R_1) \qquad \lim_{\|P\| \to 0} (D_1\delta_1 + D_2\delta_2 + \cdots + D_n\delta_n) = 0$$

이 이것에 대한 필요충분조건이 될 것이라고 당연하게 여겼다. 여기서 δ_i는 분할 P에 의해 생기는 $[a, b]$의 소구간의 길이이고, D_i는 대응되는 소구간에서 $f(x)$의 진폭(oscillation)이다. 코시합들의 공통의 극한은 정의로 $\int_a^b f(x)\,dx$였다.

다음에 리만은 적분가능성 조건 (R_1)이 대등한 조건으로 대치될 수 있음을 보였다. 고정된 수 $d > 0$에 대해 $\Delta = \Delta(d)$가 노름이 d 보다 작거나 같은 분할들에 대응되는 모든 합들 $D_1\delta_1 + D_2\delta_2 + \cdots + D_n\delta_n$의 최대값을 표시한다고 하자. 그러면 f가 적분가능할 필요충분조건은 d가 0으로 수렴할 때 Δ가 0으로 수렴하는 것이다. 두 번째 주어진 양 $\sigma > 0$와 노름이 d 보다 작거나 같은 임의의 분할 P에 대해 $s = s(P, \sigma)$가 D_i가 σ보다 큰 경우에 δ_i의 합을 표시한다고 하자. 이 구간들이 합 $D_1\delta_1 + D_2\delta_2 + \cdots + D_n\delta_n$에 기여하는 것은 적어도 σs이다. 그러므로 $\sigma s \le D_1\delta_1 + D_2\delta_2 + \cdots + D_n\delta_n \le \Delta$이고 $s \le \frac{\Delta}{\sigma}$이다. 따라서 f가 적분가능하면 d가 0으로 수렴할 때 s는 0으로 수렴한다; 즉

(R_2) 임의의 양수 쌍 ϵ과 σ에 대응하여 P가 노름이 d보다 작거나 같은 분할이면 $s(P, \sigma)$가 ϵ보다 작게 되는 양수 d가 존재한다.

리만은 (R_2)가 f의 적분가능성을 위한 충분조건도 됨을 보였다: f가 (R_2)를 만족시키고 $\epsilon > 0$와 $\sigma > 0$가 주어지면, (R_2)를 만족시키는 $d > 0$가 존재한다; 그래서 $\|P\| < d$인 모든 분할 P에 대해

$$D_1\delta_1 + D_2\delta_2 + \cdots + D_n\delta_n \le Ds + \sigma(b-a) \le D\epsilon + \sigma(b-a)$$

이다. 여기서 D는 $[a, b]$에서 f의 진폭이다. 그러면 ϵ과 σ를 마음대로 작게 택할 수 있으므로 (R_1)이 성립한다.

독자들은 조건 (R_1)과 (R_2)에서 각각 (죠르단)측정가능성과 외용량의 근원을 알아 볼 것이다. 그 둘은 현대의 적분론을 창조하게 하는 데에 중추적인 역할을 하였다. 그러나 리만 자신은 (R_1)과 (R_2)를 이 개념들로 보지 않았다는 것을 기억해야 한다. 얼마 안 가서 측도론적 아이디어가 분명하게 소개되었다.

그래서 적분가능성에 대한 개념이 리만과 함께 부각되었고, 비록 리만의 적분가능성이 어떤 연속성의 성질들을 필요로 한다는 것이 곧 밝혀졌지만, 그 개념은 연속성에 대한 고려와 무관하게 확립되었다. 리만은 또한 적분가능한 함수들의 모임이 모든 구간에서 무한히 많은 불연속점을 갖는 함수들을 포함한다고 주장하였다. 그리고 "이 함수들은 아직까지 아무 데에서도 다루어지지 않았으므로 특정한 예로부터 시작하는 것이 좋을 것이다"[1902 : 242] 라고 하였다. 그 예는 다음과 같은 방식으로 정의되었다. 모든 실수 x에 대해 (x)가 (a)홀수 n에 대해 $x \neq \frac{n}{2}$이면 $x - m(x)$를 나타내거나, (b)홀수 n에 대해 $x = \frac{n}{2}$이면, 0을 나타낸다. 여기서 $m(x)$는 $|x - m(x)|$가 최소가 되는 정수이다. 그래서 함수 $y = (x)$는 홀수 n에 대해 $x = \frac{n}{2}$인 점에서 불연속이다. (그림 1 참고.) 그리고 리만은 함수

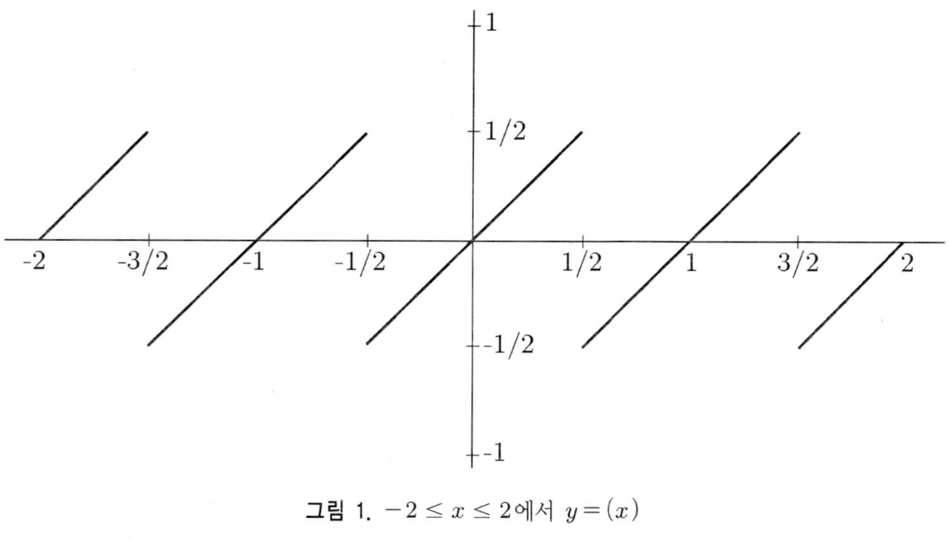

그림 1. $-2 \leq x \leq 2$에서 $y = (x)$

$$f(x) = (x) + \frac{(2x)}{2^2} + \cdots + \frac{(nx)}{n^2} + \cdots$$

를 정의하였다. 이 함수는 m과 $2n$이 서로소일 때 $x = \frac{m}{2n}$ 형태의 점에서 불연속일 것으로 생각된다. 사실, 이 x의 값들에 대하여, x에서 f의 우극한과 좌극한은

$$f(x^+) = f(x) - \frac{1}{2n^2}\left[\sum_{k=0}^{\infty}\frac{1}{(2k+1)^2}\right] = f(x) - \frac{\pi^2}{16n^2};$$

$$f(x^-) = f(x) + \frac{1}{2n^2}\left[\sum_{k=0}^{\infty}\frac{1}{(2k+1)^2}\right] = f(x) + \frac{\pi^2}{16n^2}$$

이다. 그래서 f는 실수들의 조밀한 집합에서 불연속이다. 그럼에도 불구하고 f는 임의의 구간에서 적분가능하다. 왜냐하면, 임의의 $\sigma > 0$에 대해 비약(jump) $f(x^-) - f(x^+) = \frac{\pi^2}{8n^2}$이 σ보다 큰 점 $x = \frac{m}{2n}$이 유한개 밖에 없기 때문이다. 따라서 조건 (R_2)가 만족된다.

리만의 천재적인 독창성은 전혀 다른 접근방법으로 함수를 삼각급수로 표현하는 데에 반영된다. 그는 삼각급수

$$\Omega(x) = A_0 + A_1(x) + A_2(x) + \cdots + A_n(x) + \cdots$$

를 생각하는 것으로 시작하였다. 여기서 $A_0 = \frac{1}{2}a_0$, $A_n(x) = a_n \cos nx + b_n \sin nx$이고 n이 증가할 때 $A_n(x)$는 0에 수렴한다 (x에 대해 균등하게).[7] Ω를 항별로 두 번 형식적으로 적분해서 얻어진 급수

$$F(x) = C + C'x + A_0\frac{x^2}{2} - \sum_{n=1}^{\infty}\frac{A_n(x)}{n^2} \tag{4}$$

은 모든 x의 값에 대해 수렴하고 x에 대한 연속함수를 나타낸다. 나아가서, 그는 F가 두 개의 중요한 성질을 갖는 것을 보였다:

$\mathscr{D}^2F(x)$가 존재하고, Ω가 수렴할 때 마다 $\Omega(x)$와 같다. 여기서

7) 리만은 균등수렴과 비균등수렴을 분명하게 구별하지 않았지만, $A_n(x)$가 균등하게 수렴한다는 것을 전체적으로 가정하였다.

(5) $\mathscr{D}^2F(x) = \lim\limits_{a,\, b \to 0} \dfrac{F(x+a+b) - F(x+a-b) - f(x-a+b) + f(x-a-b)}{4ab}$

(6) 모든 x에 대해 $\lim\limits_{a \to 0} \dfrac{F(x+a) - 2F(x) + F(x-a)}{a} = 0$

이 결과들을 사용하면서 리만은 한 점에서 함수를 삼각급수 Ω로 표현할 수 있는 것에 대한 필요충분조건 (F로 나타내진)을 얻었다. 이 부분에 대한 그의 연구가 특히 중요한 것은 Ω에 나타나는 계수 a_n과 b_n의 본질에 대해 아무런 가정을 하지 않았다는 것이다; Ω는 푸리에급수, 즉 계수가 푸리에의 적분공식으로 주어지는 삼각급수 일 필요가 없다. 삼각급수와 푸리에급수의 구별은 리만에 의해 처음 소개되었는데, 그는 또한 푸리에급수가 아닌 삼각급수의 예를 여럿 제공하였다. 이 구별은 집합론에 대한 칸토르의 연구와 관련하여 중요하게 되었다.

리만의 예는 그가 해결할 수 있는 것 보다 더 많은 문제들을 제기하였으며, 그의 일생동안 결과들을 발표하지 않은 채 남겨 두게 한 것은 결과들이 불완전했기 때문이었을 수 있다. 그 주제가 흥미로울 뿐만 아니라 "무한소해석학에서 가장 중요한 원리들…"을 다루고 있기 때문에 출판이 정당하다고 생각하면서, 1867년에서야 데데킨트(Dedekind, R.)가 그 연구를 *Abhandlungen der Königlichen Gesellschaft der Wissenschaften zu Göttingen*에 포함하였다. 데데킨트의 판단은 리만의 아이디어에 의해 촉진된 연구활동에 의해 곧 확증되었다.

제2장 리만의 아이디어의 전개: 1870-80

2.1 삼각급수와 항별적분

푸리에는 함수들의 무한급수를 항별적분할 수 있는 것을 당연한 것으로 받아들였다. 19세기 전반부에 특히 코시, 가우스(Gauss, K. F.), 아벨의 연구에서 급수에 대한 좀 더 엄밀한 해석이 개발되었다. 그러나 주로 수렴성에 대한 문제를 강조하였고 무한합과 다른 극한과정과의 교환가능성 (예로서, 급수의 항들의 적분을 합하여 급수를 적분할 때와 같은)을 강조하지는 않았다. 그래서 코시(Cauchy, A. L.)는 연속함수들의 항별적분에 대한 타당성을 가정하였고 [1823 : 237], 또한 가우스도 모든 연속함수는 그것의 푸리에급수로 표현가능하다는 (틀린) 명제를 증명하려는 시도에서 그것을 가정하였다.[1)]

극한과정들을 교환하는 것의 타당성은 1826년에 아벨(Abel, N. H. 1802-29)에 의해 문제 삼아졌다. 코시[1821 : 120]는 그의 *Cour d'analyse*에 함수급수가 점 a의 근방에서 수렴하고 그 항들이 a에서 연속이면, 마찬가지로 a에서 연속인 함수로 그 급수가 수렴한다는 명제를 포함하였다. 아벨[1826]은 코시의 명제가 틀린 것을 설명하기 위하여 예 $\sum_{n=1}^{\infty}\frac{(-1)^{n+1}\sin nx}{n}$을 사용하였다. 그러나 그는 또한 어

1) K. Gauss, *Werke*, Vol. 7, 2nd ed. (Leipzig, 1906), pp. 470-72.

떤 형태의 무한급수에 대하여 합의 연속성이 항들의 연속성으로부터 추론될 수 있다는 것을 보였다; 이것은 정확히 그가 필요로 한 이러한 급수들의 균등수렴이다. 그러나 아벨은 다루고 있던 특별한 급수류로부터 이 성질을 끌어내지 못하고 그것의 일반적 중요성을 인식하지 못하였다.

그 단계는 바이어슈트라스(Weierstrass, K. 1815–97)가 받아들였는데, 그는 아벨의 암시하는 바가 많은 말들에 의해 영향을 받았었을 수 있다. 적어도 1841년에 바이어슈트라스는 균등수렴과 비균등수렴 사이의 차이에 대한 이론적 중요성을 알았다.[2] 1856년에 베를린의 대학교수직을 받아들인 후에 그는 강의에서 균등수렴의 중요성을 강조하였다; 특히 그는 항별적분의 타당성이 적분하는 구간에서 균등수렴하는 급수에 대해 증명될 수 있다는 것을 보였다.

사이델(Seidel, P. 1821–1896)과 스토크스(Stokes, G. 1819–1903)는 만일 연속함수들의 급수가 한 점 a에서 "무한히 느리게" 수렴하지 않으면 – 즉, 그 급수가 a 근방에서 균등수렴하면 – 그 급수는 a에서 연속일 것이라는 것을 독자적으로 알아냈다 [Seidel 1850; Stokes 1848].[3] 그러나 그들은 그들의 아이디어를 무한급수의 항별적분과 관련짓지 못하였다. 그것은 아마도 그들이 전체적 성질이 아니라 특정한 점 근방에서 균등수렴하는 성질에 대해 관심이 있었기 때문이다. 사실, 스토크스는 명백하게 항별적분에 대한 코시의 입장을 받아들였다 [1880: I, 242, 255, 268, 283]. 그리고 코시[1853]가 그의 원래 문장을 균등수렴 조건을 추가하여 바로 잡았을 때도, 스토크스는 여전히 항별적분에 대해 그의 정리가 똑같이 지지될 수 없음을 알아차리지 못하였다. 항별적분의 일반적 타당성에 대해 그 증명을 균등수렴하는 급수로 제한함으로써 수학자들 사이에서 진지한 의문을 품게 한 것은 바이어슈트라스가 처음이었다.

바이어슈트라스의 학생들 외에, 하이네(Heine, H. 1821–81)가 삼각급수에 대한 논문[1870]에서 극적으로 그것에 대한 관심을 불러일으킬 때까지 급수의 항별적분에 대한 균등수렴의 중요성은 일반적으로 인식되지 않았다. Halle대학 수학교수였던 하이네는, 아마도, 1867년에 베를린에서 박사학위를 받고 할레에 온 칸토르

2) 바이어슈트라스는 이 차이를 1841년에 썼지만 1894년에 처음 출판된 논문에서 보였다 [Weierstrass 1894–1927: 67–74].

3) 스토크스의 무한히 느리지 않은 수렴의 개념은 실제로 조금 애매모호하다. [G.H. Hardy 1918] 보기.

(Georg Cantor, 1845-1918)를 통하여 바이어슈트라스의 아이디어와 친숙해졌을 것이다.

푸리에는 임의의 함수에 대한 삼각급수 표현의 존재성과 유일성을 항별적분 가능성에 근거를 두었었다. 이제 이것이 비균등수렴 급수에 대해 의심을 품게 되었기 때문에, f를

$$(1) \qquad f(x) = \frac{1}{2}a_0 + \sum_{n=1}^{\infty}(a_n \cos nx + b_n \sin nx)$$

의 형태로 표현하는 데에 있어 그 계수들이 필연적으로 유일한지에 대해 의문이 생기는 것을 하이네는 관찰하였다. 하이네에 의해 제기된 문제는 푸리에급수가 아닌 삼각급수의 존재를 리만이 밝힌 것과 가까운 관계에 있으며, 아마도 부분적으로 그것에 의해 제시되었을 것이다.

하이네가 관찰한대로, 조각마다 단조라는 디리클레조건을 만족시키는 연속함수의 푸리에급수는 항상 균등수렴해야 하지만 그 수렴성은 $f(x^+) \neq f(x^-)$ 인 점의 근방에서는 필연적으로 비균등하다. 그러나 이 경우에, f (여전히 디리클레조건을 만족시키는 것으로 가정된)의 푸리에급수는 "일반적으로" $f(x)$로 균등하게 수렴한다. $[a, b]$의 x에 대해 정의된 급수 $\sum_{n=1}^{\infty} f_n(x)$는 x_i를 포함하지 않는 $[a, b]$의 임의의 부분구간에서 $f(x)$로 균등수렴하는 유한개의 점 $x_1, x_2, \cdots, x_n$이 $[a, b]$에 존재하면 $[a, b]$에서 "일반적으로" $f(x)$에 균등하게 수렴한다고 한다. 하이네는 f가 많아야 한 가지 방법으로 일반적으로 균등수렴하는 삼각급수로 표현될 수 있음을 증명하는 것을 제의하였다. 정의에 의해 이 형태의 수렴은 $x = x_1, x_2, \cdots, x_n$에 대해 그 급수가 $f(x)$를 표현하지 않을 가능성을 갖고 있으며, 이 가능성을 생각하게끔 그를 이끈 것은 칸토르였다고 하이네는 우리에게 말해준다.

f를 가능한 두 개의 다른 (1)의 형태로 표현한 것의 차이를 생각하면서 하이네는 문제를 다음과 같이 만들었다: 집합 P를 형성하는 x들을 제외한 모든 x에 대해

$$(2) \qquad \frac{1}{2}a_0 + \sum_{n=1}^{\infty}(a_n \cos nx + b_n \sin nx) = 0$$

이면, 계수 a_n과 b_n은 모두 0인가? (2)에서의 수렴이 유한하게 취해진 집합 P에

대해 일반적으로 균등하면 답이 Yes 라는 것을 그는 보일 수 있었다. 이 가정을 사용하면서 그는 n이 증가할 때 a_n과 b_n이 0으로 수렴한다는 것을 우선 보였다; 이 결과는 그러면 리만함수 $F(x)=\frac{1}{2}A_0x^2+\sum_{n=1}^{\infty}\frac{-A_n(x)}{n^2}$의 존재를 보증한다. 하이네의 아이디어는 a_n과 b_n이 실제로 0 이라는 것을 보이기 위해 리만이 보인 것처럼 F와 그의 성질들을 사용하는 것이었다.

칸토르는 하이네의 연구에 의해 유일성 문제를 연구하게끔 되었으며, 일반적으로 균등수렴한다는 가정을 제거하는 일을 하기로 하였다. 그는 이 일을 1870-71년의 일련의 논문[Cantor 1870a; 1871a]에서 달성하였다. 일반적으로 균등수렴한다는 가정을 완전히 제거하고 따라서 P를 유한으로 제한할 이유가 완전히 없어지게 한 후에, 칸토르[1872]는 P가 무한집합일 때의 유일성 문제로 방향을 돌렸다.

이 시기에, 비록 조밀(dense) 집합과 어느 곳에서도 조밀하지 않은(nowhere dense) 집합이 연속함수들의 미분가능성 (2.3) 뿐만 아니라 디리클레, 리만, 리프쉬츠(Lipschitz), 그리고 더 넓은 범위로, 한켈(Hankel, H.)의 연구 (2.2)에 들어왔었지만, 아무도 무한집합의 성질에 대해 주의깊게 분석하지 않았었다. 따라서 칸토르는 기본 정의부터 시작하였다. 점 x의 모든 근방이 점집합 P의 무한히 많은 점들을 포함하면 x는 집합 P의 극한점(limit point)이다. (칸토르는 x를 내부에 갖고 있는 구간을 x의 근방이라고 하였다.) P'으로 표시된 P의 일계 유도집합은 P의 모든 극한점들로 이루어진다. P'이 유한이 아니면, 그것은 P'' 또는 $P^{(2)}$로 표시되고 P의 이계 유도집합이라고 불리는 유도집합을 갖는다 (P는 유계로 가정된다). 이런 방식으로 $P^{(n)}$으로 쓰는 P의 n 계 유도집합이 $(P^{(n-1)})'$으로 반복적으로 정의될 수 있다. 마지막으로 $P^{(n)}$이 유한집합이면 집합 P는 n 형(nth type)이라고 정의된다. 이 개념들을 설명하기 위하여 칸토르는 0과 1 사이의 모든 유리수들의 집합을 생각하였다; 그것의 유도집합이 0과 1 사이의 모든 실수들을 포함하기 때문에 그것은 어떠한 n 형도 아니다. 그는 또한 n이 양의 정수일 때 $\frac{1}{n}$ 형태의 점들의 집합을 생각하였다; 이 경우에 유도집합은 한 개의 수 0을 포함하고 그 집합은 1형이다. 이 간단한 예들 - 칸토르가 보여 준 유일한 것들 - 은 이 시기에 수학자들에게 알려진 실제의 무한집합들의 예가 제한될 수밖에 없음을 반영한다.

칸토르의 주된 결과는 (2)가 유한의 n 형인 집합 P (나중에 칸토르가 제 1종 집합(first specy)이라고 이름을 붙인)를 제외하고 성립하면 (2)의 계수가 모두 0 이라는 것이다. 증명은 $n=0$ 인 경우에 정리를 증명하기 위하여 칸토르가 수정한 것과 같이 하이네의 증명으로부터 유도된다; 칸토르는 증명이 귀납법에 의해 임의의 정수 n까지 확장될 수 있다는 것을 깨달았다. 아이디어는 리프쉬츠가 채택한 것과 비슷하며, 그의 논문이 칸토르에게 영향을 끼쳤을 수 있다. 그러나 칸토르는 리프쉬츠가 0 형과 1 형의 집합만이 어느 곳에서도 조밀하지 않은 집합이 될 가능성이 있다고 생각한 실수를 저지르지 않았다. 그는 임의의 n형 집합 (어느 곳에서도 조밀하지 않음이 쉽게 보여 지는)이 반드시 존재한다는 것을 깨달았다.[4)]

적분론의 발전에서 이 칸토르와 하이네의 논문들은 이중으로 중요하다: 그들의 출판은 항별적분이 문제가 있다는 사실에 관심을 기울이게 했으며, 집합론에 지대한 영향을 끼친 무한집합론의 시작을 나타낸다.

칸토르와 하이네의 연구는 삼각급수 표현에서 계수가 유일하다는 것을 알게 하였지만 계수의 본질에 다가가지는 않았다. 1872년 4월에 두 명의 이탈리아 수학자 아스콜리(Ascoli, G.)와 디니(Dini, U.)가 이 점을 다루는 논문들을 제출하였다. 아스콜리[1873]는 유한개의 점을 제외하고 연속인 함수를 생각하였고 디니[1874]는 불연속점들이 많아야 유한개의 극한점을 갖는 함수를 생각하였다. 그들은 이 함수들에 대하여 삼각급수 표현의 계수가 푸리에계수여야 한다는 것을 보이는데 성공하였다.

아스콜리와 디니가 채택한 증명방법은 리만함수 (1.4 식 (4))

$$F(x)=\frac{1}{4}a_0x^2-\sum_{n=1}^{\infty}\frac{(a_n\cos nx+b_n\sin nx)}{n^2}$$

이

$$F(x)=\int_{-\pi}^{x}dt\int_{-\pi}^{t}f(y)\,dy+cx+d$$

의 형태로 표현될 수 있다는 것을 보임에 기초하였다. 일단 이것이 성립되면, 계수

4) 칸토르의 이 집합들의 존재에 대한 믿음과 n 형 집합 자체에 대한 개념은 그의 실수에 대한 이론과 밀접하게 연관된다. [Jourdain 1910: 23-26, 특히 24n1, 26n2] 보기.

의 본질은 $F(x)$를 항별적분하고 $G(x) = \int_{-\pi}^{x} dt \int_{-\pi}^{t} f(y)\,dy$에 부분적분법을 적용하여 추론될 수 있다.

1874년의 논문에서 뒤 보아-레이몽(du Bois-Reymond, P. 1831-89)은 단순히 리만의 의미로 적분가능한 함수 f에 대한 좀 더 일반적인 경우를 생각하였다 [1875b]. $\Phi(x) = F(x) - G(x)$에 대하여, 리만의 정리 (1.4의 식 (5))와 함께 기본정리 I로부터

$$\mathfrak{D}^2\Phi(x) = \lim_{\alpha\to 0}\frac{\triangle^2\Phi(x)}{\alpha^2} = \lim_{\alpha\to 0}\frac{[\Phi(x+\alpha)+\Phi(x-\alpha)-2\Phi(x)]}{\alpha^2}$$

일 때, $\mathfrak{D}^2\Phi(x) = 0$을 얻는다. 불연속점들이 1종의 집합 (즉, n형의 집합)을 이루면, $\Phi(x) = cx + d$가 된다. (이 결과는 칸토르가 삼각급수 표현의 유일성에 대한 연구에서 관심을 보였던 슈바르츠(Schwarz, H.A.)의 보조정리로부터 나온다.) 그러나 뒤 보아-레이몽은 리만적분가능함수가 조밀집합에서 불연속이 될 수 있다는 사실에 직면하였다.

이 어려움을 피하기 위하여 뒤 보아-레이몽은 새로운 개념을 도입하였다: 한 점에서 함수의 값들의 집합(*Wertevorrat*). 이 개념의 기원은 유계이지만 반드시 수렴할 필요는 없는 부분합 $S_n = \sum_{k=1}^{n} u_k$를 갖는 무한급수 $\sum_{k=1}^{\infty} u_k$에 관한 논문에서 볼 수 있다. 여기서 뒤 보아-레이몽[1870: 3ff]은, 지금 $\liminf_{n\to\infty} S_n$과 $\limsup_{n\to\infty} S_n$으로 표시되는, 그가 급수의 “부정의 극한들(limits of indetermination)”(*Unbestimmtheitsgrenzen*)이라고 부른 것을 소개하였다.[5] 이것들을 그는 수열 S_n의 모든 극한의 값들(limiting values)의 하계와 상계로 간주하였다. 이런 방식으로 생각되어진 이 개념들은 쉽게 함수들로 일반화 되었다. 그래서 x_1에서 f의 값들의 집합은 x가 x_1으로 접근할 때 $f(x)$의 모든 극한의 값들의 집합으로 정의된다. 이 집합의 하한과 상한은 그러면 x_1에서 f의 부정의 극한들로 정의된다. 이 극한들의 차이는 이제 x_1에서 f의 진폭(oscillation)이라고 불리는 $\omega_f(x_1)$과 비슷하다.

---

5) 가우스가 대략 1800-01에 쓴 출판되지 않은 논문에서 이 극한들을 이미 생각하였었다. [Schlesinger 1912: 136-40] 보기.

그래서 뒤 보아-레이몽은

$$\lim_{\alpha \to 0} \frac{\Delta^2 \Phi(x)}{\alpha^2} = f(x) - r \tag{3}$$

이라고 쓸 수 있었다. 여기서 r은 x에서 f의 부정의 극한들 사이에 있다. (3)의 의미는 현대의 기호로

$$\begin{aligned} f(x) - \limsup_{y \to x} f(y) &\le \liminf_{\alpha \to 0} \frac{\Delta^2 \Phi(x)}{\alpha^2} \\ &\le \limsup_{\alpha \to 0} \frac{\Delta^2 \Phi(x)}{\alpha^2} \\ &\le f(x) - \liminf_{y \to x} f(y) \end{aligned}$$

이다. 방정식 (3)으로부터 리만의 적분가능조건 (R_1)과 슈바르츠의 보조정리를 적용하여, 그는 Φ가 선형함수라는 것을 보일 수 있었다. 증명은 지극히 길고 힘들며 나중에 르베그가 보여준 증명 (6.1)과 매우 대조적이다. 르베그의 증명은 모든 유계함수에 적용되며, 우습게도, 급수가 균등수렴하건 하지 않건, 균등유계인 급수에 대하여 항별적분이 타당한 연산이라는 사실에 기초한다. 그러나 당시에 뒤 보아-레이몽의 결과는 리만의 적분론을 위한 큰 업적이 되었으며, 푸리에의 원래 명제 - 임의의 유계함수에 대해 유일하게 가능한 삼각급수 표현은 그것의 푸리에급수이다 - 는 함수의 본질을 더 제한하지 않고는 성립될 수 없는 것으로 보였다.

프랑스에서 리만의 아이디어가 알려지게 하는데 주된 역할을 한 수학자는 다부(Darboux, G. 1842-1917)였다. 1870년에 그는 *Bulletin des sciences mathématique et astronomiques*를 창립하는데 도움을 주었고, 제1권은 리만의 아이디어를 발전시킨 한켈(Hankel, H.)의 연구에 대한 길고 호의적인 평을 포함하였다. 그리고 1873년에 리만의 논문이 다부에 의해 번역되어 *Bulletin*에 출판되었다. 실제로 다부는 이 "아름다운 보고서(beau Mémoire)"를 번역하는 것 이상을 하였다. 그는 그것을 매우 열심히 공부하였고, 1873년에 프랑스 수학회에서, 불연속함수의 적분, 도함수를 갖지 않는 연속함수, 그리고 함수론을 다루는 두 개의 논문[6)]을 발표하였다. 다부의 연구는 "*Mémoire sur la théorie des fonctions dis-*

6) 내용이 *Paris, soc. Math. Bull.*, 1 (1872-73), 121; 2 (1873-74), 66에 간단히 묘사되어 있다.

continues" [1875]에서 절정에 이르렀다. 이 논문의 명쾌함과 엄밀함에 감동을 받지 않고는 이 논문을 읽을 수 없다; 선도하는 프랑스 수학자 중에서(Ossian Bonnet을 제외하고) 이 정도의 정확함은 보기 드물었다. 그러나 리만이 매우 다른 함수들의 모임을 소개함으로써 엄밀함의 필요성을 강하게 만들었다. "좀 더 일반적인 함수와 관계되는 명제를 서술하는 데 있어, 정당하고 분명하게 간주될 수 있거나 과학을 유용한 함수에 적용하는데 있어 생각될 수 있는, 많은 점들을 엄밀하게 조사하여야 한다"[Darboux 1875: 58].

다부의 논문의 많은 부분이 실변수함수론에 대한 기본 정리들을 확립하고 예외적인 함수들을 만드는 데 바쳐졌다. 그러나 다부[1884: 29]는 그의 논문을 "현실에서 적분학이 바탕을 둘 수 있는 원리들의 연구"로 특징 지웠다. 특별히 관련된 것은 다부가 무한급수의 적분에 대해 논한 것이다. 그는 하이네와 칸토르의 논문들에 친숙하였고 균등수렴하는 적분가능 함수들의 급수의 적분가능성과 항별적분의 타당성을 확립한 멋진 증명을 보여 주었다.

급수가 비균등수렴하면 무엇이 일어날 수 있는지를 보이기 위해 다부는

$$u_n(x) = -2n^2xe^{-n^2x^2} + 2(n+1)^2xe^{-(n+1)^2x^2}$$

인 급수 $\sum_{n=1}^{\infty} u_n(x)$를 소개하였다. 이 급수는 연속함수 $-2xe^{-x^2}$으로 수렴하며, $[0, x]$에서 적분하면

$$\int_0^x (-2te^{-t^2})\,dt = e^{-x^2} - 1$$

이 된다. 그러나 급수를 $[0, x]$에서 항별적분하면

$$\sum_{n=1}^{\infty} \int_0^x u_n(t)\,dt = \sum_{n=1}^{\infty} [e^{-n^2x^2} - e^{-(n+1)^2x^2}] = e^{-x^2}$$

이 된다. 다부가 깨달은 것처럼 $R_n(x) = \sum_{k=n}^{\infty} u_k(x)$이면 $\left|R_n(\frac{1}{n})\right| = \frac{2n}{e}$이므로, 이 급수는 균등수렴하지 않는다. 달리 말하면, 이 급수는 $[0, x]$에서 균등유계가 아니다. (급수 $u(x) = \sum_{k=1}^{\infty} u_k(x)$ 또는 동등하게 수열 $S_n(x) = \sum_{k=1}^{n} u_k(x)$는 $[a, b]$ 안

의 모든 x와 모든 n에 대하여 $|S_n(x)| \leq B$ 인 수 B가 존재하면 $[a, b]$에서 균등유계라고 한다.) 그러나 다부는 균등유계 개념을 도입하지 않았고 항별적분에 대한 그것의 중요성을 전혀 생각하지 않았다. 하이네, 뒤 보아-레이몽, 그리고 다부는 모두 균등수렴의 중요성을 발견한 것에 매우 감동받아서 비균등수렴급수에 대한 긍정적 명제를 만들 수 있는 가능성에 거의 관심을 보이지 않았던 것으로 보인다.

2.2 리만의 적분가능 판정법의 재구성

리만은 그의 적분가능성 조건을 두 가지 형태 (R_1)과 (R_2)로 표현하였다. 결과적으로 적분론에서 외용량의 소개와 측도론적 관점의 시작으로 이끈 것은 두 번째 형태였다. 1870년대에 한켈이 함수의 적분가능성은 어떤 점집합의 성질에 의존한다는 것을 보임으로써 (R_2)의 측도론적 연관을 훨씬 많이 보이게 했음에도, 그 연관은 개발되지 않았다. 이 현상에 대한 설명은 이 기간 동안에 퍼졌던 세 가지 형태의 "무시할만한" 집합의 성질들에 대한 혼동이다: 칸토르의 제1종의 집합들(유한 n형의 집합들); 어느 곳에서도 조밀하지 않은 집합들; 임의의 작은 전체 길이를 갖는 유한개의 구간들에 둘러싸일 수 있는 집합들, 즉 용량 0의 집합들. 결과적으로, 무시할 수 있는 것의 "위상적" 특질과 대조되는 측도론적 특질들의 중요성은 이해되지 않았다. 1880년대에 이 형태들의 무시할만한 집합들이 서로 다른 것을 발견한 것이 외용량론의 개발에 자극제가 되었다 (3장 참고). 디리클레에 의해 (명백히) 1829년에, 리프쉬츠에 의해, 그리고 한켈에 의해 주장된 어느 곳에서도 조밀하지 않은 집합에 대한 제한된 생각은, 어떤 의미로, 칸토르의 제 1종의 집합 개념에 나타난다. 바로 이 이유로 칸토르가 제 1종의 집합들을 도입한 것은 어느 곳에서도 조밀하지 않은 집합과 용량 0의 집합의 다른 성질들을 명확히 하는 데에 도움이 되지 않았다.

리만의 논문은 그의 후계자들에게 실변수함수는 실수들 사이의 대응 $x \rightarrow f(x)$로 간주된다는 관점을 전달하였다; 비록 함수가, 그의 예에서처럼, 해석적 식으로 나타내 질 수 있어도 해석학에서 생기는 좀 더 친숙한 함수들의 예에서 흔히 보이는 성질들(예를 들어 연속성, 적분가능성)을 가질 필요는 없다. 그의 제자 중의 한 사람인 튀빙겐대학 수학교수 한켈은 리만의 관점에 특히 감명을 받았고 대략 같은 때에 만들어진 두 개의 연구물 – *Allgemeine encyklopädie der Wissenschaften und Künste*에 있는 논문 "Grenze" [1871: 189–206]와 긴 보고서 "Untersuchungen über die unendlich oft oszillierenden und unstetigen funktionen" [1870] – 에서 그것에 대해 상세히 말하였다.

한켈은 디리클레와 리만이 분명치 않게 했던 것을 분명하게 만들었다: 이 수학자들이 생각했던 함수들은 일반적 성질들을 갖지 않았다. 그러므로 새로운 함수개념에 대한 해석에서의 첫걸음은 옛날 개념과 연관된 함수들에 대한 생각들을 제거하고 디리클레의 개념에 의해 허용된 "두 변수사이의 가능한 여러 관계들"을 분석하는 것이어야 한다[1870 : 68]. 이 분석의 결과는 한켈의 함수에 대한 분류였다. 첫 번째 부류는 모든 연속함수들로 이루어졌다; 그 구성원의 성질 면에서 첫 번째와 가깝게 닮은 두 번째는 임의의 유한구간에서 유한개의 점들을 제외하고 연속인 함수들로 이루어졌다. 오일러, 푸리에, 코시에게는 이 두 부류가 함수개념의 모든 가능성을 다 포함하였었을 것이다. 그러나 디리클레와 리만은 유한구간에서 무한개의 불연속점을 가진 함수들이 가능한 것에 주의를 기울였다. 한켈은 이 함수들을 두 부류로 더 나누었는데, 그는 그것들을 점마다 불연속인 함수들(*punktiert unstetige Funktionen*)의 부류와 완전(totally) 불연속함수들의 부류라고 하였다.

이 분류의 기초는 적분가능한 불연속함수와 적분불가능한 불연속함수 사이를 디리클레가 강조한 구별에 의해 제시되었다. 그러나 한켈은 한 점에서 함수의 비약 개념과 같은 그 자신의 중요한 아이디어들을 덧붙였다 [1870: 87ff]. 리만은 $f(x)=\sum_{n=1}^{\infty}\frac{(nx)}{n^2}$가 적분가능하다는 것을 증명할 때 이 용어를 사용하였었으나, 한켈은 x에서 한쪽극한 $f(x^-)$와 $f(x^+)$를 갖는 함수들뿐만 아니라 임의의 함수에 적용하도록 그 용어를 수정하였다. 그래서 한켈은 임의의 양수 ϵ에 대하여 $|\delta|<\epsilon$이고 $|f(x+\delta)-f(x)|>\sigma$인 δ가 존재하면 함수가 x에서 양수 σ 보다 큰 비약을 하는 것으로 정의하였다. x에서 f의 비약은 그러면 f가 x에서 σ 보다 큰 비약을 하는 "가장 큰" σ로 정의된다. (좀 더 정확하게 하면, x에서 f의 비약은 그러한 σ의 상한이다). 물론 이것은 좀 더 친숙한 한 점에서 함수의 진폭(oscillation) 개념의

전 개념이다.

점마다 불연속인 함수와 완전 불연속인 함수 사이의 구별은 그러면 다음과 같은 방식으로 표현된다. S_σ를 x에서 σ 보다 큰 비약을 하는 점 x들의 집합이라고 하자. 불연속함수에 대해, S_σ가 모든 양수 σ에 대해 어느 곳에서도 조밀하지 않으면 – 한켈의 용어로, S_σ의 점들이 함수의 정의 구간에서 "흩어져 (*zerstreut*)" 있으면 – 그 함수는 점마다 불연속이다. 한켈은 이 함수들이 처음 두 부류의 함수들과 나머지 불연속함수들 사이를 이어주는 것으로 간주하였다. 후자, 완전 불연속함수는 어떤 σ에 대해 S_σ의 점들이 전체구간을 "채운다 (*erfüllen*)", 즉 S_σ가 어떤 구간에서 조밀하다는 성질을 갖는다.

점마다 불연속함수와 완전 불연속함수를 구별하면서 한켈은 수학적 해석에 맞는 함수들을 그렇지 않은 것들로부터 분리시켰다고 믿었다: 함수가 리만적분가능할 필요충분조건이 그 함수가 점마다 불연속이라는 것이라고 그는 생각하였다. 좀 더 명확히 말하면, 한켈은 다음 결과를 확립하였다고 생각하였다: 함수가 점마다 불연속이기 위한 필요충분조건은 모든 양수 σ에 대하여 함수의 진폭이 σ 보다 큰 구간들의 전체 크기가 임의로 작게 만들어질 수 있다는 것이다. 명제의 "충분조건 (if)" 부분이 실제로 맞음을 보이는 것은 어렵지 않다: 어떤 σ의 값에 대하여 S_σ가 구간 I에서 조밀하면 I와 겹쳐지는 모든 구간에서 함수의 진폭은 σ 보다 클 것이다. 그래서 (기본 구간 $[a, b]$의 분할에 있는) 진폭이 σ 보다 큰 구간들의 전체 크기는 항상 I의 길이보다 크거나 같을 것이고, 함수는 적분가능하지 않을 것이다. 틀린 것은 "필요조건 (only if)" 부분이다 – 그것은 사실상 어느 곳에서도 조밀하지 않은 집합이 용량 0을 가져야한다고 주장한다.

한켈이 명제의 이 부분을 증명한 것을 논의하기 전에, 그에게 알려졌던 점마다 불연속함수와 완전 불연속함수의 실제 예들을 살펴보는 것이 도움이 될 것이다. 왜냐하면 그 예들이 그가 어느 정도로 그의 정의들에서 나타나는 여러 형태의 집합들에 대한 가능성을 깨달았는지를 밝히기 때문이다.

한켈은 디리클레의 예를 다음의 방식으로 일반화 하였다. $n = 1, 2, 3, \cdots$에 대하여 $\frac{1}{2^n}$을 중점으로 하고 고정된 $\zeta, 0 < \zeta < 1$에 대해 길이 ζ^n을 갖는 무한히 많은 구간에 있는 x를 제외하고 모든 $[0, 1]$의 x에 대해 $f(x) = 1$이라 하자. 이 구간들

에서 f는 무리수 x에 대해 1과 같고 유리수 x에 대해 0과 같은 디리클레함수의 별난 형태를 갖는다. "진폭이 1과 같은 구간들의 전체 크기 s는

$$s=\zeta+\zeta^2+\zeta^3+\cdots=\frac{\zeta}{1-\zeta}$$

이다" [1870: 86]. 달리 말하면 f는 완전 불연속이다. 다음 예는 점마다 불연속함수에 대한 한켈의 말의 근거를 이해하는데 특히 중요하다. f를 다음과 같이 정의하자: $n=1, 2, 3, \cdots$에 대하여 $f(\frac{1}{2^n})=0$이고 모든 다른 x의 값들에 대해 $f(x)=1$. 무한히 많은 수의 점들 $\frac{1}{2}, \frac{1}{2^2}, \frac{1}{2^3}, \cdots$에서 f는 크기 1의 비약을 한다. 그러나 다른 예와 대조적으로 불연속점들로 "채워진" 구간이 없다. 사실 "$x=\frac{1}{2^n}$을 포함하는 구간이 이 점에서 생기는 불연속점만을 둘러싸야 한다면, 그것은 임의로 작게 택해질 수 있다. 더구나 이 형태의 모든 구간들의 전체 크기 s는 임의로 작게 만들어질 수 있다. 왜냐하면 $x=\frac{1}{2^n}$을 둘러싸는 구간의 크기를 ϵ^n으로 잡으면 그들의 합 $s=\epsilon+\epsilon^2+\epsilon^3+\cdots=\frac{\epsilon}{1-\epsilon}$은 ϵ과 함께 임의로 작아지기 때문이다" [1870: 86].

이 예를 생각하면서, S_σ가 어느 곳에서도 조밀하지 않으면 임의의 작은 전체 길이를 갖는 구간들로 둘러싸일 수 있다는 것을 한켈이 증명한 것을 살펴보자. S_σ가 유한개의 점들을 포함하면, $f(x)=\sum_{n=1}^{\infty}\frac{(nx)}{n^2}$에 대한 리만의 증명이 반복될 수 있다.

> 이 점들의 수가 무한히 많으면 … 우리는 다음과 같이 할 수 있다: 다루고 있는 전체 구간을 각각 비약이 σ 보다 큰 불연속점들 중 하나를 둘러싸는 구간으로 나누고, 이 구간들을 크게 잡아서 그들이 전체 구간을 채우도록 한다. 이 구간들 각각 여전히 해당되는 불연속점을 둘러싸도록 n번째 부분으로 축소되는 것으로 상상하면, 구간의 나머지 부분에서는 σ 보다 큰 비약이 없다; σ 보다 큰 비약이 있는 구간들의 합은, 그러나, 전체 구간의 n번째 부분이므로 n을 증가시킴으로써 임의로 작게 만들어질 수 있다. q.e.d. [1870: 87–88]

우리는 $f(x)$가 점마다 불연속일 때 극한값 $f(x^+)$와 $f(x^-)$가 항상 존재해야한다는 뜻의 또 다른 그의 틀린 증명을 고려함으로써 이 증명을 둘러싼 모호함을 없앨 수 있다. 그것은 "σ 보다 큰 비약이 있는 점 $x=a$를 고정시킨다; 그리고 비약이 σ 보다 큰 *다음 점* $x=a+h$를 찾는다; 그들 사이에 놓인 구간에서 진폭은 2σ 보다 작다 …" [한켈: 1870: 90; *다음 점*은 첨가되었다]. 여기서 한켈이 실제로 "흩어진" 집합을 어떻게 이해했는지 – 그의 정의에 반하여 – 가 좀 더 분명해 진다: 한켈이 생각한 것처럼, "흩어진" 집합은 극한점을 갖지 않는다. 그의 나머지 증명이 보여 주는 것처럼, S_σ의 점들은 σ 보다 작은 σ'에 대하여 $S_{\sigma'}$의 극한점들이 될 수 없다. 이것은 한켈이 집합 $\left\{\dfrac{1}{2^n}\right\}$을 생각하고 있었으며 모든 어느 곳에서도 조밀하지 않은 집합이 그것과 충분히 유사해서 그의 논법에서 가정한 성질들을 공유할 것이라고 생각했다는 것을 강하게 암시한다.

요약하면, 한켈은 "위상적으로 무시할 만한" 집합 (즉, 어느 곳에서도 조밀하지 않은 집합)을 측도론적 관점에서 무시할만한 집합과 혼동하였다. 적분가능한 함수에 대응되는 집합 S_σ를 위상적으로 특징지으려고 하면서, 그는 디리클레가 제시한 방향을 따랐다. 그리고 디리클레와 리프쉬츠의 경우와 같이, 무한집합, 특히 어느 곳에서도 조밀하지 않은 집합의 가능성에 대한 이해가 부적절하여 길을 잘못 들게 되었다. 어느 곳에서도 조밀하지 않은 집합이 양의 외용량을 가질 수 있다는 것을 발견한 후에야 측도론적으로 무시할만한 집합의 중요성이 인정되었다. 그래서 리만의 적분가능성 조건 (R_2)에 숨어 있었던 측도론적 아이디어는 대등하게 보였던 위상적 아이디어의 돌출에 의해 흐릿한 상태로 남았다. 그럼에도 불구하고, 한 점에서 함수의 비약을 도입함으로써 한켈은 집합들 (S_σ들)의 성질에 관심을 집중하였다; 집합의 측도론적 성질들이 적분론에 결정적이라는 것은 여전히 인정받지 못한 채로 남았다.

리만은 피적분함수가 연속이어야 한다는 조건이 필수적 성질이 아님을 인식함으로써 코시의 적분의 정의를 확장하였다. 그러나 한켈은 적분가능한 함수의 연속점들이 조밀집합을 이루어야한다는 것을 알아냈다 [1870: 90]. 증명은 모든 양의 값 σ에 대하여 S_σ가 어느 곳에서도 조밀하지 않은 집합이어야 한다는 것에 기초한다. 그래서 임의의 특정 구간 I_0와 양수 σ에 대하여 S_σ의 점들을 포함하지 않는 I_0의 부분구간 I_1이 존재한다. 비슷하게 $S_{\frac{\sigma}{2}}$의 점들을 포함하지 않는 I_1의 부분구간 I_2가 존재하고, 등등. 이런 식으로 I_n은 $S_{\frac{\sigma}{2^{n-1}}}$의 점들을 포함하지 않는, 축소구간열 I_n을 얻는다. $\bigcap_{n=1}^{\infty} I_n \neq \varnothing$이므로, I_0는 함수의 연속점을 포함하고, 정리가 증명된다. (구간 I_n은 물론 닫힌 구간이어야 한다; 한켈은 이것을 어물쩍 넘겼다.) 또다시, 이렇게 적분가능 함수의 연속점들을 위상적으로 특징지은 것이 이 점들의 집합의 측도론적 성질을 안보이게 하였다.

위에 열거한 두 예에서 한켈이 "전체 크기 s"를 리만이 사용했던 것과 약간 다른 의미로 사용한 것을 주목해야 한다. 리만은 그것을 항상 기본 구간 $[a, b]$의 분할과 관련해서 사용하였다; 그것은 분할에서 함수의 진폭이 σ 보다 큰 구간들의 합을 말하였다. 한켈은 그것을 분할과 직접적으로 관련되지 않고 무한히 많은 개수가 있을 수 있는 구간들을 말하였다. 사실 $\frac{1}{2^n}$을 포함하는 구간들의 전체 크기가 임의로 작게 만들어질 수 있다는 것을 보이는 한켈의 방법은 모든 가산집합이 측도 0을 갖는다는 것의 증명에 깔려있는 아이디어를 포함하였다.

이 모든 것들이 보렐과 르베그의 선행 연구인 것 같을 수 있었다. 그러나 한켈이 다루었던 집합들은 매우 단순한 성질 – 매우 단순해서 그 집합의 각 점은 다른 점들 주위의 대응되는 구간과 만나지 않는 구간에 둘러싸일 수 있었다 – 을 갖는 집합이었다는 것을 기억해야 한다. 그래서 둘러싸는 구간들은 구간의 무한분할에 대응되었고 그 무한분할은 유한분할과 리만의 조건 (R_2)와 직접적으로 관계될 수 있었다. 그의 예에서, 한켈은 유한개의 점을 제외한 모든 S_σ의 점을 포함하는 구간 $[0, \epsilon]$을 택하고 나머지를 전과 같이 덮음으로써 S_σ를 유한개의 구간으로 둘러쌀 수도 있었다. 덮여지는 집합이 S_σ이고 배경이 리만의 적분론인 한, 사실상 계속해서 유한개의 구간을 사용하는 것이 더 자연스럽다. 왜냐하면 그들이 더 쉽게 분할과, 따라서 (R_2)와 관계가 되기 때문이다. 그러므로 한켈의 후계자들이 유한개의 구간들을 사용하는 것으로 돌아오고 결과적으로 유한 덮개에 기초한 측도론을 개발한 것은 놀라운 일이 아니다. 나아가서, 점집합의 측도에 대한 개념은 리만의 사고에 생소했던 것만큼이나 한켈의 사고에도 생소했다는 것을 기억해야 한다.

새로운 적분론에 대한 가장 열정적 해설자는 생리학자 에밀 뒤 보아–레이몽

(Emil du Bois-Reymond)의 동생인 폴 뒤 보아-레이몽(Paul du bois-Reymond, 1831-99)이었다. 1870년대 초에 그는 리만, 한켈, 하이네, 그리고 칸토르의 연구 결과에 친숙하였다; 1873년 가을에 그는 "Versuch einer Classification der willkürlichen Functionen reeler Argumente nach ihren Aenderungen in den kleinsten Intervallen" [1875a]의 원고를 완성하였다.[7)] 이것은 그가 개념의 발달을 소화시킨 것을 보여주고 그 발달에 대한 1870년대의 관점을 나타낸다.

특히 뒤 보아-레이몽은 함수를 대응관계로 보는 디리클레의 개념을 받아들였다. 이 일반적 의미의 함수들은 "가정없는 함수들"로 불렸다. 왜냐하면 한켈이 이미 강조했던 것처럼, 그들은 전에 모든 함수들의 것으로 여겨졌던 성질들을 가질 필요가 없기 때문이다. 뒤 보아-레이몽에 따르면, 함수의 가장 약한 제한조건은 그것이 리만의 의미로 적분가능하다는 것이다; 적분가능 함수는 그래서 가정없는 함수들의 모임에서 가장 큰 부분 모임을 이루는 것으로 간주되었다. 이것은 리만의 바로 다음 후계자들이 리만의 적분가능조건을 간주했던 방식을 반영한다. 르베그적분론의 우월한 관점에서 보면, 리만의 적분론은 충분히 일반적이지 않은 것으로 보이는 것이 사실이다. 그러나 1870년대에 - 넓은 범위로 1880년대에 조차 - 적분가능함수들의 모임은 여태까지 생각해 왔던 것 보다 상당히 더 큰 영역의 함수들을 포함하는 것으로 보였다. 나아가서, 코시합의 유일한 극한의 값으로 정의된 정적분의 정의 - 리만의 이론의 기초가 된 정의 - 는 적분을 정의하는 자연스러운 방식으로 의심의 여지없이 받아들여졌다. 리만의 확장은 그러므로 긍정적인 것으로 받아들여졌다. 뒤 보아-레이몽[1883a: 274]이 표현한 것처럼, 리만은 적분가능함수의 개념을 최대 한계까지 확장했던 것으로 보였다.

불연속점들이 조밀집합을 이루는 리만의 적분가능 함수의 예는 디리클레의 적분가능 조건 (불연속점들이 어느 곳에서도 조밀하지 않은 집합을 이루어야 한다)이 리만의 적분가능성에 필수적인 것이 아니라는 것을 보였다. 그 조건은 또한 리만 적분가능성에 충분하지도 않다: S를 $[0, 1]$의 양의 용량을 갖는 어느 곳에서도 조밀하지 않은 집합이라 하자. 그러면 $f(x)=\chi_S(x)$는 디리클레 조건을 만족시키지만 적분가능하지 않다. 왜냐하면 S의 각 점에서 그것의 진폭이 1이기 때문이다.

7) 뒤 보아-레이몽이 약간의 사소한 것을 삭제하는 것에 동의할 때까지 출판이 늦춰졌다. 1873년 11월 23일과 30일에 바이어슈트라스 [1923a: 199ff]가 그에게 보낸 편지들을 보기.

한켈은 S와 같은 집합은 존재하지 않는다고 생각하였다. 그것은 또한 뒤 보아-레이몽의 의견이기도 했던 것으로 보인다. 왜냐하면 그는 디리클레의 조건을 리만의 조건 보다 더 제한적인 것, 즉 적분가능성에 대한 충분조건으로 간주하였기 때문이다[1875a: 22].

이 잘못에 대한 이유는 비교적 분명하다. 뒤 보아-레이몽이 그의 논문을 썼을 때에는 이미 칸토르가 제 1종의 집합, 즉 어떤 정수 n에 대해 $P^{(n)}$이 유한집합인 집합 P들의 모임을 도입했었다. 이 집합들은 물론 어느 곳에서도 조밀하지 않으며 한켈이 상상했던 어떤 것 보다 확실히 더 복잡하다. 그러나 이 집합들이 임의의 작은 전체 길이를 갖는 구간들로 둘러싸일 수 있다는 사실을 증명하는 것은 어렵지 않다. 그래서 제1종의 집합들이 어느 곳에서도 조밀하지 않은 집합을 다 포함한다고 잘못 가정되면, 한켈의 틀린 명제가 타당한 것처럼 보일 것이고 디리클레 조건은 리만의 특별한 경우처럼 보일 것이다.

이것이 아마도 뒤 보아-레이몽이 생각한 것 일 것이다. 왜냐하면 그는 분명히 제1종의 집합들과 어느 곳에서도 조밀하지 않은 집합을 동일시했기 때문이다. 다음 구절이 이것을 암시하며 전체를 인용할 가치가 있다.

> 직선을 형성하지 않는 점들은 그 수가 무한일 때 두 가지 방법으로 구간에 생길 수 있다. 첫째, 유리수의 분포처럼 모든 임의의 작은 구간에 그러한 점들이 존재하도록. 둘째, 구간의 모든 임의의 작은 부분에 이 점들이 하나도 없는 유한 구간을 찾을 수 있도록.
>
> 우리가 좀 더 자세히 다루고자 하는 두 번째 경우에, 점들은 그 수가 유한이거나 개별적인 점에 접근할 때에만 무한히 조밀해진다. 왜냐하면 점들의 수가 무한이면, 그들의 거리들 모두 유한일 수 없다. 그러나 또한 임의의 작은 구간에 있는 그들의 거리들 모두 0이 될 수 없다. 왜냐하면 그렇지 않으면 위의 첫 번째 경우가 얻어질 것이기 때문이다. 그래서 그들의 거리들은 단지 점들, 또는 좀 더 올바르게, 무한히 작은 구간들에서만 0이 될 수 있다.
>
> 여기서 다음의 구별이 필요하다. 1. 점들 k_1 (이렇게 나타낼 것이다)은 유한개의 점들 k_2에 접근할 때에만 무한히 조밀해진다. 2. 점들 k_2 스스로 각각의 점들 k_3에 접근할 때 무한히 조밀해진다. 3. 그리고는 점들 k_3는 점들 k_4에 접근할 때 무한히 조밀해지고, 등등.

> 그래서 $0=\sin\frac{1}{x}$의 근들은 $x=0$의 근방에서 무한히 조밀해진다. $0=\sin\cfrac{1}{\sin\frac{1}{x}}$의 근들은 $\sin\frac{1}{x}$의 근들 근방에서, 등등, 그래서
>
> $$0=\sin\cfrac{1}{\sin\cfrac{1}{\sin\ddots\cfrac{1}{\sin\frac{1}{x}}}}$$
>
> 의 근의 분포는 묘사된 점들의 분포에 대한 설명이 된다. [du Bois-Reymond 1875a: 35-36]

$\sin\frac{1}{x}=0$, $\sin\left[\cfrac{1}{\sin\frac{1}{x}}\right]=0$, $\cdots$ 의 근들은 1형, 2형, $\cdots$ 의 집합을 형성한다. 만일 무한 점집합이 전체 구간이 아니고 점들에서만 "무한히 조밀"해 지면 이 점들은 제 1종 집합의 분류 특징에 따라 분류된다고 뒤 보아-레이몽은 분명히 생각하였다. 그리고 뒤이은 논문[1879]에서 그는 집합이 제1종이 아니면, 그것은 어떤 구간에서 조밀해야한다는 것을 암시하였다(3.4절 보기). 어느 곳에서도 조밀하지 않은 집합의 구조에 대한 그와 같은 해석은 리프쉬츠의 논문에서 보인 경향이 계속되었음을 나타낸다.

그래서 뒤 보아-레이몽은 어느 곳에서도 조밀하지 않은 집합의 개념을 제1종 집합의 개념과 혼동하였다; 그 결과, 그는 이 개념들과 임의의 작은 전체 길이를 갖는 구간들의 유한 합집합에 포함될 수 있는 집합의 개념 사이의 차이를 알아차리지 못 하였을 것이다. 그리고 한켈의 정리에 대한 반례 또는 특정한 비판조차 없었다는 것은 뒤 보아-레이몽이 보여 준 그런 종류의 혼동이 널리 퍼졌다는 것을 강하게 암시한다.[8)]

사실, 실변수함수론에 대한 첫 번째 책인 디니(Dini, U. 1845-1918)의 *Fondamenti*

---

8) 한켈의 "Untersuchungen"[1870]은 칸토르[1871b]와 Jules Hoüel[1870]에 의해 검열(review)되었으나, 그들 아무도 한켈의 정리에 비판적이지 않았다.

per la teorica delle funzioni di variabili reali [1878]은 칸토르의 제1종 집합들을 지나치게 눈에 띠게 하였다. 디니는 제 1종 집합들이 항상 임의의 작은 전체 길이를 갖는 유한개의 구간들에 둘러싸일 수 있다는 것을 명기하고 증명한 첫 번째 사람이다 [1878: Sec. 14]. 이 성질을 사용하면서 그는 또한 적분의 존재성과 값에 대해 이 집합들의 무시 될 만한 특성을 설명하는 많은 다른 결과들을 얻었다. 예를 들어, 유계함수의 불연속점들이 제1종 집합을 이루면 그 함수는 적분가능하다; 또는 f가 적분가능하고 제1종 집합에서만 제외하고 $f(x)=g(x)$ (g는 유계)이면, g도 마찬가지로 적분가능하고 f와 같은 적분을 갖는다 [1878: Sec. 187ff]. 많은 대다수의 그러한 정리들에 대하여, 제1종 집합들이 임의의 작은 전체 길이를 갖는 유한개의 구간으로 둘러싸일 수 있는 집합 - 즉, 용량 0의 집합 - 으로 대치되어도 정확히 제1종 집합의 이 성질이 사용되기 때문에 같은 증명들이 그대로 적용된다. 그러나 디니는 제1종 집합의 문맥에서 그것을 끌어내지 못하였다. 그것은 용량론의 가치 또는 용량 0의 집합론의 가치까지도 그에게 제시하지 못하였다.

디니가 한켈의 정리의 일반적 타당성에 대해 의문을 표현하였기 때문에, 실제로 제1종의 집합들을 어느 곳에서도 조밀하지 않은 집합과 동일시했는지 의심스럽다. 그는 제1종의 집합들이 용량 0을 갖는 것을 알았기 때문에, 그들을 어느 곳에서도 조밀하지 않은 집합과 동일시하는 것은 그 정리를 그가 인정하게끔 하였었을 것이다. 그럼에도 불구하고, 디니가 제1종의 집합에 몰두하고 한켈에 대해 실질적인 비판을 못한 것은 이 개념들과 용량 0인 집합의 개념 사이의 실제 차이에 대해 그 자신 제한적으로 이해했음을 반영한다. 이 점은 2.3절에서 더 구체적으로 될 것이다.

이 개념들에 대해 혼동한 것을 보여 주는 아마도 가장 놀랄만하고 불행한 예는 신학자 아돌프 하낵(Harnack, A.)의 동생인 악셀 하낵(Harnack, A. 1851-1888)의 삼각급수에 대한 논문[1880]에서 일어난다. 하낵에 의하면 제1종의 집합의 중요성은 "그들은 적분의 값에 아무런 영향을 주지 않는다 …"[1880: 126]는 사실에 있다. 그래서 그는 집합이 임의의 작은 전체 길이를 갖는 유한개의 구간으로 둘러싸일 수 있으면, 그 집합은 제1종의 집합이라고 정의한다. 이 집합들을 그렇게 정의하며, 하낵은 칸토르의 원래 정의를 재구성하는 것 보다 더한 것을 하고 있다고 생각하지 않았다. 그는 칸토르가 제1종의 집합의 형태에 대해 귀납적으로 얻었던 결과들을 결정적으로 사용하였기 때문에 - 하낵의 결과를 망친 잘못 - 그의 정의에 묘사된 성질은 집합이 칸토르의 제1종의 집합의 구조를 갖게 한다고 가정하였다.

그러나, 일찍이 1875년에 옥스퍼드의 기하학 사빌교수(Savilian Professor of Geometry)인 스미스(Smith, H. J. S. 1826-83)가 논문 "불연속함수의 적분에 대하여(On the Integration of Discontinuous Functions)"[1875]를 출판하였는데, 이 논문이 대륙의 수학자들에게 알려졌더라면, 이 개념들을 명백히 하는데 도움을 주었었을 것이다.

스미스의 주된 연구 업적은 수론에 있었다. 그러나 그는 파리에서 공부하였고 대륙에서 상당기간 살았으며 프랑스어, 독일어, 이탈리아어에 친숙하였다. 수학자로서 그의 영감은 대륙에서부터 왔고, 최근에 전개된 것들을 놓치지 않았다. 특히 그는 리만과 한켈의 논문들을 읽었으며, 다른 것들 보다, 점마다 불연속인 함수가 항상 적분가능하다는 한켈의 주장에 의문을 갖게 되었다. 스미스는 어느 곳에서도 조밀하지 않은 집합들 - 그의 용어로 "느슨한 순서로 있는 (in loose order)" 집합들 - 을 만드는 두 개의 아주 다른 방법을 발견하였으며 두 번째 것이 한켈의 주장에 대한 반례를 그에게 제공하였다.

첫 번째 방법은 하나뿐인 한켈의 어느 곳에서도 조밀하지 않은 집합의 예 - $\frac{1}{2^n}$ 형태의 점들의 집합 - 에 의해 어렴풋이 예시된 방법의 논리적 계속을 나타낸다. 스미스는 n이 자연수일 때, $\frac{1}{n}$ 형태의 점들을 포함하는 비슷한 집합 P_1으로 시작하여 귀납적으로 P_1을 일반화 하였다: P_2를 $\frac{1}{n_1}+\frac{1}{n_2}$ 형태의 점들의 집합을 표시한다고 하자. 좀 더 일반적으로 P_s는 $\frac{1}{n_1}+\frac{1}{n_2}+\cdots+\frac{1}{n_s}$ 형태의 점들의 집합을 표시한다고 하자. 여기서 $n_1, n_2, \cdots, n_s$는 자연수이다. 그러면 P_2는 여전히 어느 곳에서도 조밀하지 않지만, P_2의 점들은 P_1의 점들의 근방에서 "한없이 응집되었다 (indefinitely condensed)". 스미스는 모든 s의 값에 대해 P_s가 어느 곳에서도 조밀하지 않다는 것을 깔끔하게 귀납적으로 증명하였다. 칸토르의 제1종의 집합의 정의는 스미스에게 알려지지 않았다. 그러나 칸토르의 개념으로, P_s는 s형으로 되어 있다. 왜냐하면

$$P_s{}' = \{0\} \cup P_1 \cup P_2 \cup \cdots \cup P_{s-1};$$
$$\vdots$$
$$P_s{}^{(n)} = \{0\} \cup P_1 \cup \cdots \cup P_{s-n};$$
$$\vdots$$
$$P_s{}^{(s)} = \{0\}$$

이기 때문이다. 스미스의 두 번째 방법은 아주 다르다:

> m을 2 보다 큰 임의의 주어진 정수라 하자. 0부터 1까지의 구간을 m개의 같은 부분으로 나눈다; 이 분할에서 마지막 부분을 뺀다. 남은 $m-1$개의 부분을 각각 m개의 같은 부분으로 나눈다. 각 분할에서 마지막 부분을 뺀다. 이 과정이 무한히 계속되면, 0에서 1까지의 직선에 분할 P의 무한히 많은 수의 점들을 얻는다. 이 점들은 느슨한 순서로 놓인다 … [1875: 147].

집합 P와 그것의 극한점들은 요새 칸토르 집합이라고 불리는 것을 만든다. 만들어 내는 방법에 의해 P가 어느 곳에서도 조밀하지 않다는 것이 쉽게 보여진다. 더욱이 P를 만드는데 있어 k번의 시행 후에 남는 구간들의 전체 길이는 $(1-\frac{1}{m})^k$이어서 "k가 한없이 증가할 때 분할 P의 점들은 0에서 1까지의 구간의 무한소적 부분만을 차지하는 선분에 생긴다" [1875: 147].

불연속점들이 P_s 중의 한 집합, 또는 집합 P를 이루는 유계함수는 따라서 적분가능일 것이다. 왜냐하면 이 집합들은 임의의 작은 전체 길이를 갖는 구간들로 덮일 수 있기 때문이다. 그러나 그 성질은, 스미스가 P를 정의하는데 사용된 과정을 약간 수정하여 보일 수 있었던 것처럼 어느 곳에서도 조밀하지 않은 집합들이 모두 공유하는 것은 아니다. 아이디어는 "0부터 1까지의 구간을 m개의 같은 구간으로 나누고, 더 분할할 때 마지막 구간을 제외한다; … 남은 $m-1$개의 구간 각각을 m^2개로 나누고, 각 구간에서 마지막 구간을 제외한다; 다시 남은 $(m-1)(m^2-1)$개의 각 구간을 m^3개로 나누고, 각 구간의 마지막 구간을 제외하고, 계속해서 이것을 행한다" [1875: 148]. 달리 말하면, 아이디어는 P를 만드는 데에서 보다 더 빨리 지워지는 구간의 길이를 감소시키는 것이다. 결과로 얻어지는 집합 Q는 그러면 k번째 단계에서 제외되지 않는 구간들의 길이가 $(1-\frac{1}{m})^k$이 아니라 $(1-\frac{1}{m})(1-\frac{1}{m^2})\cdots(1-\frac{1}{m^k})$라는 성질을 갖는다; 그리고 이것은 $k\to\infty$

일 때 양의 극한 $\prod_{k=1}^{\infty}(1-\frac{1}{m^k})$에 접근한다. (따라서 $c_e(Q)=\prod_{k=1}^{\infty}(1-\frac{1}{m^k})$이다.) 이것으로부터, 예를 들어 $f(x)=\chi_Q(x)$와 같은, 적분가능하지 않은 유계이고 점마다 불연속인 함수가 존재한다는 것이 쉽게 성립한다.

스미스는 또한 한켈이 어느 곳에서도 조밀하지 않은 집합이 임의의 작은 전체 길이를 갖는 구간들에 둘러싸인다는 것을 증명한 것과 관련하여 흥미있는 관찰을 하였다. 증명은 "점들의 수가 무한이 되기만 하면, 어떤 분명한 모습을 마음에 전달하는 것을 멈춘다"고 그는 느꼈다. 예를 들어, 다루고 있는 어느 곳에서도 조밀하지 않은 집합이 P_{s+1}이라고 가정하자. 그러면 P_{s+1}의 각 점이 그 자신의 구간에 있도록 하는 방법으로 $[0, 1]$이 분할되면, P_s의 점들의 근방에 있는 이 구간들의 길이들은 하계를 갖지 않을 것이고, "그러한 분할 방식이 받아들여 질만하면, 모든 유리점들이 그 자신의 구간에 포함되도록 직선을 분할하는 것이 왜 받아들여질 수 없는지 알기 어렵다: 그 경우에 한켈박사의 정리는 가까운 순서에 있는 체계(systems in close order)로 확장될 것이다 … "[1875: 149-50].

스미스가 여기서 얘기하고 있는 것으로 보이는 것은 집합의 점들을 둘러싸기 위하여 무한개의 구간이 허용된다면, 유리수들의 조밀집합은 임의의 작은 전체 길이를 갖는 구간들에 의해 덮여질 수 있다는 것이다. 점 $\frac{1}{2^n}$들을 임의의 작은 전체 길이를 갖는 무한개의 구간들에 둘러싸이게 하는 한켈의 방법이 유리수들의 집합으로 확장될 수 있다는 것을 그는 깨달았을 수 있다. 왜냐하면, 그들은 양의 정수들과 1-1 대응이 될 수 있기 때문이다.[9] 그러나 함수가 유리수들에서 σ 보다 큰 비약을 만들면, 그것은 적분가능하지 않다. 한켈이 무한개의 구간을 경솔하게 사용한 것에 대한 이 비판은 따라서 전적으로 맞다. 그러나, 동시에, 리만의 적분가능 조건 (R_2)는 집합 S_σ가 아니라 불연속점들의 집합이 임의의 작은 전체 길이를 갖는 무한개의 구간으로 둘러싸일 것을 요구하는 것과 동일하다. 한켈이 막연하게 제시했던 용량론과 대조적으로, 측도론에 대한 아이디어는 그것이 리만적분 가능성과 관계있다는 것이 알려졌었더라면 의심의 여지없이 훨씬 전에 개발되었었을 것이다. (위에 언급한 동일함은 1900년대 초에 르베그, 비탈리(Vitali, G.), 영

9) 칸토르[1874]가 가산성 개념을 소개하고 대수적 수가 가산집합을 이룬다는 것을 증명하였다; 물론, 스미스도 칸토르의 연구와 독립적으로 유리수들의 가산성을 쉽게 깨달았을 수도 있었다.

(Young, W. H.)에 의해 독립적으로 발견되었다. 비탈리와 영에게 그것은 각자 독립적으로, 또 르베그와도 독립적으로 르베그의 측도론과 동일한 것을 개발하도록 이끈 요소들 중 하나였다. 5.2절 보기.)

스미스의 논문의 내용이 스미스 보다 더 그 이론에 관심을 가진 수학자들에게 알려졌었더라면 적분론에서 측도론적 관점의 개발은 아마도 가속되었었을 것이다. 불행하게도 *Fortschritte der Mathematik*의 검열자(reviewer)는 스미스의 예의 이론적 중요성을 파악하지 못하고 논문이 단순히 리만의 적분가능 조건을 좀 더 정확히 표현한 것과 좀 더 엄밀한 증명을 포함하고 있다고 하였다.[10] 그 결과 1880년대 초에 대륙 수학자들이 양의 용량을 갖는 어느 곳에서도 조밀하지 않은 비슷한 집합의 예들을 발견한 후에야 스미스의 연구내용이 그들에게 알려졌다.

같은 논문에서 스미스는 또한 유계함수 f가 적분가능하면 한쪽극한 $f(x^-)$와 $f(x^+)$가 존재해야 한다는 한켈의 정리가 틀림을 증명하였다. 그것은 또한 독일 수학자 토매(Thomae, K. J. 1840-1921)에 의해서도 증명되었다. 토매의 *Einleitung in die Theorie der bestimmten Integrale* [1875]는 리만적분의 성질들을 엄밀하게 전개시키는 데에 바쳐졌다. 여기서 토매는 함수 $f(x)=\sin\dfrac{1}{\sin\dfrac{\pi}{x}}$이 $x=\dfrac{1}{m}$, $m=1, 2, 3, \cdots$에 대해 $f(x^-)$와 $f(x^+)$가 존재하지 않지만 적분가능하다고 하였다. 그러나 토매는 한켈이 점마다 불연속인 함수와 적분가능한 함수를 동일시 한 것에 대한 잘못을 발견하지 못하였다.

리만이 그의 적분가능성 조건 (R_1)을 내놓았을 때, 그는 그것이 함수의 코시합이 유일한 극한으로 수렴 (임의의 $\epsilon>0$에 대해 노름이 δ 보다 작은 모든 분할로부터 얻어지는 코시합이 고정된 극한값과 ϵ 보다 작게 차이가 난다는 의미에서) 하기 위한 필요충분조건이 된다고 주장하였다. 그러나 이것이 (R_1)으로부터 나온다는 것은 즉각적으로 명백하지 않았다. 이것을 확립하기 위하여 토매는 $[a, b]$를 길이 δ_i를 갖는 구간들로 분할하는 분할 P에 대응하여 소위 상합과 하합이라고 불리는

$$U(P)=\sum M_i\delta_i \quad \text{와} \quad L(P)=\sum m_i\delta_i$$

를 도입하였다. 그는 다루고 있는 유계함수가 적분가능하건 아니건, $\|P\|\to 0$ 일

10) *Fortschr. Math.*, *1875* (1877), 247. 검열자는 베를린의 뮐러(F. Müller) 였다.

때 이 합들이 항상 유일한 극한으로 수렴한다는 것을 알아냈다. 이 결과는 또한 1875년에 독립적으로 아스콜리(Giulio Ascoli)[1875], 스미스[1875: 141ff], 그리고 다부[1875: 64ff]에 의해 발표되었다. 그러나 1881년에야 볼테라(Volterra, V.)[1881]가 용어 "하적분"과 "상적분"을 각각 $L(P)$와 $U(P)$의 극한값들에 대한 표기법 $\underline{\int_a^b} f(x)\,dx$와 $\overline{\int_a^b} f(x)\,dx$와 함께 소개하였다. 리만의 (R_1)은 그래서 $\underline{\int_a^b} f(x)\,dx = \overline{\int_a^b} f(x)\,dx$을 요구하는 것으로 변형된다. 이 형태의 판정법은 페아노(Peano, G.)로 하여금 내용량과 외용량을 구별하고 (R_1)과 비슷하게 측정 가능성의 조건을 도입하는 계기가 되게 하였다.

토매와 독립적으로, 뒤 보아–레이몽도 모든 "가정없는" 유계 함수와 관련하여 두 개의 연속함수 $G(x) = \underline{\int_a^x} f$와 $K(x) = \overline{\int_a^x} f$가 있다는 것을 깨닫게 되었다. 이 함수들은 그의 마음을 사로잡았고, 토매의 *Einleitung*의 검열 [du Bois–Reymond 1875c]에서 그는 이 함수들과, 특히, f가 "가정없는 함수" 일 때 어떤 적분가능 함수 g와 k에 대해 $G(x) = \int_a^x g$와 $K(x) = \int_a^x k$가 되는가? 라는 문제에 전념하였다고 하였다. 문제를 표현한 것을 보면, 뒤 보아–레이몽은 g와 k의 존재성에 대해 낙관적이었다. 사실 그는, 결코 실현되지는 않았지만, 이 문제에 대한 논문을 발표할 것을 약속하였다. 그것은 *적분가능한* g와 k의 존재성은 일반적으로 증명될 수 없다는 것을 그가 곧 깨닫게 되었다는 사실에 기인했을 수 있다. 그가 이것을 인식하였을 수도 있는 방법에 대해 생각해 보는 것이 유익할 것이다.

삼각급수에 대한 연구에서 뒤 보아–레이몽은 리만적분가능함수와 관련해서 부분적분법의 공식을 적용하는 것이 필수적이라는 것을 알아냈다. 공식에 대한 그의 정당화는 다음 아이디어에 근거를 둔다 [1875b: 129–33]: P를 $[a, b]$의 분할이라 하고 I_j가 P에 의해 분할되는 $[a, b]$의 구간들이고 m_j가 I_j에서 f의 최대하계일 때, 함수

$$f_P(x) = \sum m_j \chi_{I_j}(x)$$

를 생각하자. 그러면 $\|P\| \to 0$일 때 $\int_a^b f_P$ 는 $\int_a^b f$로 수렴한다는 사실과 f_P와 같은 함수에 대해 부분적분법을 분명히 사용할 수 있다는 사실에 의해 부분적분법이 적분가능함수로 확장될 수 있다. 그런데, 삼각급수에 대한 뒤 보아-레이몽의 연구에 감탄했던 르베그는 나중에 그 자신의 적분론과 관련하여 이 증명방법을 효과적으로 사용하였다 (5.1절 보기).

$G(x) = \int_a^x g$를 만족시키는 뒤 보아-레이몽이 바랐던 함수 g에 대한 자연스러운 후보가, P_n이 P_{n+1}이 P_n의 세분이고 $\|P_n\| \to 0$인 분할열이고 $g_n(x) = g_{P_n}(x)$일 때, $g(x) = \lim_{n \to \infty} g_n(x)$ 일 것이라는 것을 보는 것은 이제는 어렵지 않다. 각 x의 값에 대해 수열 $g_n(x)$가 감소하기 때문에 함수 g는 잘 정의된다. 그러나 여전히 g는 두 조건을 만족시켜야 한다: g는 리만적분가능해야 하고 $\int_a^x g = \int_a^x f$, 즉 $\int_a^x g = \lim_{n \to \infty} \int_a^x g_n$. 여기서 뒤 보아-레이몽은 리만의 정의의 본질적 결함과 직면했었을 수 있다. 왜냐하면 이 조건들은 일반적으로 확인될 수 없기 때문이다. (그들은 물론 르베그적분의 특성들이다.) 그러므로 이 주제에 대한 논문을 그가 약속한 것이 결코 지켜질 수 없었다는 것은 놀랄만한 일이 아니다.

뒤 보아-레이몽의 문제에 깔려있는 것은 물론 다음이다: 어떤 조건하에서 연속함수 $G(x)$는 적분인가?, 즉 $G(x) = \int_a^x g$의 형태로 나타낼 수 있는가? 이 문제는 다른 것과 관련하여 나중에 하낵에 의해 제기되었으나 (3.3), 르베그가 만족할만한 답을 처음으로 주었다 (5.1).

23 연속함수의 미분가능성에 대한 논의

이 절은 두 가지 목적을 갖고 있다. 즉각적인 목표는 연속함수의 네 개의 도함수에 대한 디니의 연구에 대한 분석과 그것의 동기가 되게 한 것들이다. 동시에 이 절은 유계변동연속함수(continuous function of bounded variation)가 측도 0인 집합에서를 제외하고 미분가능하다는 르베그의 중요한 발견을 이해하는데 필수적인 배경을 제공한다. 유계변동함수는 3.4절에서 정의된다. 르베그의 발견과 관련하여 이 절에 있는 것들을 이해하기 위하여 이 함수들이 두 개의 증가함수의 차로 나타내지는 함수들로 정의될 수 있다는 것을 아는 것이 중요하다. 따라서 르베그의 정리는, 다른 것보다도, 많아야 유한개의 극대, 극소값을 갖는 연속함수는 아마도 측도 0인 집합에서를 제외하고 미분가능하다는 것을 나오게 한다.

임의의 함수 (후의 저자들이 연속이라고 분명하게 가정한)의 도함수의 존재에 대한 논의는 라그랑주(Lagrange, J. L. 1736-1813)가 미적분학의 기초를 개선시킨 데에 그 기원을 둔다. 그는 f가 임의의 함수이면, i가 실수이고 $p,\ q,\ \cdots$ 이 x만의 함수일 때,

$$f(x+i)=f(x)+pi+qi^2+\cdots \tag{4}$$

이라는 사실에 미분학이 기초를 둔다고 제의하였다. (4)로부터 그는 순전히 형식적인 논리로 $f'(x)=p,\ f''(x)=2q$, 등등을 추론하였다. 이 접근의 이점은 무한소(indefinitely small) 또는 사라지는 양(evanescent quantities)의 사용에서 생기는 형이상학적 어려움 - 18세기에 매우 생생했던 어려움 - 을 피하였다는 것이고, 따라서 그는 이 접근을 그의 *Théorie des fonctions analytiques ... contenant les principes du calcul différentiel ... réduites à l'analyse algébrique des quantités finies* [1797]의 기본으로 삼았다.

*Théorie*에서 라그랑주는 어떤 "특정한" x (개수가 유한이라고 가정된)의 값들을 제외하고 (4)가 성립된다는 것을 처음으로 연역적으로 증명하였다. 논법은 임의의 고정된 x의 값에 대해

$$f(x+i)=\sum A_k i^{r_k} \tag{5}$$

라는 가정에 기초한다. 여기서 r_k는 유리수이고, A_k는 상수이다 [1797: 7-8]. 라그랑주는 (5)에 대해 전혀 의심하지 않았다. 그의 증명은 r_k가 양의 정수이어서 (5)가 (4)의 형태로 되는 것을 보이는데 목표를 둔다. 라그랑주가 나중에 시인했듯이, 그의 증명은 함수 f가 대수적이라고 가정될 때만 의미가 있으나, 그는 이 점을

완전히 무시했다. 많은 라그랑주의 동시대인들은 그러나 그의 결론들 또는 적어도 그의 증명에 비판적이었다.([Dickstein 1899] 보기.)

(4)에 대한 즉각적 따름정리는 모든 함수는 일반적으로, 즉 아마도 (4)가 성립하지 않는 점들을 제외하고, 도함수를 갖는다는 명제이다. 앙페르(Ampère, A. M.)[1806]는 (4)와 독립적으로 이 따름정리를 증명하고 그것을 이용하여 라그랑주의 논법에 의지하지 않고 (4)를 증명하는 것을 추구하였다. 그의 증명이 뒤이은 것들의 패러다임이 되었다. 앙페르가 실제로 보인 것은 $f'(x)$가 모든 x에 대해 존재하고 (어떤 x의 값에 대하여 $f'(x)$는 무한이 될 수 있다) 차분몫(difference quotient)이 $f'(x)$로 균등수렴하면, 임의의 구간 (a, b)는 $f'(x_0)$가 유한이고 0이 아닌 점 x_0를 포함해야 한다는 것이다. 이것은 $f'(x)$가 조밀집합에서 유한하고 0이 아닌 양으로 존재한다는 것이 나오게 할 것이다. 그러나 앙페르는 그의 결과를 $f'(x)$가 "어떤 특정한 그리고 고립된 x의 값들"을 제외하고 0도 아니고 무한도 아닌 것을 뜻하는 것으로 설명하였다 [1806: 149].

앙페르의 논문이 나온 때와 1870년 사이에 미적분학에 대한 대부분의 교재에 모든 (연속)함수는 일반적으로 미분가능하다는 명제가 기술되고 증명되었다.[11] 앙페르의 논법은 연속적으로 변하는 함수는 조각마다 단조해야 한다는 "직관적으로 분명한" 사실을 사용하면서 자주 간단하게 만들어졌다. 그래서 미분가능성과 단조성은, 비록 느슨하지만 함께 연결되었다. 코시가 *Leçon sur le calcul différentiel* [1829]에서 $x=0$에서 제거가능 불연속점을 갖지만 0의 어떤 근방에서도 단조가 아닌 함수들 $f(x)=x^3\sin\frac{1}{x}$과 $g(x)=x\sin\frac{1}{x}$을 생각했기 때문에 이것은 특히 흥미롭다. 함수 g는 차분몫 $\frac{g(x+h)-g(x)}{h}$가 항상 고정된 극한값에 접근한다는 가정에, 물론, 위배된다. 코시가 이점에 관심을 보이지는 않았지만, $\lim_{h\to 0}F(h)=\lim_{h\to 0}G(h)=0$이면 h가 0에 접근할 때 $\frac{F(h)}{G(h)}$는 유일한 극한값에 접근하지 않을 수도 있다는 것을 잘 알고 있었다. ([Cauchy 1829: 331, 337-38] 보기.)

연속함수의 미분가능성을 가장 자세히 증명하고자 한 것은 벨기에의 공학자이자 수학자인 라말르(Lamarle, A. H. E. 1806-75)였다. 그는 연속함수가 조각마다

11) Lacroix 1810–19: 1, 241n; Raabe 1839–47: I, 7ff; Duhamel 1847: I, 22; 1856: I, 94–97; Freyeinet 1860: 39–42; Bertrand 1864–70: I, 2–4; Serret 1868: I, 16–21; Rubini 1868: I, 36–37. Galois[1962: 383, 413ff]가 두 개의 증명을 또한 시도하였다.

단조이고 차분몫이 한없이 진동하지 않는다는 가정을 증명할 필요가 있는 것을 깨닫고[1855], 이 점들에 대한 "증명들"을 보여 주었다. 라말르는 그가 연속함수의 차분몫이 조밀한 점들의 집합에서 0으로 수렴할 수 없고, 무한이 될 수 없고, 유일한 극한값으로 접근하지 않을 수 없다는 것을 증명하였다고 믿었다. 이것은 연속함수가 유일하고 0이 아닌 도함수를 갖지 못하는 점들이 어느 곳에서도 조밀하지 않은 집합을 이루어야 한다는 것을 나오게 할 것이다. 그러나 라말르는 이 점들이 "서로 고립되고, 어떤 간격을 유지한다" [1855: 40-41]고 결론지었으며, 그래서 그도 또한 어느 곳에서도 조밀하지 않은 집합의 가능성을 이해하지 못하였다는 것을 보여 준다. 라말르의 이해 부족은 - 앙페르와 마찬가지로 - 리만의 (R_2)와 관련하여 집합의 측도론적 성질들의 중요성을 안 보이게 한, 같은 형태의 무한집합에 대한 틀린 추론을 설명해 주며 나아가서 이 문제들에서 얼마나 쉽게 잘못 갈 수 있는지를 보여 준다.

적분개념을 불연속함수까지 확장함으로써, 리만은 이 증명들이 지지될 수 없다는 것을 실제로 밝혀냈다. 왜냐하면 한켈이 지적한 것처럼, 함수

$$F(x)=\int_0^x \sum_{n=1}^{\infty}\frac{(nx)}{n^2}$$

가 모든 곳에서 연속이지만, $\sum_{n=1}^{\infty}\frac{(nx)}{n^2}$가 불연속인 조밀한 점집합에서 $F'(x)$가 존재하지 않기 때문이다. 1861년에는 리만과 바이어슈트라스 둘 다 미분가능성이 연속성의 결과가 아니라는 것을 그들의 강의에서 주장하고 있었다.[12] 그러나 한켈이 반례를 처음으로 발표하였다. 그는 또한 리만의 예에 깔린 아이디어가 한 점에서 특이점을 갖는 함수로부터 조밀한 유리수들의 집합에서 특이점을 갖는 함수를 만들어 내는 방법으로 일반화 될 수 있는 것을 보았다. 이 방법을 그는 특이점의 응집 원리(principle of condensation of singularity)라고 불렀다. 예를 들어 g가 $[-1, 1]$에서 연속이지만 $g'(0)$가 존재하지 않는다면, 한켈에 의하면, 함수

12) [Weierstrass 1923a: 199-201]과 [H.A. Schwarz 1873] 보기. 1861년 이전에 볼차노[B. Bolzano 1930: 66-70, 98-99]와 C. Cellérier[1890]가 연속이고 어느 곳에서도 미분가능하지 않은 함수의 예들을 만들었었지만 - 그러나 출판되지는 않았다 - 그들은 우리가 다루고 있는 발전에 아무런 영향을 끼치지 않았다.

$$f(x) = \sum_{n=1}^{\infty} \frac{g(\sin n\pi x)}{n^s}$$

는 $s > 2$에 대해 연속이지만 유리점에서 미분가능하지 않다.

한켈의 논법은 완전하지도 않았고 전적으로 맞는 것도 아니었으며, 벨기에 수학자 길베르(Gilbert, P. 1832–92)가 비판적인 응답을 하게 만들었는데, 그는 "결론들의 공허함에 대해 … 아무런 의문을 남기지 않도록" 이 결점들을 지적하였다 [1873a: v]. 길베르는 연속함수가 일반적으로 미분가능해야 하고 라말르의 증명이 근본적으로 옳다고 확신하였다. 그의 논문의 많은 부분이 약간 수정된 형태로 이 증명을 보여 주는 것에 할애되었다.

바이어슈트라스의 제자 중 하나인 슈바르츠(Schwarz, H.A. 1843–1921)는 다음과 같이 정의된 올바른 반례를 곧 길베르에게 알렸다 [1873]: $[x]$가 x 보다 작거나 같은 가장 큰 정수를 나타낼 때, $g(x) = [x] + (x - [x])^{\frac{1}{2}}$이라 하자. (그림 2 보기.) 그러면 $f(x) = \sum_{n=0}^{\infty} \frac{g(2^n x)}{2^{2n}}$이 반례인 데, $f(x)$는 강증가함수이어도 $\frac{m}{2^n}$ 형태의 점들의 조밀집합에서 미분가능하지 않음이 보여질 수 있다. 길베르 [1873b]는 그의 결론들이 틀림을 인정하며 응답하였지만, 그의 논법이 어느 정도로 결함이 있는지 파악하는데 실패하였고 여전히 그가 어느 곳에서도 미분가능하지 않은 연속함수가 불가능함을 증명하였다고 믿었다.

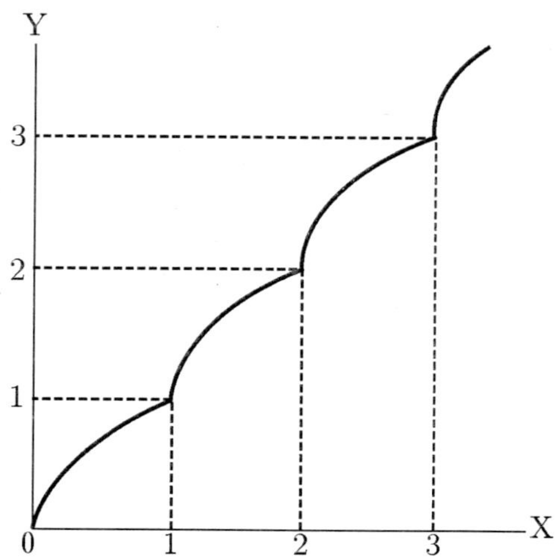

그림 2 $y = g(x)$

다부가 불연속함수에 대한 연구보고서를 썼을 때, 그는 한켈의 "Untersuchungen"과 길베르와 슈바르츠의 말에 친숙하였다; 다부는 그의 연구보고서의 한 부분을 관련된 문제들의 연구에 할당하였다. 특히 그는 $f(x)=\sum_{n=1}^{\infty}\frac{\sin(n+1)!x}{n^2}$가 어느 곳에서도 미분가능하지 않은 연속함수임을 보임으로써, 어느 곳에서도 미분가능하지 않은 연속함수의 존재에 대한 모든 의문을 제거할 수 있었다 [1875: 107-08].[13] 이 형태의 다른 예는 이미 바이어슈트라스 [1894-1927: II, 71-74]가 만들었고 1872년 7월 18일에 베를린 아카데미에서 발표하였으나, 폴 뒤 보아-레이몽 [1875a: 29-31]에 의해 처음으로 출판되었다.

바이어슈트라스는 또한 단조하거나 조각마다 단조인 함수가 미분가능할 필요가 없다는 것을 보이는 다른 예를 뒤 보아-레이몽에게 사적으로 알렸다.[Weierstrass 1923a: 206; 또한 1923b: 231-32 보기]. 이것은 특히 필요한 것으로 보였다. 왜냐하면 그의 전 학생 중의 하나인 쾨니그스베르거(Königsberger, L.)는 연속성이 대부분의 점에서 미분가능성을 가져 온다는 옛 믿음과 새로 발견된 것을 조화시키는 것이 가능하다고 여전히 믿었기 때문이다. 실제로 타원형함수들에 대한 논문에서 쾨니그스베르거[1874: 13]는 무한히 작은 양과 무한히 큰 양에 대한 이론의 기초로서 다음 명제를 내놓았다: $f(x)$가 유한개의 극대값과 극소값을 갖는 상수가 아닌 함수이고 $f(x)$가 유한한 비약 불연속점을 조밀집합에서 갖지 않는다면, $f'(x)$는 특별한 x들을 제외하고 0이 아닌 유한한 양으로 존재한다. f에 대한 마지막 조건은 분명히 리만의 $f(x)=\sum_{n=1}^{\infty}\frac{(nx)}{n^2}$와 같은 함수들을 제외하기 위한 것이었다. 슈바르츠의 예는 쾨니그스베르거의 명제가 지지될 수 없음을 보여 주기에 충분하지만, 바이어슈트라스는 자신의 예를 선호하였다: $g(x)=\frac{1}{2}x\sin\left[\frac{1}{2}\log(x^2)\right]$이라 하자. 그러면 g는 0에서를 제외하고 미분가능한데, 0에서는

$$\frac{g(h)-g(0)}{h}=1+\frac{1}{2}\sin\left[\frac{1}{2}\log(h^2)\right]$$

13) 다부[1879]는 좀 더 자세하고 일반적인 논문을 나중에 출판하였다.

이다. $0<k<1$이고 $a_1, a_2, a_3, \cdots$이 수열이면, $f(x)=\sum_{n=1}^{\infty}k^n g(x-a_n)$은 연속이고 단조이지만 $n=1, 2, 3, \cdots$에 대해 $x=a_n$에서 미분가능하지 않다. ($D^+f(x)$, 등이 x에서 f의 디니도함수일 때 $x=a_n$에서 $D^+f(x)-D_+f(x)=D^-f(x)-D_-f(x)=k^n$이다; 정의에 대해서는 아래의 디니의 연구에 대한 논의 보기.) 칸토르가 모든 대수적 수들의 집합이 가산(countable)이라는 것을 증명했기 때문에, $\{a_n\}$을 모든 대수적 수들의 집합인 조밀집합으로 잡을 수 있다고 바이어슈트라스는 지적하였다. 완전 미분불가능 단조함수의 가능성에 대하여, 바이어슈트라스는 차분몫 $\frac{f(x+h)-f(x)}{h}$가 유계가 되는 그런 함수를 만들어내는 것은 어려워 보인다고 고백하였지만, 그러한 함수가 실제로 존재한다고 확신하였다. 이 절이 시작할 때 언급한 르베그의 정리는 물론 그들이 존재할 수 없다는 것을 보여 준다.

연속함수의 미분가능성에 대한 논의에 디니(Dini, U. 1845-1915)가 큰 관심을 가졌는데 그는 1871년에 피사대학의 고급해석학 교수가 되었다. 디니는 피사대학의 학생이었었고 1865년은 장학금을 받아 파리에서 보냈다. 이탈리아로 돌아오면서, 그는 해석학의 기본적인 명제들 중 몇몇에 대한 증명과 문장에 대해 의문을 품기 시작하였다. 특히 그는 모든 주요 교재에서 증명된 연속함수는 미분가능하다는 명제를 싫어했다. 이 의문은 한켈, 슈바르츠, 다부, 그리고 바이어슈트라스의 예들이 출판되어 확인되었다. 바이어슈트라스의 예가 특히 그에게 감동을 주었다; 디니는 이 함수가 미분가능함수인 항들을 갖는 무한급수에 의해 정의된 비슷한 함수들 전체 모임의 특별한 경우라는 것을 보였다 [1877a, 1877b].

그 해의 뒤이은 논문에서 디니[1877c]는 어느 곳에서도 미분가능하지 않은 함수들의 존재가 이제 확실히 증명되었기 때문에, 미분학의 응용가능성을 보장하기 위하여 함수개념에 극한의 조건들(limiting conditions)이 부과되거나 또는 "모든 연속함수에 적용되는 좀 더 일반적인 미분적분학 방법들"을 찾아야한다고 말하며 시작하였다. 디니는 후자를 택하였다. 그의 결과들은 1878년에 나오고 널리 읽힌 *Fondamenti per la teorica delle funzioni di variabili reali*에 들어 있다.

디니[1878: Sec. 130ff]는 구간 $[a, b]$에 있는 x, $x+h$와 양수 h에 대해 각각 $\frac{f(x+h)-f(x)}{h}$의 최대하계와 최소상계를 나타내는 수 l과 L을 도입하며 시작하

였다. 그는 l이나 L이 유한이면 $g(x)=f(x)+Ax+B$가 구간 $[a, b]$에서 순단조 함수인 선형함수 $Ax+B$가 존재한다는 것을 보았다. 예를 들어 l이 유한이고 A가 $-l$보다 큰 임의의 수이면,

$$\frac{g(x+h)-g(x)}{h}=\frac{f(x+h)-f(x)}{h}+A>l+A>0$$

이다; 이것은 g가 순증가함수임을 보여 준다. l 또는 L이 유한인 성질을 갖는 함수들은 제1종의 함수들이라고 불렸고, 디니는 이러한 함수들은 항상 두 증가함수의 차로 나타내질 수 있다는 것을 보았다. 예를 들어, l이 유한이고 A를 $-l$과 0 보다 크게 잡으면, $h(x)=Ax+B$와 $g(x)=f(x)+h(x)$는 순증가함수들이고 $f=g-h$이다. 디니의 제1종의 함수들은 그래서 그러한 표현이 특징이 되는 유계변동함수(나중에 죠르단(Jordan, C.)이 소개한)들의 모임의 부분모임을 이룬다.

그래서 제1종의 함수 f는 선형함수를 더해서 단조함수로 변환된다. 반면에 g는 f와 똑같은 미분가능 성질을 갖는다. 이것으로부터 디니는 적어도 제1종의 함수들에 대하여 무한히 많은 극대값과 극소값의 존재성 또는 함수가 상수인 구간의 존재는 도함수가 존재하지 않는 것과 아무런 관계가 없다고 결론지었다. 이것은 디니의 연구에 결정적이고 불행한 영향을 끼쳤다. 왜냐하면 그것이 그로 하여금 앙페르의 명제 ($f'(x)$가 조밀집합에서 존재한다)와 같은 명제가 엄밀하게 증명되려면, 단조성 또는 "조각마다 단조성" 보다 더 강한 조건 - 예를 들어 함수들 $f(x)+Ax+B$ 또한 유한개의 A값을 제외하고 조각마다 단조여야한다는 조건 - 이 필요할 것이라고 믿게 하였다.

디니가 택한 방법은 $[p, q]$가 f가 정의됐다고 가정된 구간 $[a, b]$의 부분구간을 나타낼 때, 함수들

$$g(x;p, q)=f(x)-f(p)-\frac{f(q)-f(p)}{q-p}(x-p)$$

에 대한 연구에 집중되었다. 이 함수들이 유용함은 보넷(Bonnet, O.)이 그의 평균값정리의 증명에서 보였었는데, 그 증명은 이후로 표준적인 것이 되었다 ([Serret 1868: I, 17-19] 보기). 비슷한 함수들이 칸토르에 의해 소개되었다 [1870b].[14)]

14) 1870년 2월 25일의 슈바르츠가 칸토르에게 보낸 편지 참조 [Meschowski 1961: 78-79]

$g(x;p,q)$가 p와 q에서 0이 되므로, 그것은 열린구간 (p, q)에서 적어도 하나의 극대값 또는 극소값을 갖는다. f에 대한 말로 바꾸면, 이것은 $\frac{f(x+h)-f(x)}{h}$와 관련된 부등식을 얻게 하는데, 그로부터 디니는 어떤 연속함수들의 모임의 미분가능성에 관련된 몇 개의 정리를 끌어 낼 수 있었다. 예를 들어, 그는 앙페르의 "정리"의 엄밀한 형태를 증명하였다: 유한개를 제외하고 모든 A의 값에 대해 $f(x)+Ax+B$가 유한개의 극대값과 극소값을 갖는다 (그래서 조각마다 단조이다)는 성질을 연속함수 f가 가지면, $f'(x)$가 조밀집합에서 존재한다. [Dini 1878: Sec. 143]. (디니의 흥미로운 증명의 개요를 위해 부록 보기.) 함수 f에 대한 디니의 가정은 매우 강해서, 그는 f가 모든 점에서 한쪽도함수를 갖는다는 (아마도 어떤 점에서는 무한한 값을 갖고) 것과 같은 미분가능성에 관한 다른 정보를 끌어 낼 수 있었다 [1878: Sec. 162]. 단조성과 미분가능성은 그래서 디니의 연구 결과로 밀접하게 연결되어 있는 것으로 보였지만, 어느 곳에서도 미분가능하지 않은 연속 단조함수가 존재할 수 있는지에 대한 문제는 여전히 풀리지 않은 채로 남았다. *Fondamenti*를 읽은 사람은 분명히 그 답이 긍정적이라고 생각할 것이다.

연속함수의 연구에 대한 디니의 가장 중요한 기여 중 하나는 연속함수 f의 네 개의 도함수 $D_{-}f(x)$, $D^{-}f(x)$, $D_{+}f(x)$, 그리고 $D^{+}f(x)$인데, 그것을 그는 다음과 같이 소개하였다[1878: Sec. 145].[15] (a, b)의 x에 대해, l_x와 L_x가 $0<h<b-x$를 만족하는 h에 대해 $\frac{f(x+h)-f(x)}{h}$의 최대하계와 최소상계를 나타낸다고 하자. 그러면 l_x와 L_x는 x와 h의 함수들이다. h가 0으로 감소할 때 l_x는 증가하고 L_x는 감소한다. 따라서

$$D_{+}f(x)=\lim_{h\searrow 0} l_x$$

와

$$D^{+}f(x)=\lim_{h\searrow 0} L_x$$

가 존재하고 x에만 의존한다. $D_{-}f(x)$와 $D^{-}f(x)$도 마찬가지로 $h>0$에 대해

15) 디니는 기호 λ'_x, Λ'_x, λ_x, Λ_x를 사용하고 각각 $f(x)$의 *oscillazione derivatoria destra*와 *oscillazione derivatoria sinstra* 라고 불렀다. 기호 $D_{-}f(x)$, 등은 셰퍼(Ludwig Scheeffer) [1884b: 183]에 기인한다.

$\frac{f(x-h)-f(x)}{-h}$에 대해서 정의된다. 좀 더 현대적 표기로,

$$D_{+}f(x)=\text{liminf}_{h\searrow 0}\frac{f(x+h)-f(x)}{h};$$

$$D^{+}f(x)=\text{limsup}_{h\searrow 0}\frac{f(x+h)-f(x)}{h}$$

이다. $f'(x)$가 존재해야한다는 것을 보이기 위해 비슷한 함수들

$$\text{liminf}_{h\to 0}\frac{f(x+h)-f(x)}{h}$$

와

$$\text{limsup}_{h\to 0}\frac{f(x+h)-f(x)}{h}$$

이 이미 라말르에 의해, 그리고 더 명쾌하게 길베르[1873a: 26]에 의해 소개되었었다는 것이 흥미롭다. 디니는 길베르의 논문의 존재를 알고 있었기 때문에 그것에 영향을 받았었을 수 있다. $g(x;p,q)$에 대한 연구를 통하여 디니가 발견한 네 개의 도함수의 기본 성질은 λ와 Λ가 어떤 구간 I에서 이 도함수들 중 어느 하나의 최대하계와 최소상계이면 $\lambda=l$이고 $\Lambda=L$ 이라는 것이다. 그래서 네 개의 도함수 모두 모든 구간에서 같은 최대하계와 같은 최소상계를 갖는다. 이것이 네 개의 도함수 중 하나가 적분가능하면 다른 것들도 적분가능하고 그들 모두 모든 구간에서 같은 적분을 갖는다는 것을 나오게 하는 것을 주목해야 한다.

이 네 개의 도함수는 디니에게 적분가능한 함수와 관련한 기본정리를 좀 더 일반적이고 세련되게 연구하는데 적당한 분석 도구를 제공하였다 [1878: Sec. 197ff]. 이 정리를 코시처럼 쓰면 (1.2), 즉 연속함수와 관련하여 쓰면, 기본정리 I은 모든 x에 대해

$$(6)\qquad \left(\int_a^x f\right)'=f(x)$$

이다. 코시는 (6)을 기본정리 II, 즉 F가 연속인 도함수 F'을 갖는 함수일 때

$$(7)\qquad \int_a^b F'=F(b)-F(a)$$

를 증명하는데 사용하였다. 그러나 한켈이 리만의 예 $f(x) = \sum_{n=1}^{\infty} \frac{(nx)}{n^2}$를 갖고 지적했듯이, f가 단순히 적분가능하다고만 가정했을 때 조밀집합을 이루는 x의 값에 대해 (6)은 성립하지 않을 수 있다. ($F(x) = \int_a^x f$이고 f가 리만함수이면 모든 x에서 F는 $f(x^-)$와 $f(x^+)$와 같은 한쪽도함수를 갖는다).

다부 [1875: 111–12][16]는 F'이 적분가능하다고 가정할 때 평균값정리가 (7)을 멋있게 증명할 수 있음을 보였다. 왜냐하면 P가 $[a, b]$의 분할 $a = x_0 < x_1 < \cdots < x_n = b$이면,

$$F(b) - F(a) = \sum_{i=1}^{n} [F(x_i) - F(x_{i-1})] = \sum_{i=1}^{n} F'(t_i)(x_i - x_{i-1}) \tag{8}$$

이기 때문이다. 여기서 t_i는 (x_{i-1}, x_i)에 있다. 오른쪽이 $\| P \| \to 0$일 때 $\int_a^b F'$으로 수렴하기 때문에 정리가 성립한다. 다부와 독립적으로 뒤 보아–레이몽은 F'을 F의 한쪽도함수 중 하나로 대치해서 – 그것이 존재한다는 가정 하에 – (7)을 증명하였으나 그의 증명은 매우 길다. 평균값정리는 한쪽도함수에는 적용이 안 되고, 따라서 (8)의 방법은 직접적으로 모방될 수 없다.

"적분학의 무너져내리는 기초를 튼튼하게 하기 위한" 그의 노력에도 불구하고, 뒤 보아–레이몽 [1875b: 166]은 불확실한 데가 있는 채로 그의 증명을 끝냈다; 그는 어떤 연속함수 F의 일반적 도함수는 적분가능하지만 $[a, b]$에서 도함수의 적분은 $F(b) - F(a)$와 다르다는 성질을 가진 일반적 도함수의 다른 정의가 불가능함을 보이지 않았다. 뒤 보아–레이몽이 도함수의 다른 정의를 생각했던 것은 f가 적분가능할 때, $F(x) = \int_a^x f$가 한쪽도함수를 가질 필요는 없다는 것을 알았던 것에 아마도 기인할 수 있다. 네 개의 도함수는 디니가 이 점을 분명하게 할 수 있도록 하였다. 왜냐하면 $F(x) = \int_a^x f$이면 F의 네 도함수는 유계이고, 사실, 적분가능하기 때문이다; 그리고 DF가 디니의 도함수 중 어느 하나를 나타낼 때 $F(b) - F(a) = \int_a^b DF$이기 때문이다.

---

16) 여기서 다부는 보넷의 평균값정리를 결정적으로 사용하였다. 코시가 기술한 것과 같은 이전의 것들은 다루고 있는 함수가 연속도함수를 갖는다는 가정을 포함하였다.

그래서 기본정리 I은 $F(x) = \int_a^x f$가 서로 다르고 f와 "0 적분을 갖는 함수" 만큼 다른 네 개의 도함수를 갖는다는 의미에서 적분가능함수에 대해 의미를 갖는다 [Dini 1878: Sec. 202]. 즉, n이 모든 구간에서 적분 0을 갖는 적분가능함수 일 때, $DF(x) = f(x) + n(x)$이다. 적분가능함수가 적분 0을 갖는 함수이기 위한 필요충분조건이 그 함수가 측도 0을 갖는 집합을 아마도 제외하고 0인 것이기 때문에, 디니의 결과는 측도 0인 집합을 제외하고 $\left(\int_a^x f\right)' = f(x)$라는 명제와 같다. 이와 같은 측도론적 고려는 물론 디니의 생각과는 무관한 것이다. 그러나 적분 0을 갖는 함수의 개념을 도입한 것은 DF와 f 사이의 관계가 조밀집합에서 $DF(x) = f(x)$라는 사실에 의해 완전히 특징지워지지 않는다는 것을 그가 깨달은 것을 반영한다. 디니는 또한 토매 [1875: 14]가 만들었던 적분 0을 갖는 함수의 예를 잘 알았다: p와 q가 서로 소 일 때 $f(\frac{p}{q}) = \frac{1}{q}$이고 x가 무리수 일 때 $f(x) = 0$. 이 함수는 조밀집합에서 양수이고 조밀집합에서 0이다.

다음에 디니는 기본정리 II를 생각하여 다부의 증명만큼 멋있고 뒤 보아-레이몽의 증명 보다 더 일반적인 증명을 보여 주었다. 네 개의 도함수의 기본 성질인 $\lambda = l$이고 $\Lambda = L$이라는 사실이

$$\frac{F(x_i) - F(x_{i-1})}{x_i - x_{i-1}} = D_i$$

를 보여 준다. 여기서 D_i는 $[x_{i-1}, x_i]$에서 DF의 최대하계와 최소상계 사이에 놓인다; 이 방정식이 디니로 하여금 (8)을 일반화 할 수 있게 하였다. 그래서 F가 연속함수이고 네 도함수 DF 중 하나가 적분가능이면

$$\int_a^b DF = F(b) - F(a)$$

이다.

다부와 뒤 보아-레이몽은 이 정리에 대한 그들의 형태에서 F의 도함수가 적분가능이라는 가정을 신중하게 포함시켰지만, 이 가정이 F의 도함수가 유계일 때조차 필요 없는 것이 아니라는 사실에 처음으로 주의를 기울인 것은 디니 [1878:

Sec. 200]이었다. F가 $[\alpha, \beta]$에서 상수함수가 아니지만 $[\alpha, \beta]$의 모든 부분구간은 F가 극대값 또는 극소값을 갖는 점들을 포함하거나 F가 상수인 구간을 포함한다고 가정하자고 그는 논하였다. 나아가서 네 도함수가 유계라고 가정하자. 그러면 $[\alpha, \beta]$의 조밀집합에서 $D_+F(x) \le 0$이고 $D^+F(x) \ge 0$이어서 임의의 분할 $\alpha = x_0 < x_1 < \cdots < x_n = \beta$에 대응하여, $\sum_{i=1}^{n} D_+F(t_i)(x_i - x_{i-1}) \le 0$이고 $\sum_{i=1}^{n} D^+F(t_i{}')(x_i - x_{i-1}) \ge 0$인 점 t_i와 $t_i{}'$이 (x_{i-1}, x_i)에 존재한다. 그래서 F의 네 도함수가 연속이라면, 필연적으로 $\int_\alpha^\beta DF = 0$일 것이다; 그러나 기본정리 II로부터 $F(\beta) - F(\alpha) = \int_\alpha^\beta DF$이 나온다. 그렇지만, F가 $[\alpha, \beta]$에서 상수가 아니기 때문에, 일반성을 잃지 않으며 $F(\beta) - F(\alpha) \ne 0$이라고 가정할 수 있다. 따라서 F의 도함수들은 적분가능할 수 없다.

실제로 디니는 그의 결론이 단지 "매우 그럴듯하다"고 시인하여야 했다. 왜냐하면 그는 모든 구간이 F가 상수인 부분구간을 포함한다는 성질을 갖는 연속이고 상수가 아닌 함수 F를 만들어 낼 수 없었기 때문이다. 그러한 함수의 존재는 양의 외용량을 갖는 어느 곳에서도 조밀하지 않은 집합의 존재와 직접적으로 연관 된다: F가 $[0, 1]$에서 정의된 연속함수로서 조밀하게 분포된 "불변구간(intervals of invariability)" $I_1, I_2, I_3, \cdots$을 갖는다고 가정하자. 간단하게 하기 위하여 이 구간들은 열린구간이라 할 것이다; 즉, 그들의 끝점들이 포함되지 않는다. G를 I_n에 포함되지 않는 $[0, 1]$의 점들의 집합이라 하자. 그러면 G는 I_n의 분포 때문에 어느 곳에서도 조밀하지 않은 집합이다. 나아가서, 예를 들어, D^+F가 각 I_n에서 항등적으로 0 이고 따라서 거기에서 연속이기 때문에 D^+F의 불연속점들은 G에 속해야 한다. 그러므로, D^+F가 적분가능이 아니므로, 그것의 불연속점들의 집합은 임의의 작은 전체 길이를 갖는 유한개의 구간에 둘러싸일 수 없다. 다른 말로 하면, G는 양의 외용량을 갖는 어느 곳에서도 조밀하지 않은 집합이어야 한다. 이 말들은 또한 양의 외용량을 갖는 어느 곳에서도 조밀하지 않은 집합을 만들어 내는 방법을 제시함을 깨닫는 것이 중요하다. 즉, 예를 들어, 그들의 길이의 합이 1

보다 작은, $[0, 1]$에서 조밀하게 분포된 구간들의 열을 만들어낸다. 그러면 구간들의 여집합인 G는 양의 외용량을 갖는다.

디니는 그의 가정적 함수들이 실제로 존재한다고 확신하였으며, 사실 그는 더 나아가서 보통의 유계인 도함수를 갖고 모든 구간에서 극값을 갖는 함수들이 존재한다고 추측하였다. 뒤 보아-레이몽은 반면에 모든 곳에서 미분가능한 함수는 조밀집합에서 생기는 극대값들을 가질 수 없다고 추측하였다 [1875: 32]. 이 점에 대하여 디니가 맞는 것으로 나중에 증명되었으며, 그가 추측한 것은 유계이고 적분가능하지 않은 도함수를 갖는 함수들의 전체 모임을 발견하게 이끌었다. 디니는, 적어도 출판물로는, 그가 발견한 것이 리만의 정의에 있는 결점을 보여 주는 것으로 생각하지 않았다. 왜냐하면 아마도 그에게는 다른 정의가 가능하다는 생각이 결코 떠오를 수 없었기 때문이다.

요약하면, 1870년대는 리만의 이론이 널리 알려지고 받아들여졌던 시기이다. 그때는 주로 새로운 이론을 확립한 시기였다: 뒤 보아-레이몽이, 항별적분이 허용될 수 없는 것으로 생각되었다 하여도, 적분가능한 삼각급수에 대한 푸리에의 가정을 증명하였다; 디니의 연구는 좀 더 일반적인 적분가능함수에 대해 기본정리를 확립하였다; 그리고 리만의 적분의 정의는 연속함수가 몇 개의 예외적 점들을 제외하고 모든 점에서 도함수를 갖는다는 믿음을 버리는데 중대하게 기여하였다. 디니를 제외하고 아무도 연속함수의 미분가능성에 대해 어떤 긍정적인 것을 확립하려고 하지 않았다. 왜냐하면 아마도 별로 얘기할 만한 것이 많지 않은 것 같았기 때문이다. 그리고 이 시기에 수학자들의 특성은 제1종의 집합, 어느 곳에서도 조밀하지 않은 집합, 그리고 용량 0의 집합들의 가능성에 대해 제한된 이해력을 가졌다는 것이다. 사실, 디니가 어느 곳에서도 조밀하지 않은 집합의 본질을 이해했었더라면, 그는 아마도 적분가능하지 않은 도함수를 갖는 함수의 예를 만들어 낼 수 있었을 것이다. 디니의 추측은 볼테라가 나중에 양의 외용량을 가진 어느 곳에서도 조밀하지 않은 집합을 발견하도록 (그리고 결국 볼테라에 의해 확인되도록) 자극을 주었다.

❖ 메모

제3장 집합론과 적분론

1880년대에 적분론에서의 연구는 무한급수의 성질에 집중되었다. 어느 곳에서도 조밀하지 않은 집합이 양의 외용량을 가질 수 있다는 것을 발견한 것은 적분론에서 집합들의 측도론적 성질의 중요성을 밝혀냈고 재빠르게 첫 번째 측도론의 소개로 이끌었다. 집합론적 고려는 또한 리만적분을 유계가 아닌 함수들에 확장하는데 있어 중요한 역할을 했고 그러한 확장에 따르는 어려움들 - 절대 연속에 대한 성질에 관심을 집중하고 곡선의 길이 구하기에 대한 일반적 이론과 곡선길이에 대한 전통적 적분공식 사이의 분명한 부조화에 관심을 집중한 데에 따른 어려움들 - 을 드러냈다. 이 어려움들을 이해하는 것이 적분론에 르베그가 기여한 것을 이해하는데 특히 중요하다.

3.1 어느 곳에서도 조밀하지 않은 집합과 그들의 측도론적 성질

*Fondamenti*에서 디니는 점마다 불연속인 함수가 반드시 적분가능하다는 것을 한켈이 증명한 것을 거부하였지만, 증명뿐만 아니라 명제 자체도 옳지 않다는 것을 보여 주는 예를 만들어 내지 못하였다. (그러한 반례는 양의 외용량을 가진 어느 곳에서도 조밀하지 않은 집합을 만들어 내는 것으로 귀착된다.) 또한 유계이고

적분가능하지 않은 도함수의 존재와 관련하여, 디니는 조밀하게 분포된 불변구간을 가진 상수가 아닌 연속함수의 존재와, 그것에 의해, 양의 외용량을 가진 어느 곳에서도 조밀하지 않은 집합의 존재를 가정하였지만, 또다시 예를 만들어 내지 못하였다.

볼테라가 양의 외용량을 가진 어느 곳에서도 조밀하지 않은 집합을 발견하여 디니의 견해를 확인시켰다. 피사의 Scuola Normale Superiore의 학생일 때 썼던 논문 [1881 a] 에서, 볼테라(Volterra, V. 1860-1940)는 어느 곳에서도 조밀하지 않은 집합이 다음의 절차로 만들어 질 수 있는 것을 보였는데, 그것은 H. J. S. 스미스 (2.2절 참고)의 것과 근본적으로 일치한다: 구간 $[0, 1]$ 을 수열 $1 > c_1 > c_2 > \cdots$ 에 의해 무한히 많은 수의 구간으로 나눈다. 여기서 (a) $c_n \to 0$; (b) $1 - c_1 = \frac{1}{2^{2 \cdot 1}}(1-0)$; (c) $c_n - c_{n+1} < 1 - c_1$. 구간 $(c_1, 1)$을 앞으로의 분할에서 제외시키고, 같은 절차를 각각의 (c_{n+1}, c_n)에 적용시킨다. 즉, $c_n > c_{n,1} > c_{n,2} > \cdots > c_{n,k} > \cdots$ 이라 놓자. 여기서 (a) $c_{n,k} \to c_{n+1}$; (b) $c_n - c_{n,1} = \frac{1}{2^{2 \cdot 2}}(c_n - c_{n+1})$; (c) $c_{n,k} - c_{n,k+1} < c_n - c_{n,1}$. 이런 식으로 각각의 구간 (c_{n+1}, c_n)이 $k = 1, 2, 3, \cdots$ 에 대해, $(c_{n,k}, c_{n,k+1})$로 무한히 나누어진다. 같은 절차가 각각의 이 구간들에 적용되고 - $(c_{n,1}, c_n)$이 앞으로의 분할에서 제외되며 - 등등, 무한히 계속된다. G를 분할점들의 집합, 즉 0, 1과 c들의 집합이라 하고, $\overline{G}$는 G의 점들과 그것의 모든 극한점들의 집합이라 하자. G와 $\overline{G}$는 그러면 어느 곳에서도 조밀하지 않은 집합들이다.

볼테라는 $\overline{G}$가 다음의 성질을 더 갖는 것을 보였다: x가 $\overline{G}$에 속하지 않는 $[0, 1]$ 의 점이면, x는 끝점 a, b가 $\overline{G}$에 속하는 열린구간 (a, b)에 속한다. (구간 (a, b)는 x를 포함하고 $\overline{G}$와 서로 소인 극대 구간이다.) 그래서 $\overline{G}$는 끝점이 $\overline{G}$에 있는 서로 소인 열린구간들의 합집합의 여집합이다. 사실상, 이 구간들은 정확히 G를 만들 때 분할에서 제외됐던 구간들, 즉 $(c_1, 1), (c_{1,1}, c_1), \cdots (c_{n,1}, c_n), \cdots$ 이다. 나아가서, s_n이 $[0, 1] - \overline{G}$를 이루는 길이가 $\frac{1}{2^{2n}}$ 보다 크거나 같은 구간들의 전체 길이를 나타내면, (b)와 (c)에 의해

$$s_n < \frac{1}{2^2} + \frac{1}{2^4} + \cdots + \frac{1}{2^{2n}} < \frac{1}{3}$$

이다. 그러므로 P가 노름이 $\frac{1}{2^{2n}}$보다 작은 $[0, 1]$의 임의의 분할이면, $\overline{G}$의 점을 전혀 갖고 있지 않는 부분구간들의 전체 길이는 s_n 보다 작고 따라서 $\frac{1}{3}$ 보다 작아야 한다. 달리 말하면, $c_e(\overline{G}) > \frac{2}{3}$이다. 그리고 볼테라는 $\overline{G}$에서 0을 취하고 $[0, 1] - \overline{G}$에서 1을 취하는 함수를 생각하였다; 이 함수는 점마다 불연속이지만 리만의 적분가능조건을 만족시키지 않는다.

후의 논문에서 볼테라 [1881b]는 디니의 다른 추측, 즉, 유계이고 적분가능하지 않은 도함수를 갖는 함수들이 존재한다는 것을 확인하기 위하여 $\overline{G}$를 사용하였다. 아이디어는 각 구간 $[a, b]$에 다음과 같이 $[a, b]$에서 정의 된 함수 $f(x; a, b)$를 연결시키는 것이다: (1) $x = a$이거나 $x = b$이면 $f(x; a, b) = 0$; (2) $a < x \le x_1$ 일 때 $f(x; a, b) = (x-a)^2 \sin\frac{1}{x-a}$, 여기서 x_1은 $\frac{a+b}{2}$ 보다 작거나 같은 수로서 $(x-a)^2 \sin\frac{1}{x-a}$의 도함수가 0인, 가장 큰 수; (3) $x_2 \le x < b$ 일 때 $f(x; a, b) = (b-x)^2 \sin\frac{1}{b-x}$, 여기서 x_2는 $\frac{a+b}{2}$ 보다 크거나 같은 수로서 $(b-x)^2 \sin\frac{1}{b-x}$의 도함수가 0인 가장 작은 수; (4) $x_1 \le x \le x_2$ 일 때 $f(x; a, b) = (x_1 - a)^2 \sin\frac{1}{x_1 - a} = (b - x_2)^2 \sin\frac{1}{b - x_2}$. 분명히 $f'(x; a, b)$는 a 또는 b의 근방에서, $(x^2 \sin\frac{1}{x})' = 2x \sin\frac{1}{x} - \cos\frac{1}{x}$이 0의 근방에서 작동하는 것처럼 작동한다. 즉 x가 a 또는 b에 접근할 때, $f'(x; a, b)$는 −1과 1 사이에서 한없이 진동한다. 나아가서, $f(x; a, b)$는 다음 성질들을 갖는다:

$$|f(x; a, b)| < \begin{cases} (b-x)^2 \\ (x-a)^2 \end{cases} \tag{5}$$

$$|f'(x; a, b)| < 2(b-a) + 1 \tag{6}$$

이 두 성질을 사용하면서, 볼테라는 $[0, 1]$에서 정의되는 함수 g가 $\overline{G}$의 여집합을 이루는 각 구간 (a, b)에서 $g(x) = f(x; a, b)$ 이고 $\overline{G}$에서 $g(x) = 0$으로 정의되면, g는 모든 곳에서 미분가능하고 $[0, 1]$의 모든 x에 대해 $|g'(x)| \le 3$이라는 것을 보였다. 그러나 함수 g'이 G의 점들 – $\overline{G}$의 여집합을 이루는 구간들의 끝점들 – 에서 진폭(oscillation) 2를 갖기 때문에, g'는 리만적분가능하지 않다.

그래서 함수 g는 "어떤 경우에는, 적분의 통상적 정의 [원시함수로]가 리만의 정의에 포함되지 않는다 …" [Volterra 1881b: 334]는 것을 보인다. 그러나 이 말은 리만의 정의에 대하여 심각하게 비판하기 위한 것은 아니었다; 볼테라는 주저하면서, 리만의 정의가 적분의 존재를 확립하기 때문에, 피적분함수의 원시함수의 존재를 가정하는 옛 개념 보다 뛰어나다고 덧붙였다.

볼테라는 또한 f가 $[0, 1]-\overline{G}$의 특성함수 - 즉, 전에 다루어졌던 적분가능하지 않은 함수의 예 - 를 나타내면 함수 $F(x)=\overline{\int_0^x} f$와 $G(x)=\underline{\int_0^x} f$는 조밀하게 분포된 불변구간을 가진 디니의 연속함수의 예들이다. 그래서 F와 G의 디니도함수들 (D^+F, D^+G, 등등)은 유계이지만 적분가능하지 않다. g, F, G와 같은 함수들에 대하여 기본정리 II는 따라서, 디니가 예견했던 것처럼, 그 의미를 잃는다.

양의 외용량을 가진 어느 곳에서도 조밀하지 않은 집합의 발견은 적분론에서 집합의 측도론적 성질들의 중요성을 인식하게 하였다. 이 인식은 어느 정도 볼테라의 논문에서 그 증거를 찾을 수 있지만, 볼테라나 스미스와 독립적으로 같은 발견이 이루어진 독일에서는 측도론이 만들어질 정도로 강조되었다. 양의 외용량을 가진 어느 곳에서도 조밀하지 않은 집합에 관심을 기울인 첫 독일인은 폴 뒤 보아-레이몽[1880: 127]이었다. 어느 곳에서도 조밀하지 않은 집합과 제1종의 집합들을 혼동함으로써, 뒤 보아-레이몽은 디리클레의 적분가능조건 - 함수의 불연속점들의 집합이 어느 곳에서도 조밀하지 않은 집합을 이룬다는 - 을 리만의 조건의 특수한 경우로 간주하게 되었다. 그러나 나중에, 그는 어느 곳에서도 조밀하지 않은 집합은 그가 무한계 응집점들(condensation points of infinite order)이라고 부른 것을 가질 수 있다는 것을 알아냈다. 그러한 집합은 다음과 같이 만들 수 있다:[1] p는 고정된 실수를 나타내고 $I_1, I_2, \cdots, I_n, \cdots$은 p로 수렴하는 끝점들을 가진 서로 소인 구간들의 열을 나타낸다고 하자. 구간 I_n에 있는 n 형의 제1종 집합 P_n을 정의한다. (P_n의 유도집합(derived set) $P_n^{(n)}$이 유한이면 P_n은 n 형이다.) 그러면, $P=\bigcup_{n=1}^{\infty} P_n$이면, p가 $n=1, 2, 3, \cdots$에 대해 $P^{(n)}$에 속한다는 의미에서 p는 P에 대해 무한계 응집점이다. 그러므로 P가 분명히 어느 곳에서도 조밀하지 않지만, P는 제1종 집합이 아니다.

P를 만드는 과정에 있는 아이디어는 (제1종 집합을 만드는 것과 대조적으로) 점

1) du Bois-Reymond 1880: 127n; 1882: 187-88 참조.

들이 아니라 구간들을 분배하는 것이다. 그것은 뒤 보아-레이몽에게 어느 곳에서도 조밀하지 않은 집합이 $[-\pi, \pi]$와 같은 고정된 구간에서 무한히 많은 수의 서로 소인 구간을 조밀하게 분배함으로써 만들어질 수 있다는 것을 제시하였다; 이 구간들에 있지 않는 $[-\pi, \pi]$의 점들은 어느 곳에서도 조밀하지 않은 집합 Q를 이룰 것이다. 나아가서 길이의 합이 2π 보다 작게 되도록 구간들이 결정되면, Q는 임의의 작은 전체길이를 갖는 유한개의 구간에 둘러싸일 수 없다. 그래서 뒤 보아-레이몽이 지적한 것처럼, Q의 특성함수는, 비록 그것이 디리클레의 조건을 만족시키지만, 리만적분가능하지 않다.

실제로 무한히 많은 서로 소인 구간들을 조밀하게 분배하는 방식은 뒤 보아-레이몽의 *Die Allgemeine Functionentheorie* [1882]에서 더 분명하게 보여 졌으며, 스미스와 볼테라의 방법과 근본적으로 일치하는데, 그들의 논문은 독일에서 여전히 알려지지 않았다. 비슷한 정의들이 또한 1882년에 벨트만(Veltmann, W.) [1882]과 하낵(Harnack, A.) [1882a: 239]에 의해 발표되었다. 뒤 보아-레이몽 [1882: 188-89]은 용량 0의 집합을 어느 곳에서도 조밀하지 않은 다른 집합과 구별하기 위하여 "적분가능한 점들의 체계(integrable system of points)"란 용어를 도입하였다. 그러나 용량 0의 집합에 대한 측도론적 개념을 개발하고 1880년대 초의 정기간행물에서 눈에 띄게 한 것은 하낵이었다.

삼각급수에 대한 그의 논문 [1880]에서, 하낵은 용량 0의 집합을 제1종의 집합(2.2절 참고)과 구별하지 못하였다. 그가 *Die Elemente der Differential-und Integralrechnung*[1881]을 출판했을 때에야 이 구별이 이루어졌고, 1880년에 제1종 집합이라고 정의했던 집합 - 용량 0의 집합 - 은 적분학의 문제들에 대하여, 유한한 수의 분리된 점들과 같은 성질을 가지기 때문에, 이제 "이산 집합(discrete sets)"이라고 용어가 붙여졌다 [1881: 259]. 칸토르 [1880:358]는 뒤 보아-레이몽의 무한계 응집점을 가진 집합 P와 비슷한 집합을 만들어 냈다. 제1종이 아닌 이 이산집합의 예를 *Die Elemente*에 보였기 때문에, 이 예가 하낵에게 차이를 가리켜주었을 수 있다. 그래서 리만의 논문이 인쇄물로 나온 지 14년 후에 적분가능 조건 (R_2)에 함축되어 있던 측도론적 요소가 마침내 개념을 갖추게 되었다. 바로 잡은 형태의 한켈의 정리는 이제 다음과 같다: $f(x)$가 적분가능할 필요충분 조건은 모든 양수 σ에 대하여, 그 점에서 함수의 진폭이 σ 보다 큰 x들의 집합인 S_σ가 이산적인 것이다.

뒤이은 논문에서 하낵 [1882a]은 "거의 모든 곳에서(almost everywhere)" 성립하는 성질에 대한 개념과 비슷한 개념을 소개하였다. 두 함수 f와 g는 모든 $\delta > 0$에 대하여 $|f(x) - g(x)| > \delta$ 인 점 x들의 집합이 이산적이면 "일반적으로(in general)" 같다고 한다. 그래서, 예를 들어, 기본정리 I의 디니형은 다음과 같이 된다: $F(x) = \int_a^x f$ 이고 DF가 F의 디니 도함수들 중 하나를 나타내면, "일반적으로" $DF(x) = f(x)$이다. "일반적으로" 라는 개념은 – 0 적분(null integral)을 가진 디니의 함수와 같이[2] – 그래서 르베그적분론에서 "거의 모든 곳에서"가 하는 것과 같은 역할을 리만의 적분론에서 한다. 사실, 기본정리 I이 분명히 다음과 같이 나타내질 수 있었을 것이다: 거의 모든 곳에서 $DF(x) = f(x)$. 마찬가지로, 리만의 적분가능 조건은 유계함수가 거의 모든 곳에서 연속이어야 한다는 조건과 동일하다. 궁극적으로 이 동일함을 발견한 것은 실제로 비탈리(Vitali, G.)와 영(Young, W. H.)이 – 서로 독립적으로, 또 르베그와도 독립적으로 – 측도론의 가치 (르베그의 의미에서)를 확신하는데 도움이 되었다. 그러나 하낵의 경우에는 용량에 기초한 측도론적 아이디어에 매달렸던 다른 이유들이 있었다 (3.2절 참고).

이산집합 개념의 결과들을 보임으로써, 하낵은 자신이 적분론의 모든 정리들을 간결하게, 그리고 가능한 최대의 일반성을 갖고 명기할 수 있는 위치에 있을 것이라고 믿었다. 예를 들어, 디니는 그의 *Fondamenti*에서 두 적분가능 함수가 제1종의 집합에서를 제외하고 같으면 같은 적분을 갖는다는 것을 증명하였다; 그러나 하낵은 두 적분가능 함수는 그들이 "일반적으로" 같을 때, 또 그때에 한하여 같은 적분을 갖는다는 것을 보일 수 있었다. 하낵 [1882a:241]은 또한 기본정리 III의 일반화를 나오게 하는 다음의 결과를 확립하였다고 생각하였다: f가 연속이고 "일반적으로" $f'(x) = 0$이라고 가정하자 (임의의 $\epsilon > 0$에 대해 $x \notin A_\epsilon$이면 $|h| < \delta$일 때 $\left|\dfrac{f(x+h) - f(x)}{h}\right| < \epsilon$이 되도록 $\delta = \delta(x)$를 결정할 수 있는 이산집합 A_ϵ이 존재한다는 의미에서); 그러면 f는 상수함수이어야 한다. 일반적인 이산집합에 대한 이론과 특히 이 (틀린) 명제를 갖고 그는 삼각급수에 대한 이론을 간단히 하고 확장하기를 원했다. 그의 결과들의 대다수는 결국 옳지 않은 것으로 증명되었지만,

2) "일반적으로" $f = 0$ 일 때 또 그때에 한해 f가 0 적분을 가진 함수라는 것의 증명은 M. Parsh [1887]가 하였다.

그의 논문들은 이산집합론에 관심을 끌게 했기 때문에 중요하다.

하낵은 특히 부등식

$$\frac{1}{2}a_0^2 + \sum_{n=1}^{N}(a_n^2 + b_n^2) \le \int_{-\pi}^{\pi} f^2$$

에 매력을 느꼈다. 여기서 $a_0, a_1, \cdots, a_N, b_1, b_2, \cdots, b_N$은 제곱이 적분가능한 함수 f의 푸리에계수들을 나타낸다. 이 부등식 (지금은 보통 베셀부등식(Bessel's inequality)이라고 불린다)은 급수 $\sum_{n=1}^{\infty}(a_n^2 + b_n^2)$이 수렴한다는 것을 보인다; 그러므로,

$$S_n(x) = \frac{1}{2}a_0 + \sum_{k=1}^{n}(a_k \cos kx + b_k \sin kx)$$

이면 적분

$$\int_{-\pi}^{\pi}(S_{n+p} - S_n)^2 = \sum_{k=n}^{n+p}(a_k^2 + b_k^2)$$

은 $n\to\infty$ 일 때 0으로 수렴한다. 하낵은 S_n의 이 성질을 $g(x) = \lim_{n\to\infty} S_n(x)$가 "일반적으로" 존재해야 한다[3]는 것과

$$\int_{-\pi}^{\pi} g^2 = \frac{1}{2}a_0^2 + \sum_{n=1}^{\infty}(a_n^2 + b_n^2)$$

인 것과, 사실, $\int_{-\pi}^{\pi}(f-g)^2 = 0$이어서 "일반적으로" $f(x) = g(x)$인 것을 추론하는데 사용할 수 있다고 믿었다.

이 "결과"들에 대하여 특히 흥미있는 것은 그들이 완전히 틀린 것은 아니라는 것이다. 왜냐하면 만일 S_n이 $n, m\to\infty$ 일 때 $\int_{-\pi}^{\pi}(S_n - S_m)^2 \to 0$인 제곱이 적분가능한 함수들의 열이면, $n\to\infty$ 일 때 $\int_{-\pi}^{\pi}(g - S_n)^2 \to 0$이라는 의미에서 극한함수

---

3) 즉, 모든 양수 ϵ에 대해 $\limsup_{n\to\infty} S_n(x) - \liminf_{n\to\infty} S_n(x) \ge \epsilon$ 인 x들의 집합이 이산적이다.

g가 존재하기 때문이다; 더욱이, 적절히 선택된 부분수열 n_k에 대해 거의 모든 점에서 $g(x)=\lim_{k\to\infty}S_{n_k}(x)$이다. 그러나 결정적으로 중요한 것은 적분이 르베그 의미로 택해져야 하는 것이다 (6장 참고).

하낵의 논문이 나온 해에, 알펭(Halphén, G.) [1882] 또한 제곱이 적분가능한 함수들에 대하여, $\sum_{n=1}^{\infty}(a_n^2+b_n^2)$이 수렴하기 때문에, 푸리에계수들이 0으로 수렴한다는 것을 알아냈다. 그러나 그는 또한 체비셰프(Tchebycheff) 다항식을 포함하는 예에 의해서 한 개를 제외한 모든 x의 값에서 $\lim_{n\to\infty}S_n(x)$가 존재하지 않지만 $\lim_{n,m\to\infty}\int_a^b|S_n(x)-S_m(x)|^2\,dx$가 0이 될 수 있다는 것을 지적하였다. 알펭의 반례를 모르고, 하낵 [1882b]은 곧 그의 극한함수 $g(x)$가 그가 암암리에 가정했던 것처럼 리만적분가능할 필요가 없기 때문에, 그의 결론들이 지지될 수 없음을 선언하였다.

3.2 외용량의 도입

집합의 외용량의 정의를 처음으로 소개한 수학자는 인스부르크대학(University of Innsbruck)의 수학교수 슈톨츠(Stolz, O. 1842–1905)였다. 1881년에 곡선의 길이를 정의하는 문제에 대해 연구하며, 그는 면적과 체적이 적분으로 정의되어야 한다는 견해를 밝혔다. 이산집합에 대한 하낵의 연구는 슈톨츠로 하여금 그 집합들을 일반적 용량론과 관련시키게 하였다.[4] 슈톨츠의 기여 [1884]는 E가 어떤 구간 $[a,b]$의 부분집합이면 다음 성질을 가진 수 L을 E에 할당할 수 있다는 것이 된다; 모든 $\epsilon>0$에 대해 P가 $[a,b]$의 분할이고 $\|P\|<\delta$이면 $|L(P)-L|<\epsilon$이 되는 $\delta>0$가 존재한다. 여기서 $L(P)$는 E의 점들을 포함하는 P에 의해 결정되는 구간들의 길이의 합을 나타낸다. 특히, E가 이산일 때, 또 그때에 한해, $L=0$이다. 슈톨츠는 또한 L의 정의를 평면의 유계 부분집합으로 확장시켰다.

4) 슈톨츠가 하낵의 논문에 대한 *Fortschr. Math.*의 검열자였다는 것을 주목해야 한다.

나중에, 그리고 슈톨츠와 독립적으로, 칸토르 [1884a: 473-79]는 용량에 대한 대등한,그러나 좀 더 일반적인 n-차원 유클리드 공간과 관련한 정의를 1884년에 발표하였다 - 그는 또한 용어 "용량(inhalt)"을 소개하였다. 칸토르의 정의는 두 개의 가정에 기초한 것이었는데, 그는 그것들에 충분한 관심을 기울이지 않았다. 첫째로, P가 유한한 수의 유계 n-차원 "영역(Stücken)"으로 구성되면, 다중적분 $\int_P dx_1 dx_2 \cdots dx_n$이 정의된다고 가정하였다. 둘째로, P가 임의의 유계집합이면, 임의의 양수 r에 대해 집합 $\Pi(P, r) = \bigcup_{p \in \overline{P}} K(p, r)$은 유한개의 n-차원 부분들을 포함한다고 가정하였다. 여기서 $\overline{P}$는 P의 극한점들과 P를 합한 집합을 나타내고 $K(p, r)$은 반지름 r과 중심 p를 가진 구를 나타낸다. 첫 번째 가정은 적분

$$\int_{\Pi(P, r)} dx_1 dx_2 \cdots dx_n$$

이 정의되는 것을 보장한다. 그러나 1892년의 죠르단의 연구 이전에는 (4장 참고) 다중적분에 대한 이론이 이것과 관련하여 칸토르가 가정한 일반성이나 정밀성을 갖고 다루어지지 않았다. 두 번째 가정은 집합 $\overline{P}$가 닫혀있고 유계이므로 컴팩트(compact)하다는 사실로부터 쉽게 정당화 될 수 있다. 그러나 이것도 역시 상당기간 발견되지 않았다.

칸토르는 그리고 P의 용량 또는 체적 $I(P)$를

$$I(P) = \lim_{r \to 0} \int_{\Pi(P, r)} dx_1 dx_2 \cdots dx_n$$

으로 정의하였다. 이 정의는 용량을 구하는데 있어 집합과 그것의 폐포(closure)를 구별하지 않는 것을 분명하게 한다 - 그들에게 같은 수의 측도가 할당된다. 칸토르가 집합함수 $I(P)$의 가법성(additive properties)에 흥미를 보인 첫 번째 사람이다. 정의가 두 개의 서로소인 집합 P, Q에 대해 그들의 폐포가 마찬가지로 서로 소가 아니면 $I(P \cup Q) = I(P) + I(Q)$가 성립할 필요는 없다는 것을 분명히 해준다. (사실, $\overline{P} = \overline{Q} = P \cup Q$이면 $I(P) + I(Q) = 2I(P \cup Q)$ 이다.) 그러나 만일 P와 Q가 공간의 완전히 분리된 n차원 부분들에 포함되면, 칸토르가 주목한대로 $I(P \cup Q) = I(P) + I(Q)$이다.

칸토르의 정의의 주된 동기는 뒤 보아-레이몽과 하낵의 용량 0을 가진 집합에 대한 논의로부터 온 것이 비교적 분명해 보이는데, 그 주제에 대해 칸토르 [1883: 54]는 이전에 흥미를 보였었다. 그러나 그는 또한 용량에 대한 개념을 나중에 연속체연구에 적용할 수 있을 가능성을 마음에 두었다. 그가 이전의 논문에서 연속체의 정확한 정의를 보였을 때 [1883: 590n12], 그는 정의가 차원적 고려와 무관함에 관심을 끌게 하였고 연속체들이 차원에 의해 더 분류될 수 있는 것을 보이는 연구를 뒤이어서 할 것을 약속하였다. 칸토르는 이 말에 대한 것을 용량에 대한 그의 정의를 포함하는 논문의 프랑스어판에 확장시켰다. 집합 P의 용량은 그 집합이 부분집합으로 간주되는 공간 E^n의 차원에 완전히 종속된다고 그는 강조하였다. 즉, P가 E^n의 부분집합으로 간주되면, P의 m-차원 용량은 그것의 n-차원 용량과 일반적으로 다를 것이다; 3차원 공간의 부분집합으로 간주되는 단위 정사각형은 용량 0을 갖고, 2차원 공간의 부분집합으로 간주되면 용량 1을 갖는다. "부피 (volume) 또는 크기 (magnitude)에 대한 이 일반적 개념은 연속집합들의 차원에 대한 조사에서 나에게 없어서는 안되는 것이다…" [1884b: 389-90]. 불행하게도 칸토르는 이 아이디어를 더 이상 발전시키지 않았다.[5] 용량론에 대해 그가 상상했던 응용들은 외용량 또는 측도가 적절한 성질의 것이었다. 그것은 주로 측정가능성이 적용되는 일반적 집합 위에서의 다중적분론과 관련되는 것이었고, 칸토르는 이 주제를 그럴싸하게 꾸몄다.

n-차원 공간의 닫힌 유계 부분집합이 컴팩트라는 정리 없이는, 측정되는 집합 $\overline{P}$가 무한히 많은 수의 구로 덮이기 때문에, 처음에는 칸토르의 정의가 이산집합 개념의 정확한 일반화로 보이지 않는다. 칸토르의 논문이 나온 후 곧 제출한 논문에서 하낵 [1885]은 집합의 용량에 대한 그 자신의 정의를 제안하였다. 이산집합의 정의에서 하낵은 그 집합이 유한개의 구간에 의해 덮인다고 지적하였다; 따라서 그는 실수들의 유계 부분집합의 용량을 유한개의 구간들로 된 덮개들의 길이의 합의 극한으로 정의하였다. (하낵은 분명히 슈톨츠의 비슷한 정의를 몰랐다.)

용량에 대한 그 자신의 정의를 내린 후에, 하낵은 칸토르가 증명한 정리들이 그

5) 이 이유는 아마도 칸토르가 곧 초한수 이론에 완전히 빠지게 되었기 때문이다. 차원에 대한 계량적 접근은 또한 나중에 하우스도르프(F. Hausdorff) [1919]가 전개시켰는데, 그는 Carathéodory의 n-차원 공간의 부분집합의 m-차원 외용량의 정의에 그것의 기초를 두었다 [1914].

의 정의로도 타당성을 유지한다는 것을 보였다. 칸토르의 정의는 또한 하낵의 관심을 용량의 정의에서 무한개의 덮개구간들을 허용하면 어떨까 하는 문제에 돌리게 하였다. 한편 그는 $[0, 1]$에서의 유리수들의 집합이 설명해 주는 것처럼, 이산집합의 가산 합(countable union)이 이산일 필요는 없다는 것을 알았다. 그러나 "어떤 의미에서 모든 '가산' 점집합은 그것의 모든 점들이 구간의 합이 임의로 작게 되는 구간들에 둘러싸일 수 있다는 성질을 갖는다" [1885: 243]. 즉, 그는 이어서, $a_1, a_2, \cdots, a_n, \cdots$이 가산집합의 원소들을 나타내고, $\delta > 0$가 주어지면, $\delta = \sum_{n=1}^{\infty} \epsilon_n$일 때, 각 a_n은 길이가 ϵ_n인 구간에 둘러싸일 수 있다고 하였다. 하낵이 가산집합의 이 성질에 주의를 기울인 첫 수학자였던 것으로 보이는데, 그 성질은 나중에 보렐에게 측도론의 유용함을 제시하게 되었다. 그것은 같은 기법을 사용하여 한켈이 $\frac{1}{2^n}$들의 특별한 가산집합을 다룬 것에 의해 제시되었을 수 있다 (2.2절 참고).

하낵이 주장한 핵심은 물론 가산집합이 조밀하고 따라서 이산일 필요가 없기 때문에, 용량의 정의에서 유한개의 덮는 구간들로 제한하는 것이 매우 중요하다는 것이다. 위상적으로 무시할만한 집합 (어느 곳에서도 조밀하지 않은 집합)들이 측도론적 의미에서 무시할만해야 한다는 이전의 믿음은 포기되었지만, 느낌은 위상적으로 큰 집합들 (모든 곳에서 조밀한 집합들)이 무시할만한 측도를 갖지 않아야 한다는 것을 고집하였다. 모든 곳에서 조밀한 어떤 집합은 작은 전체 길이를 갖는 구간들에 둘러싸일 수 있다는 사실 - 이제는 평범하게 보일 정도로 매우 친숙한 사실 - 은 측도론의 기초가 되기에는 너무 역설적인 것 같았음에 틀림없다.

하낵은 무한개의 구간으로 된 덮개를 사용하는 용량의 정의의 유용함을 의심하는 또 다른 이유를 갖고 있었다: 그는 무한개의 구간이 관련될 때 생기는 또 다른 역설 - 구간 $[a, b]$를 구간들의 합이 $[a, b]$의 길이보다 작게 되도록 무한개의 겹치지 않는 구간들의 합집합으로 나타내는 것이 가능하다는 것 - 을 발견하였다고 생각하였다. 하낵은 그의 용량의 정의와 무한히 많은 수의 덮는 구간들을 사용하는 것 사이의 관계를 연구하는 것을 통하여 이 "역설"로 이끌어졌다. 그의 연구는 다음 문제의 형태를 가졌다: 점들의 집합이 무한히 많은 수의 길이 ϵ_i를 가진 겹치지 않는 구간들로 둘러싸이고 이 모든 구간들이 $s = \sum_{i=1}^{\infty} \epsilon_i$가 L보다 작게 되도록 길이 L을 가진 고정된 구간 $[a, b]$에 포함된다면, "어떤 조건 하에서 그들이 또한 길이의 합이 s와 임의로 작게 차이가 나는 유한개의 구간들에 둘러싸일 수 있다고 결론내릴 수 있는가?" [1885: 243]. 처음 볼 때에는 하낵이 관련된 집합이 컴팩트가 될 수 있는 조건을 묻고 있는 것으로 보일지 모르지만, 그러나 문제는, 그가 설명한 것과 같이, 실제로는 약간 다르다; 겹치지 않는 구간들 I_i들의 합인 집합 E가 주어졌을 때, 언제

(7) $$c_e(E) = \sum_{i=1}^{\infty} \epsilon_i$$

가 사실인가? 이 문제는 특히 흥미롭고 중요하다. 왜냐하면 보렐이 나중에 (7)의 오른쪽을, 그것이 $c_e(E)$와 일치하건 하지 않건, E의 측도의 정의로 택하였기 때문이다.

E의 경계 ∂E가 I_i의 끝점들의 폐포(closure) 인 것을 주목해야 한다.[6] 그래서

$$c_e(E) = c_i(E) + c_e(\partial E) = \sum_{i=1}^{\infty} \epsilon_i + c_e(\partial E)$$

이기 때문에, (7)이 사실일 필요충분 조건은 I_i의 끝점들의 집합이 외용량 0을 갖는 것이다. 하낵은 그의 문제가 이렇게 간단한 답을 가질 수 있다는 것을 보지 못하였다. 대신에, 그는 오히려 E에

(8) $[a, b] - E$가 또한 겹쳐지지 않는 구간들 J_i의 합집합으로 표현될 수 있다

는 강하고 불필요한 조건을 부과하였다. (8)을 가정하면, (7)이 사실일 필요충분 조건이

(9) $$\sum_{i=1}^{\infty} \eta_i = L - s$$

인 것이 쉽게 성립한다. 여기서 η_i는 J_i의 길이를 나타낸다. 다음에 하낵은 (9)가

(10) J_i의 끝점들의 극한점들은 이산집합을 이루어야 한다.

6) E의 경계는 E의 경계점들로 이루어진다. 경계점들은 x를 포함하는 모든 열린구간이 E에 속하는 점들과 E에 속하지 않는 점들을 포함하는 점 x들이다. 이 개념은 페아노와 죠르단이 내놓았다. (4.1절 보기.)

와 대등하다는 것을 보였다. (9)로부터 (10)이 나옴을 증명하기 위하여 그는 s_1이 이 끝점들의 (외)용량을 나타내면,

$$\sum_{i=1}^{\infty}\eta_i = L - s - s_1$$

임을 보았다. (이것은 $L-s = c_e(\bigcup_{i=1}^{\infty} J_i) = c_i(\bigcup_{i=1}^{\infty} J_i) + s_1 = \sum_{i=1}^{\infty}\eta_i + s_1$이라는 사실로부터 성립한다; 하낵은 자신의 추론과정을 밝히지 않았다.)

하낵은 그리고는 (10)이 성립하지 않는 경우로 돌아 왔다. 이 경우에 - 조건 (8)을 여전히 가정하고 - $[a, b]$는

$$\sum_{i=1}^{\infty}\epsilon_i + \sum_{i=1}^{\infty}\eta_i = s + L - s - s_1 = L - s_1 < L$$

이 되도록 겹쳐지지 않는 구간들 $I_1, I_2, I_3, \cdots, J_1, J_2, J_3, \cdots$로 분해된다. 그래서 하낵은 유한에서 무한으로 가는 것에 대한 또 다른 역설적 결과를 발견하였다고 생각하였다. 그가 상상한 것과 같은 그러한 분해는 물론 르베그측도가 가산 가법적 (countably additive) 이기 때문에 불가능하다. 마음대로 쓸 수 있는 측도론을 갖고 있지 않았기 때문에 하낵은 그가 발견한 것을 겹쳐지지 않는 구간들의 무한 합집합의 용량이 그들의 길이의 합과 항상 같아야 한다는 아이디어를 거부하는 또 다른 이유로 아마도 간주하였을 것이다.

슈톨츠, 칸토르, 그리고 하낵에 의해 독립적으로 소개된 용량은 이산집합론과 관계되고 따라서 리만의 적분가능 조건 (R_2)와 관계되기 때문에 외용량이다. 따라서 그 정의는 평면의 모든 유계 부분집합에 적용 될 수 있다. 특히 f가 $[a, b]$에서 정의되고 유계이고, 그리고 E가 평면에서 f의 그래프, 직선 $x=a$와 $x=b$, 그리고 x-축에 의해 유계가 되는 점들의 집합을 나타내면, E와 부분집합 E^+와 E^- (E의 점 중에서 x-축의 위와 아래에 있는 점들)는 f가 적분가능하건 하지 않건 용량을 갖는다. 그래서 면적과 적분개념 사이의 관례적 관계, 즉

$$\int_a^b f = area(E^+) - area(E^-), \quad \int_a^b |f| = area(E)$$

는 "면적"이 "용량"과 동일한 것으로 간주되면 더 이상 맞지 않는다.

끝맺는 말에서, 하낵은 이 점으로 돌아 와서 f가 양의 함수 (그래서 $E = E^{+}$)이면 E의 용량은, 그가 정의하지 않은 채로 둔, E의 경계가 이산집합이지 않은 한 – 다른 말로 하면, E가 죠르단의 의미로 측정가능하지 않은 한 – 적분으로 표현될 수 없다는 것을 알아냈다. 그러나 적분이 적분가능함수로 제한되는 것처럼 용량을 이 형태의 집합으로 제한하는 것은 그에게 떠오르지 않았다. 결국 용량론의 일반성을 제한하기 원하는데 무슨 이유가 있겠는가? 측정가능 개념의 중요성이 처음 인식된 것은 주로 다중적분론을 통해서, 특히 죠르단(Jordan, C.)의 연구를 통해서였다.

양의 외용량을 가진 어느 곳에서도 조밀하지 않은 집합의 발견은 리만의 의미에서 적분가능하지 않은 유계함수가 무한히 많이 존재하는 것과 똑같이 많은 수의 유계이고 적분가능하지 않은 도함수를 가진 함수들의 존재를 밝혀냈다. 그러나 이 결과들은 수학자들에게 리만의 정의가 너무 제한적이라는 것을 제시하지 않았다. 그 반대로, 바이어슈트라스가 본 것처럼, 그것은 "가장 일반적으로 생각해 낼 수 있는 것"으로 받아들여졌다 [Mittag Leffler 1923: 196]. 르베그 이전에 리만의 정의에 비판적이었던 유일한 사람이 바이어슈트라스였다. 바이어슈트라스가 적분의 정의를 칸토르의 용량론을 이용하여 확장하려고 하였기 때문에, 그의 불만족과 그가 제안한 다른 적분론은 특히 관련이 있다.

바이어슈트라스가 보낸 편지에 있는 몇몇의 말에 의해 판단해 보면, 그는 결코 리만의 적분 정의에 만족해하지 않았다. 1885년 4월의 편지에서 그는, 적분가능성에 대한 디리클레의 조건이 리만적분가능성에 충분하지 않다는 것을 발견했다고 썼던, 폴 뒤 보아-레이몽과 같은 불만족을 보였다. 바이어슈트라스는 디리클레가 그의 조건을 작성하였을 때 나중에 리만이 제안한 것과 다른 정적분의 개념을 생각하고 있었다고 하였다. 디리클레가 실제로 의도했던 것은 무한개의 불연속점을 가진 함수의 적분을 함수가 연속인 극대(maximal) 구간에서 취한 적분들의 합으로 생각함으로써 코시의 정의를 확장하는 것이었다고 바이어슈트라스는 제의하였다. 그러므로 디리클레의 조건이 적분가능성에 충분치 않다고 말하기 위해서는 우선 리만의 적분가능성 개념을 인정하여야한다. 바이어슈트라스는 그것이 받아들일 만하지 않다고 보는 이유를 갖고 있었다:

> 나에게 정적분 정의는 항상 아직까지도 내가 그것을 어떻게 제거하는지를 모르기 때문에 무시해야만 했던 불편함이 있는 것처럼 보여 왔다. 그것은 이것이다: 피적분함수의 값이 구간에서 만드는 최대 진폭을 결정하는데 있어 (따라서 적분가능 조건에 대한 문장에서), 불연속점에서 그 값들을 생각하지만, 적분값은, 존재하면, 연속점들에서 취하는 함수값에만 의존한다. [1923a:215]

다른 말로 하면, 한켈이 증명한 것처럼, 적분가능 함수의 연속점들이 조밀집합을 이루어야 하기 때문에, $[a, b]$의 임의의 분할에 대응하여, 코시합 $S=\sum f(t_i)(x_i-x_{i-1})$은 항상 t_i가 f의 연속점이 되도록 택할 수 있다.

바이어슈트라스는 리만의 조건 (R_1)을, D_i^*가 분할 P에 의해 결정되는 i번째 소구간의 연속점들에서 f의 진폭을 나타낼 때,

$$\lim_{\| P \| \to o}(D_1^*\delta_1+D_2^*\delta_2+\cdots+D_n^*\delta_n)=0$$

을 요구하는 것으로 대치함으로써 이 "부적당함(incongruity)"을 제거하는 것을 제안하였다. 이것은 C가 f의 연속점들의 집합을 나타낼 때 $\underline{\int}_C f=\overline{\int}_C f$라는 조건과 대등하다; 아마도 f의 적분은 이 공통된 값으로 정의되었을 것이다.[7] 바이어슈트라스는 이 정의를 디리클레가 생각했던 것의 일반화로 간주하였다. 그러나 그는, 디리클레의 조건과 달리, 이것이 여전히 함수의 불연속성의 본질에 제한을 주는 것을 깨닫지 못하였다. 예를 들어 볼테라의 적분가능하지 않은 $g'(x)$의 예는 바이어슈트라스의 의미에서도 적분가능하지 않다. 왜냐하면 g'의 진폭이 2인 분할 P의 구간들은 불연속점들을 제거하였을 때에도 여전히 진폭 2를 갖기 때문이다. 그럼에도 불구하고 g'은 디리클레 조건을 만족시킨다.

그의 다음 편지에서 뒤 보아-레이몽은 볼테라의 함수 g'일 수도 있었을 반례로 이 실수를 지적하였다. 바이어슈트라스는 "리만의 정의는 내가 했던 것 보다 더 많

7) 임의의 집합 F에 대해 $\overline{\int}_F f$는, $g(x)$가 F의 x에 대해 $g(x)=f(x)$이고 그렇지 않은 x에 대해 $g(x)=0$ 일 때, $\overline{\int}_a^b g$로 정의된다.

이 수정되어야 한다. 즉 필수적이지 않은 것들로부터 더 자유로와져야 한다" [1923a: 218]고 확신하였다. 사실, 푸리에급수의 계수 a_n과 b_n이 디리클레의 의미에서 적분으로 설명되면, 뒤 보아-레이몽의 반례가 푸리에급수로 나타내질 수 있기 때문에 그 주장을 실제로 지지하였다고 바이어슈트라스는 지적하였다. (르베그(Lebesgue, H. [1903a: 481ff]는 볼테라의 g'이 르베그적분과 관련해서 푸리에급수로 나타내질 수 있다는 것을 증명하였다.) 리만의 정의뿐만 아니라 디리클레의 것도 포함해서 삼각급수 표현에서 계수들이 적분이라는 푸리에의 가정의 타당성을 확장할만한 좀 더 일반적인 적분의 정의를 갖는 것이 바람직해 보였다.

이 시기에 바이어슈트라스는 이미 다른 정의를 만들었는데, 그것은 적분가능함수들의 모임을 점마다 불연속함수들의 모임과 동일한 연장을 갖게 하였다. 그러나 그는 그것을 그의 편지에서 밝히지 않았다. 몇 주 후에 그는 그의 친구이며 학생이었던 소냐 코발레프스키(Kowalevsky, S.)에게 그가 적분의 정의를 구간의 조밀부분집합에서 정의되고 유계인 임의의 함수로 확장하는데 성공하였다는 것을 알렸다. 이 형태로 그것은 1886년 여름에 함수론에 대한 그의 강의에 포함되었다:

> 구간 $(a \cdots b)$가 주어졌다 하고, $(a \cdots b)$의 모든 임의의 작은 부분에서 함수가 정의된 점들이 존재한다고 하자. 그러면 함수가 정의된 모든 점에서, 나는 세로 좌표를 세운다. 이 세로좌표들은, 비록 그들이 서로 연속적으로 뒤를 이을 필요는 없다 하여도, 분명히 서로 무한히 가깝게 놓인다. 그러므로 $\int_a^b f(x)\,dx$는 연속함수에 대한 것처럼 세로좌표에 의해서 채워지는 면적으로 정의 될 수 없다. 이제 다음 정의를 한다: 각각의 세로좌표가 밑변이 δ와 같은 작은 직사각형에 둘러 싸인다고 상상하자. 그러면 이 직사각형들은 겹쳐진다. 이제 어떤 그런 직사각형 안에 놓이는 점들로 이루어진 점집합을 정의하면, 이것이 연속체를 형성하는 것을 쉽게 볼 수 있다. 이 연속체는 δ의 함수인 S_δ를 용량으로 갖는다 … 이제 S_δ가 δ가 감소할 때 감소하고, 따라서 $\delta = 0$에 대해 극한으로 접근하는 것을 보일 수 있다. 이제 $\int_a^b f(x)\,dx = \lim_{\delta \to 0} S_\delta$로 정의한다. 이 정의는 친숙한 연속함수에 대한 것과 일치하므로 정당화되고, 또한 적분의 중요한 성질들이 계속 성립한다. [1923a: 225, n16.]

함수가 $[a, b]$의 조밀한 부분집합 F에서 정의되면, (W는 "Weierstrass"를 뜻하며)

$$(W)\int_a^b f = \overline{\int_F} f \tag{11}$$

라는 것을 보이는 것은 어렵지 않다. 사실 (11)은 바이어슈트라스가 $(W)\int_a^b f$를 칸토르의 용량으로 직접 정의할 수도 있었다는 것을 보여 준다. 예를 들어, $f(x)$가 F의 모든 x에서 음이 아니면, $(W)\int_a^b f = c_e(E)$이다. 여기서 E는 x가 F에 속하고 $0 \le y \le f(x)$인 점들 (x, y)의 집합이다. 바이어슈트라스는 의심의 여지없이 이것을 알았지만 그의 청중들이 칸토르의 용량론을 알고 있다고 가정하기를 원하지 않았다. S_δ의 도입은 분명히 칸토르가 집합 $\Pi(P, r)$의 용량을 도입한 것과 비슷하다.

$\int_a^b f(x)\,dx$를 $\lim_{\delta \to 0} S_\delta$로 정의한 바이어슈트라스의 정의는 아마도 이전에 그가 모든 유계이고 점마다 불연속인 함수들에 적용될 수 있는 정의를 만들었다고 뒤 보아-레이몽에게 썼을 때 생각하고 있었던 것일 수 있다. 왜냐하면 f가 그러한 함수이면 그것의 연속점들은 조밀한 집합 C를 이루기 때문이다; 불연속점에서 f의 행태는 F를 집합 C로 택했을 때 그의 정의에 의해 전적으로 무시될 수 있다는 것을 바이어슈트라스는 깨달았다. 그러면, 그의 정의가 조밀한 집합 F에서 정의되고 유계인 모든 함수에 대해 의미를 갖기 때문에, 바이어슈트라스는 그의 최종 정의에 이르렀을 것이다.

바이어슈트라스는 일반화된 정의가 연속함수에 대한 코시의 적분 정의와 일치하는 것 외에 "필수적 성질들"을 보존해야 한다는 것을 강조하였다. 그러나 그는 "필수적"을 무엇으로 이해하였는가? 이 성질들을 다 포함하는 리스트가 없기 때문에 이것은 불분명하다. 보렐과 르베그에게 결정적으로 중요한 문제가 된 필수적 성질에 대한 문제는 당시에 해석학자들의 사고에 들어오지 않았다. 그럼에도 불구하고, 어떤 성질들은 리만적분을 설명하는 데에서 항상 골라내졌다; 이들 중에, 가법성질

$$\int_a^b (f+g) = \int_a^b f + \int_a^b g$$

는 변함없이 포함된다. 바이어슈트라스의 적분은 사실 상적분이기 때문에, 이 성질을 갖지 못한다 (1881년에 볼테라가 지적한 대로). 바이어슈트라스가 그의 정의의 이 기본적인 취약점을 알고 있었는지는 불분명하다.

바이어슈트라스가 택한 접근 방법 - 세로좌표 집합의 면적으로 적분을 생각함으로써 적분의 정의를 확장하는 것 - 은 바른 방향으로 나아갔지만, 그가 채택한 면적에 대한 이론은 적분에 필수적인 가법성질을 줄만큼 충분히 정밀하지 않았다. 역사적으로 꼭 필요한 정밀함을 보증하는 방식을 제시하게 된 것은 페아노와 죠르단의 연구에서 측정가능성 개념을 소개한 것이다.

3.3 칸토르 집합론의 개발과 적분론에의 응용

칸토르는 집합의 용량에 대한 개념을 "*Ueber unendliche, lineare Punktmannich-faltigkeiten*"이란 제목 하에 1879-84년 사이에 몇 회로 나누어 발행된 무한 점집합의 성질에 대한 훨씬 더 광범위한 연구와 관련하여 소개하였다. 무한집합은 삼각급수에 관한 칸토르의 1872년의 연구에서 이미 중요한 역할을 하였다 (2.1). 다음 해에 그는 가산집합 개념을 소개하고 모든 대수적 수들의 집합이 가산이라는 괄목할만한 정리를 증명하였다 [1874]. 그리고는 "*lineare Punktmannichfaltigkeiten*"에서 칸토르는 가산, 비가산 개념과 주어진 집합의 유도집합의 성질들에 의하여 무한 점집합을 분류하고 연구하였다. 그의 결과들은 적분론의 역사적 전개에서 중요하다.

첫 회분에서 칸토르 [1879]는 그가 원래 n 형이라고 했던 집합들에 대하여 "제1종의 집합(first species set)"이란 용어를 도입하였다. 여기서 또한 "모든 곳에서 조밀한 집합(everywhere dense set)"과 "어느 곳에서도 조밀하지 않은 집합(nowhere dense set)"이란 용어들이, 비록 이 용어 뒤에 있는 성질들이 상당 기간 논의되어 왔지만, 처음으로 사용되었다. 사실, 칸토르는 집합의 성질들이 실변수함수론, 특히 적분론과 연관이 있기 때문에 의심의 여지없이 집합의 성질들을 더 조사해 볼 생각을 하게 되었다; 이것과 관련하여 그는 *Fondamenti*에서 디니가 제1종의 집합을 사용한 것을 언급한다.

2회 분에서 칸토르 [1880]는 집합의 합집합과 공통집합 개념을 소개하고 집합 P의 n계 유도집합 $P^{(n)}$의 개념을 확장하는데 그것들을 사용하였다: P가 제1종의 집합이 아니면, $P^{(\infty)}$을 $\bigcap_{n=1}^{\infty} P^{(n)}$으로 정의한다. $P^{(\infty)}$가 정의되면, $n=1, 2, 3, \cdots$에 대해 $P^{(\infty+n)}$은 자연스럽게 $[P^{(\infty)}]^{(n)}$으로 정의될 수 있다. 그러면 $P^{(2\infty)}$는 $[P^{(\infty)}]^{(\infty)}$, $P^{(3\infty)}$는 $[P^{(2\infty)}]^{(\infty)}$, 등등으로 정의된다. 다음에, $P^{(\infty^2)}$는 $\bigcap_{n=1}^{\infty} P^{(n\infty)}$으로, $P^{(\infty^\infty)}$는 $\bigcap_{n=1}^{\infty} P^{(\infty^n)}$으로 정의된다. 더욱이, 이 "변증법적 개념 생성"은 무한히 계속되어서, 특히 $P^{(\gamma)}$가

$$\gamma = n_k \infty^k + n_{k-1} \infty^{k-1} + \cdots + n_1 \infty + n_0$$

형태의 모든 "무한 기호" γ에 대해 정의될 수 있다. 여기서 $n_0, n_1, \cdots, n_k$는 정수이다. 여기서 우리는 칸토르의 초한수(transfinite numbers) 이론의 시작을 보는데, 나중에 그는 모든 관심을 거기에 쏟았다. ([Jourdain 1910; 1913a; 1913 b] 보기.)

$P^{(\gamma)}$를 생각함으로써 칸토르는 다음 회 [1883*b*]에서 임의의 집합 P의 유도집합을 $P' = R \cup S$로 표현할 수 있었다. 여기서 $R = \bigcup_{\gamma} [P^{(\gamma)} - P^{(\gamma+1)}]$이고 $S = \bigcap_{\gamma} P^{(\gamma)}$이다. 합집합과 교집합은 칸토르가 처음 두 *Zahlenclassen*이라고 부른 것에 속하는 모든 γ, 즉 Ω가 비가산 정렬집합(well-ordered set)에 대응되는 첫 서수(ordinal)일 때, Ω 보다 작은 모든 서수 γ에 대해 취한다.[8)] 집합 S는 $S' = S$인 성질을 갖고 있고, 칸토르는 이 성질을 가진 집합에 대해 "완전집합(perfect set)"이란 용어를 소개하였다.[9)] 칸토르는 R이 가산집합임을 증명하였고 조금 성급하게 R이 또한 "축약가능 집합(reducible set)" - Ω 보다 작은 어떤 γ에 대해 $P^{(\gamma)} = \varnothing$

8) 칸토르는 실제로 다음 회까지 R과 S가 어떻게 정의되었는지를 설명하지 않았지만, 이것이 원래 그가 생각했던 것임은 비교적 명백하다. 물론 그는 아직 서수개념을 개발하지 않았었다.

9) 칸토르 [1883*b*; 590]가 지금은 친숙한 칸토르 삼진 집합(Cantor ternary set)을 소개한 것은 바로 이 논문이다; 그러나 우리가 본 것처럼, "칸토르 집합"은 칸토르에 의해 발견되지 않았다.

- 임을 주장하였다. 젊은 스웨덴 수학자 벤딕슨(Bendixon, I. 1861-1936)은 칸토르에게 보낸 편지에서 R이 언제나 가산일 것이지만 축약가능일 필요는 없다는 것을 보였다 [1883]. 칸토르 [1884 a;470]는 그래서 집합 P는 P'이 P의 부분집합일 때, 또 그때에 한해서 닫힌 집합이라고 정의하면서 닫힌집합의 개념을 도입하게 되었다. 닫힌집합이 칸토르의 문제와 관련있음은 그가 증명한 R이 닫힌집합일 필요충분조건은 어떤 집합 Q에 대해 $R=Q'$인 것이다 라는 명제에 의해 밝혀진다. 칸토르는 이미 가산 유도집합 Q'을 가진 임의의 집합 Q는 축약가능하다는 것을 증명하였다. 그래서, 모든 닫힌 가산집합은 축약가능하고, 특히, $P'=R\cup S$에 있는 집합 R은 닫힌집합이면 축약가능일 것이다. (이 결과에서 곧장 나오는 따름정리는 공집합이 아닌 완전집합이 비가산이라는 명제이다.)

닫힌집합 개념의 도입은 칸토르의 또 다른 결과 때문에 보렐의 측도론과 관련하여 중요해진다. "*lineare Punktmannichfaltigkeiten*"의 초기 부분에서 칸토르 [1883 a]는 뒤 보아-레이몽과 하낵의 연구에 자극되어 어느 곳에서도 조밀하지 않은 집합이 용량 0을 가질 조건을 결정하는 문제를 생각하게 되었다. 당시에 그는 P'이 가산이면 P가 용량 0을 갖는 것을 증명할 수 있었다. 흥미있는 것은 그의 증명 방법이다: $Q=P\cup P'$이라 하고 Q가 $[0, 1]$의 부분집합이고 0과 1이 Q에 있다고 가정하자 (일반성을 잃지 않는다). 그러면 r이 $[0, 1]-Q$의 점이면 r은 Q의 극한점이 될 수 없다; 따라서 r은 Q의 점을 포함하지 않는 구간 (c, d)에 포함될 것이다. (c, d)가 이 성질을 갖는 극대구간이면, c와 d는 Q에 속할 것이다. 그래서 $[0, 1]-Q$는 끝점이 Q에 있는 겹치지 않는 구간들의 합집합 $\bigcup_{n=1}^{\infty}(c_n, d_n)$으로 나타내 질 수 있게 된다. 칸토르는 그리고 계속해서 이 구간들의 길이의 합이 1이 되고 따라서 Q와, 그러므로, P는 용량 0을 가져야한다는 것을 보였다. 여기서 중요한 것은 Q를 겹치지 않는 구간들의 여집합으로 나타내는 것이다. (이것은, 비록 칸토르가 볼테라의 논문을 아마도 읽지 않았을 것이지만, 볼테라가 그의 집합 $\overline{G}$ (3.1)를 나타낸 것과 비슷하다.) 칸토르에게 보내는 편지에서 벤딕슨은 모든 어느 곳에서도 조밀하지 않은 완전집합 S가 겹치지 않는 구간들의 여집합으로 나타내어지고 S가 끝점들 c_n과 d_n들의 집합의 유도집합이라는 사실을 사용하였다. 닫힌 집합 개념이 도입되었다면, 모든 닫힌집합은 또한 겹치지 않는 구간들의 여집합으로 생각할 수 있고, 그래서 $[0, 1]$의 닫힌집합 Q의 측도는 $1-\sum_{n=1}^{\infty}(d_n-c_n)$이어야 한다는 것을 암시하게 된다. 사실 $c_e(Q)=1-\sum_{n=1}^{\infty}(d_n-c_n)$이고, 그래서 이것은 당시에 인정되었던 측도의 정의와 일치한다. 이 측도를 Q에 할당하는 것은, 그러나, 또한 Q의 여집합 $R=\bigcup_{n=1}^{\infty}(c_n, d_n)$의 측도를 Q와 R의 측도가 합해서 1이 되도록 $\sum_{n=1}^{\infty}(d_n-c_n)$으로 정의하는 것을 제시한다. 이것이 보렐이 제안한 것이다 (4.2).

칸토르의 주된 목적 중의 하나는 모든 점집합이 가산이거나 연속체 $[0, 1]$과 대등함을 보이는 것이었다. 완전한 해를 향한 첫걸음으로, 그는 모든 완전집합이 $[0, 1]$과 1-1 대응관계에 놓일 수 있다는 것을 보이는 것을 제안하였다. 이 문제는 분명히 모든 어느 곳에서도 조밀하지 않은 완전집합이 $[0, 1]$과 1-1 대응관계에 놓일 수 있는 것 - 칸토르가 이 집합들의 위에 언급한 특징을 사용하여 증명한 사실 - 을 확립하는 것으로 축소된다. 특별히, 칸토르는 일반성을 잃지 않으면서, S가 $[0, 1]$의 어느 곳에서도 조밀하지 않은 완전집합이어서 $[0, 1]-S=\bigcup_{n=1}^{\infty}(a_n, b_n)$이고 0과 1이 a_n과 b_n 중에 있다고 가정하였다. 그래서 S는 $\{a_n\}\cup\{b_n\}\cup G$의 형태로 나타내 질 수 있다. 칸토르의 아이디어는 D가 임의의 $[0, 1]$의 조밀 부분집합이면, D의 점들은 대응관계 $d_n\leftrightarrow(a_n, b_n)$이 순서를 보존하는 것이 되도록 수열 $d_1, d_2, d_3, \cdots$으로 정렬될 수 있다는 것을 보이는 것이었다. 즉, (a_n, b_n)이 (a_m, b_m)의 왼쪽에 있으면, d_n이 d_m의 왼쪽에 있다. 일단 이것이 확립되면, 두 비가산집합 G와 $F=[0, 1]-D$가 서로 1-1 대응관계에 놓일 수 있다는 것을 보이는 것이 남는다. 이제 f가 F의 원소이면, D가 조밀하므로, f로 수렴하는 D의 부분수열 d_{n_i}가 존재한다. 대응관계 $d_n\leftrightarrow(a_n, b_n)$이 순서를 보존하가 때문에, (a_{n_i}, b_{n_i})는 G의 점 g로 수렴해야 한다. 그러면 대응관계 $f\leftrightarrow g$가 F와 G 전체 사이의 1-1 대응관계이기 때문에 S가 연속체 $[0, 1]$과 대등하다는 것이 성립한다.

이 증명의 개정된 프랑스어 판에서, 칸토르는 이 증명이 앞으로의 연구에 흥미있는 길을 열어 줄 것으로 보이는 성질들을 갖는 광범위하고 뛰어난 연속함수들의 부류를 밝혀내는 이점을 갖고 있음을 본 것을 추가하였다 [1884b: 385]. 이 함수들은 완전집합 S로부터 다음과 같이 생긴다: $[0, 1]$에서 φ를 $\varphi(g)=f$로 정의하자.

여기서 $g \leftrightarrow f$는 F와 G 사이의 1-1 대응관계에 의한 것이다; $[0, 1] - G = \bigcup_{n=1}^{\infty} [a_n, b_n]$ 이므로 φ는 쉽게 $[0, 1]$ 전체로 확장되어서 $[a_n, b_n]$의 모든 x에 대해 $\varphi(x)$는, 순서 보존하는 대응관계에서 $d_n \leftrightarrow (a_n, b_n)$일 때, d_n으로 정의될 수 있다. 그러면 φ는 연속이고 단조증가이다. 나아가서 φ가 구간 (a_n, b_n)에서 상수이므로, $\varphi'(x)$는 S에 속하지 않는 모든 x에 대해 존재하고 값 0을 갖는다. S가 이산적일 때 - 즉, $\sum_{n=1}^{\infty}(b_n - a_n) = 1$일 때 - φ는 기본정리 III (3.1)의 하낵확장에 대한 반례이다.

칸토르에 의하면, 셰퍼(Ludwig Scheeffer, 1859-85)가 이미 비슷한 반례를 전적으로 다른 논법으로 발견하였었다. 곡선길이에 대한 개념의 연구와 관련하여 셰퍼 [1884a: 61-62, 67-68]는 길이를 구할 수 있는 곡선(rectifiable curve)을 나타내는 다음 함수를 생각하였다:[10] $\omega_1, \omega_2, \cdots, \omega_r, \cdots$과 $s_1, s_2, \cdots, s_r, \cdots$이 s_r은 양수이고 $\sum_{r=1}^{\infty} s_r$이 수렴하는 실수들의 두 수열이라고 하자. 함수 f를

$$f(x) = \sum_{-\infty}^{x} s_r$$

로 정의한다. 여기서 오른쪽은 ω_r이 x 보다 작은 모든 s_r에 대한 합을 나타낸다.

$$f(\omega_r^+) - f(\omega_r^-) = f(\omega_r^+) - f(\omega_r) = s_r$$

이기 때문에 각 ω_r에서 f는 비약불연속점을 갖는다. 이제 ω_r이 (a, b)의 조밀 부분집합을 이룬다고 가정하고 $f([a, b])$를 생각해 보자. f가 순증가이고 비약불연속점을 갖기 때문에, $f([a, b]) = [f(a), f(b)] - \bigcup_{r=1}^{\infty} (f(\omega_r), f(\omega_r^+)]$ 이다. "역함수" g는 $[f(a), f(b)]$에서 y가 $f([a, b])$에 있으면 $g(y) = f^{-1}(y)$이고 y가 $r = 1, 2, 3, \cdots$에 대해 $(f(\omega_r), f(\omega_r^+)]$ 에 있으면 $g(y) = \omega_r$로 정의될 수 있다. 그러면 $\bigcup_{r=1}^{\infty} (f(\omega_r), f(\omega_r^+)]$ 에 있는 y에 대해 $g'(y) = 0$이다. 구간 $\left(f(\omega_r), f(\omega_r^+)\right)$의 길이

10) 길이를 구할 수 있는 곡선에 대한 셰퍼의 연구결과는 3.4에서 더 자세히 다루어진다.

의 합은 $\sum_{r=1}^{\infty} s_r = f(b) - f(a)$이고, 그래서 $f([a, b])$는 $[f(a), f(b)]$의 이산적 부분집합이다. 그러므로 한 이산집합을 제외하고 $g'(y) = 0$이다.

하낵 [1884b: 287n; 1884c: 225-26]은 또한 기본정리 III의 일반화된 그의 형태 (3.1)에 대한 반례가 되는, 이 형태의 함수의 존재를 알게 되었다. 그 일반화된 형태는 그가 리만적분을 이산집합 U_f를 이루는 점들의 근방에서 비유계가 되는 함수들로 확장시킨 것의 근거 역할을 했다 [Harnack 1882a: 245-46]. (U_f에서 f는 무한 값을 취하거나 정의되지 않았다고 가정할 수 있다.) 리만적분을 비유계함수로 확장하려는 첫 번째 그러한 시도는 폴 뒤 보아-레이몽이 했다; 그 [1875a: 37]는 U_f가 제1종의 집합이면, U_f가 유한집합일 때 특이적분을 정의하는 통상의 절차가 귀납법에 의해 $U_f^{(n)}$이 유한인 경우에도 적용될 수 있다는 것을 알아차렸다. (여기와 논의 전체에서 다루고 있는 함수들은 U_f와 만나지 않는 모든 구간에서 리만적분가능하다고 항상 가정된다.) 하낵의 정의는 다른 종류였다: U_f가 이산적이면, $F(a) = 0$이고 "일반적으로" $F'(x) = f(x)$인 $[a, b]$에서 정의되는 연속함수 F가 존재하면 f가 적분가능하다고 정의된다. 즉, 임의의 양수 ϵ에 대해

$$|F'(x) - f(x)| \geq \epsilon$$

인 점 x들의 집합이 이산적이다. ($F'(x)$가 존재하지 않는 점 x들의 집합도 또한 이산적이라고 가정된다.) 그러면 $\int_a^b f$는 $F(b) - F(a)$로 정의된다. 일단 기본정리 III의 하낵의 형태를 믿지 않으면, F와, 따라서, $\int_a^b f$가 유일하게 정의될 필요는 없다는 것이 분명해진다. 왜냐하면, F가 $F(a) = 0$과 "일반적으로" $F'(x) = f(x)$ 조건을 만족시키면, g가 이산집합에서를 제외하고 $g'(x) = 0$인 비상수함수일 때 $G(x) = F(x) + g(x) - g(a)$도 같은 조건을 만족시키기 때문이다.

뒤 보아-레이몽과 하낵 모두 삼각급수 이론에 의해 적분을 비유계함수로 확장할 필요를 느꼈다. 적분개념을 확장함으로써 그들은 모든 삼각급수가 푸리에급수라는 푸리에의 가정의 타당성을 확장하기를 원했다. 비록 뒤 보아-레이몽 [1875b]이 U_f가 제1종의 집합인 경우를 다룰 수 있었지만, 하낵의 결과들은 그가 적분을

일반화하는데 성공하지 못하여 무효가 되었다. 뒤 보아–레이몽의 학생 중 하나였던 횔더(Hölder, O. 1859–1937)는 하낵에 의해 U_f가 제1종의 집합이 아닐 때 관련된 문제를 생각하도록 이끌어졌다 [Hölder 1884: 191ff]. 첫 단계는 물론 유효한 적분의 일반화를 얻는 것이었다. 횔더는 U_f가 가산일 것을 요구하면 하낵의 정의를 그대로 따른 정의가 주어질 수 있다는 것을 보였다. 특히 횔더는 가산집합 E에 있는 점들을 제외한 모든 점의 근방에서 리만적분가능한 $[-\pi, \pi]$에서 정의된 함수 f를 생각하였다. 그러면 E에 있지 않는 임의의 고정된 t에 대하여 x의 함수 $F(x) - \int_t^x f$가 f가 리만적분가능한 t의 모든 근방에서 상수가 되는 연속함수 F가 존재하면 f는 적분가능하다; 정의에 의해

$$\int_{-\pi}^{\pi} f = F(\pi) - F(-\pi)$$

이다.

F가 유일하다는 것에 대한 횔더의 증명은 칸토르의 연구결과에 의존한다. 조건들을 만족시키는 또 다른 함수 $F_1(x)$가 존재한다고 가정하자. 그러면 $g(x) = F(x) - F_1(x)$는 E에 있지 않는 모든 t의 근방에서 상수이다. 분명히 칸토르와 셰퍼의 반례들을 생각하며, 횔더는 g가 x의 근방에서 상수가 아닌 점 x의 집합 R의 성질을 생각하였다. R이 완전집합이고, 따라서, 칸토르의 결과에 의해 $\varnothing$이거나 비가산인 것을 보는 것은 어렵지 않다. 그러나 R은 E의 부분집합이므로 $\varnothing$이어야 한다. 이 적분의 정의를 근거로 하여, 횔더는 그리고는

$$f(x) = \frac{1}{2}a_0 + \sum_{n=1}^{\infty}(a_n \cos nx + b_n \sin nx)$$

이고, $f(x)\cos nx$와 $f(x)\sin nx$가 적분가능하면 a_n과 b_n은 f의 푸리에계수라는 것을 보일 수 있었다. (f가 횔더적분을 가지면 이 함수들도 그렇다는 것은 성립하지 않는다.)

하낵과 횔더가 제안한 적분의 정의는 구성적이지 않다: 그것들은 함수 F를 정의하는 방법을 제공하지 않는다. 그것들은 또한 부정적분 개념을 기본적인 것으로 택한다. 나중에 하낵 [1883 : 324 – 26]은 관례적인 부정적분을 정의하는 구성적

절차와 좀 더 가깝고, 그리고 동시에 U_f가 임의의 이산집합일 때 적용할 수 있는 또 다른 정의를 제안하였다: $I_1, I_2, \cdots, I_n$이 $U=\bigcup_{k=1}^{n} I_k$일 때 U_f가 U에 포함되는 유한개의 구간을 나타낸다고 하자. f_U는 U에 있지 않는 x에 대해 $f_U(x)=f(x)$이고 U에 있는 x에 대해 $f_U(x)=0$인 함수를 나타낸다고 하자. 그러면 f_U는 리만적분가능하다. $\sum_{k=1}^{n} L(I_k)$가 0으로 접근할 때 $\int_a^b f_U$가 극한값으로 접근하면 f는 적분가능하다고 정의된다. 하낵은 덮개 $U=\bigcup_{k=1}^{n} I_k$가 불필요한 (U_f의 점을 하나도 포함하지 않는) 구간 I_k를 포함할 수 있는지에 대해 분명하지 않았다. 이 구별은 결과적으로 나오는 정의의 본질을 위해 중요한 것이다.

휠더의 논문 후에 쓴 논문에서 하낵 [1884e : 220ff]은 이 정의로 돌아왔다. f가 $[a, b]$에서 하낵적분을 가지면, 함수 $F(x)=\int_a^x f$는 연속이고, U_f가 가산이면 f와 F는 휠더의 정의의 조건을 만족시킨다. 따라서 하낵이 알아차린 것처럼, U_f가 가산일 때 하낵적분가능하면 휠더적분가능하게 된다. 하낵은 역 또한 사실임을 보이려고 하였고, 그래서 그의 적분이 휠더의 정의를 일반화한다는 것을 보이려고 하였다; 그러나 이것은 성립하지 않는다 (5.1 보기). 하낵이 시도한 증명은, 그럼에도 불구하고, 그 이후로 절대연속이라고 불린 성질에 관심을 갖게 하였기 때문에 역사적으로 중요하다. 그는 f가 리만적분가능하면, $F(x)=\int_a^x f$는 다음 조건을 만족시킨다는 것을 봄으로써 시작하였다:

(12) (a_i, b_i), $i=1, 2, \cdots, n$이 겹치지 않는 구간이면 (n은 고정되지 않은 것),

$\sum_{i=1}^{n} [F(b_i)-F(a_i)]$은 $\sum_{i=1}^{n}(b_i-a_i)$와 함께 0으로 수렴한다.

이 조건은 절대연속 조건 보다 덜 제한적인 것처럼 보이지만 실제로는 그것과 동일하다.[11]

---

11) 통상의 정의는 $\sum_{i=1}^{\infty}(b_i-a_i)$와 함께 $\sum_{i=1}^{\infty}|F(b_i)-F(a_i)|$가 0으로 수렴하는 것을 요구한다. 양항과 음항의 $F(b_i)-F(a_i)$의 합을 따로 생각함으로써 (12)와 동일한 것이 쉽게 증명된다.

조건 (12)의 중요성과 하낵적분 자체의 정의는 디니의 책 *serie di Fourier e altre rappresentazioni analitiche delle funzioni una variabile reale* [1880]의 구절에 의해 하낵에게 제시되었을 수 있다. 적분에 대한 제 2 평균값정리를 뒤보아-레이몽이 정의한 특이적분에 확장하기 위하여, 디니는 다음 보조정리를 증명하였다: 제 1종 집합 U_f는 "구간들이 매우 작아서 확장된 적분들의 합의 절대값이 임의의 작은 수 σ 보다 작은 유한개의 구간에 둘러싸일 수 있다 …" [1880 : 22]. 하낵은 이 구절을 하낵적분을 소개하는 것과 관련하여 언급하는데, 그 동기는 그가 디니의 보조정리의 정당성과 따라서 제 2 중간값정리의 정당성을 유지하면서 U_f가 제1종 집합이라는 조건을 없애고 싶어 한 것이었다.

(12)를 도입한 동기는 분명하다: f가 하낵적분가능하고 $U=\bigcup_{i=1}^{n}(a_i, b_i)$가 U_f의 구간덮개이면, 하낵적분 $F(x)=\int_a^x f$는 $\sum_{i=1}^{n}(b_i-a_i)$와 함께

$$\sum_{i=1}^{n}[F(b_i)-F(a_i)]=\int_a^b f-\int_a^b f_U$$

가 0으로 수렴하는 성질을 갖는다. 이제 f가 횔더부정적분 F를 갖는다고 가정하자. 그러면 F의 정의는

$$\begin{aligned}\int_a^b f_U &= [F(a_1)-F(a)]+[F(a_2-F(b_1)]+\cdots+[F(b)-F(a_n)]\\ &= F(b)-F(a)-\sum_{i=1}^{n}[F(b_i)-F(a_i)]\end{aligned}$$

가 나오게 한다. 여기서 $a \le a_1 < b_1 < a_2 < \cdots < b_{n-1} < a_n < b_n \le b$이다. 그래서 F가 (12)를 만족시키면, $\sum_{i=1}^{n}(b_i-a_i)$를 0으로 수렴하게 함으로써, $[a, b]$ 위에서 f의 하낵적분은 정확히 $F(b)-F(a)$가 된다. 문제가 되는 것은, 비록 하낵이 U_f가 축약가능이라는 사실로부터 F가 (12)를 만족시키는 것을 보일 수 있다고 생각하였어도, F가 (12)를 만족시킬 필요는 없다는 것이다.

그러나 하낵은 U_f가 축약가능이 아닐 때 생기는 어려움을 알아차렸다: F가 "적분함수"가 아니면 – 즉 F가 (12)를 만족시키지 않으면 – (1) F는 횔더의 정의의

다른 부분들을 만족시킬 수 있지만 하낵적분 $\int_a^x f(t)\,dt$와 상수만큼 차이가 나지 않고 (2) 하낵적분에 대해 기본정리 II가 성립하지 않는다. 두 어려움에 대한 이유는 똑같다: 구간 밖의 점들의 집합이 이산적이고, 함수값이 변하지 않는 조밀 구간들을 갖는 연속인 감소하지 않는 함수들이 존재한다. F가 그러한 함수를 나타내면, 예를 들어 D^+F는 이산집합 밖에서 0이기 때문에 하낵적분을 갖는다. 그러나

$$\int_a^x D^+F = 0 \neq F(x) - F(a)$$

이고 기본정리 II가 성립하지 않는다.

그래서, 집합론이 리만적분을 비유계함수로 확장하는 방법들을 제시했지만, 그것은 또한 방해가 되는 함수들의 부류를 밝혀냈다. 이 함수들은 디니와 볼테라가 기본정리 II와 관련하여 만났던 어려움들이 리만의 정의가 비유계함수로 확장할 때 더 악화되는 것을 보였다. 왜냐하면 비유계함수의 도함수가 적분가능하다는 것까지도 기본정리 II가 성립하는 것을 보증하기에 충분하지 않기 때문이다. 이 함수들은, 그러나, 또한 적분인 연속함수들의 독특한 성질에 관심의 초점을 맞췄다 (5.1절 보기).

3.4 곡선의 길이와 적분

무한 점집합에 대해 더 잘 알게 됨으로써 기본공식 $\int_a^b f' = f(b) - f(a)$가 리만의 적분정의와 비유계함수로의 확장에 대해 더 이상 일반적으로 유지될 수 없다는 것이 밝혀졌다. 집합론은 또한 곡선 $y = f(x)$의 길이에 대한 고전적 적분공식, 즉

$$L = \int_a^b [1 + (f')^2]^{\frac{1}{2}} \tag{13}$$

에 대한 관심을 촉진시켜서, 고전적 공식이 일반적으로 성립하지 않는다는 것을 발견하게 하였다. 비록 의견 차이가 있었지만, 적분개념과 특히 (13)은 곡선의 길이를 구하는 일반적 이론, 즉 위에 언급된 발견의 틀 안에서 생겨난 이론에 적절하

지 않다고 일반적으로 느껴졌다. 그것들을 잘 알던 르베그가 그의 일반화된 적분이 곡선의 길이와 적분개념 사이의 밀접한 관련을 믿었던 이전의 믿음을 복원시키는데 필요한 것이라는 것을 볼 수 있었기 때문에, 이 발전과정은 특히 중요하다.

19세기 이전에는, 함수의 적분에 대한 정의와 존재성 문제에 관심이 별로 없었던 것처럼, 곡선의 길이의 정의와 존재성에 대한 문제에 관심이 적었다. $y=f(x)$ 형태의 곡선은 (13)으로 나타낼 수 있고 또한 내접한 꺾은 선(polygonal lines)들의 길이의 극한값으로 간주될 수 있는 길이를 가졌다고 가정되었다. 폴 뒤 보아-레이몽이 디리클레와 리만의 일반적 함수개념의 관점과 초기 집합론과 관련해서 곡선의 길이 개념을 생각한 첫 수학자였다. 그러한 생각의 필요성은 두 점 사이의 가장 짧은 길이를 가진 곡선을 구하는 문제에 적용된 것과 같은 변분계산학(calculus of variations)의 기본 연산에 대한 그의 연구 [1879 a]와 관련하여 생겼다. 잘 정의되고 동시에 일반적이기 위하여, 그 문제는 길이를 구할 수 있는 곡선 $y=f(x)$에 대한 가능한 한 광범위한 정의를 줄 필요가 있게 하였다. 직선이 아닌 곡선의 길이에 대한 개념은 극한으로 넘어가는 것을 포함한다고 그는 논하였다; 그것은 해석적 개념이다. 이것은 곡선의 길이가 적분으로 정의되어야 한다는 것을 그가 생각하게끔 하였다; 이 선입관은 그가 길이를 갖는 곡선의 개념을 확장하고자 하는 방식을 결정하였다.

특히 뒤 보아-레이몽은 비약 불연속점을 제외하고 연속이며 비약 불연속점을 갖는 x의 집합 P가 제1종의 집합인, $[a, b]$에서 정의되는 함수 f에 의해 나타내지는 임의의 곡선을 생각하였다. 그는 나아가서 함수가 P와 만나지 않는 모든 구간에서 유계 적분가능 도함수를 갖는다고 가정하였다. 예를 들어 P가

$$a=x_0<x_1<x_2<\cdots<x_n<x_{n+1}=b$$

인 유한개의 점들 x_i, $1\le i\le n$으로 이루어지면, 곡선의 길이 L은

$$L=\sum_{i=1}^{n}\left|f(x_i^+)-f(x_i^-)\right|+\sum_{i=0}^{n}\int_{x_i}^{x_{i+1}}\left[1+(f')^2\right]^{\frac{1}{2}}$$

으로 정의된다. L의 정의는 그러면 급수

$$\sum_{x\in P}\left|f(x^+)-f(x^-)\right|$$

가 수렴한다는 추가 조건 하에서 P의 n 형에 대한 귀납법에 의해 확장된다. 뒤 보아-레이몽은 그가 길이를 구할 수 있다는 개념을 최대한으로 일반화하였다고 확신하였다. 사실, 아무리 작은 구간이더라도, 어떤 구간에서 조밀하게 분포되어 있는 불연속점들의 존재는 이 개념에 도움이 되지 않는 것으로 보였다. 왜냐하면, 그러면 도함수가 존재하지 않을 것이기 때문이라고 그는 주장하였다 [1879a: 287]. $f'(x)$의 일반적 존재에 대한 이 주장은 물론 뒤 보아-레이몽이 길이 구할 수 있음이, 분명히 다소 확장된 의미에서, (13)의 적분이 존재하는 것과 동일하다고 초기에 가정한 것을 반영한다. 뒤 보아-레이몽의 추론에서 불연속점들의 집합이 제1종의 집합을 이루지 않으면 그 점들이 어떤 구간에서 조밀할 것이라고 암암리에 가정한 것을 주목해야 한다; 분명히 1879년에 그는 여전히 어느 곳에서도 조밀하지 않은 집합과 제1종의 집합을 혼동하고 있었다.

뒤 보아-레이몽의 논문은 그래서 이 특이함수들 - 적분론의 발전과 함께 중요해졌지만 전통적으로, 무의식적이긴 해도, 곡선의 길이 구하기에 대한 논의에서 제외되었던 함수들 - 에 의해 결정되는 곡선의 길이 구할 수 있음에 대한 의문을 제기하였다. 2년 후에 오토 슈톨츠 [1881]는 해석학의 발전에서 볼차노의 중요성에 대한 논문의 부록에서 그 주제를 채택하였다. 볼차노는 연속곡선의 길이를 단순히 크기(magnitude)로 간주하였고 그것을 더 정의하지 않았다. 슈톨츠는, 전적으로 수학의 원리(principles of mathematics)에 대한 책으로 J.M.C. Duhamel (1797-1872)이 쓴, 여러 권으로 된 *Des Méthods dans les sciences de raisonnement* (1865-73)에서 이 개념을 다룬 것을 보고 매우 감명받았다.

1866년에 출판된 제2권에서 Duhamel은 곡선의 길이를 꼭지점이 곡선의 점들(끝점들을 포함하여)과 일치하는 다각형들의 변의 길이가 0으로 갈 때, 다각형들의 길이의 극한으로 정의하였다. 이 정의 뒤에 있는 아이디어는, 물론, Duhamel이 처음 낸 것은 아니다. 그러나 Duhamel은 곡선의 길이를 이 극한값으로 정의할 필요성을 보았으며[12] "어떤 규칙에 따라 다각형의 변이 0으로 가던, 이 극한값이 존재하고 유일하다는 것이 증명될 때에 한하여 이 정의는 정확한 의미를 가질 것이다 …" [1866: 412]는 것을 인식하였다. 길이를 구할 수 없는 곡선의 가능성은 그러나 그에게 실제로 있는 것이 아니었다: "임의의 곡선"은 증명이 가능하게끔 충

12) E.H. Dirksen [1833]이 비슷하게 곡선의 길이를 정의하였었다.

분한 성질들이 주어진 것으로 가정되었다.

슈톨츠는 곡선의 길이에 대한 Duhamel의 정의를 받아들였지만, 뒤 보아-레이몽을 따라, (13)의 적분이 존재하기 위한 충분한 조건들이 결정되면 길이를 구할 수 있는 곡선들의 부류가 관례적 한계를 넘어서 확장될 수 있을 것이라고 믿었다. 뒤 보아-레이몽의 일반화는 $f(x)$가 모든 곳에서 연속이라는 가정을 없애는 방향으로 갔었다. 슈톨츠는 f'이 뒤 보아-레이몽과 디니의 의미에서 적분가능한 연속함수 f로 제한하였다. (즉, 3.3의 표기로 $U_{f'}$가 제1종의 집합이라고 가정된다.) 그는 $y=f(x)$의 길이를 구할 수 있기 위한 필요충분조건이 뒤 보아-레이몽의 의미로 특이적분 $\int_a^b |f'|$이 존재하는 것이라는 것을 증명할 수 있었다; 나아가서 $\int_a^b |f'|$는 곡선의 길이를 주는 $\int_a^b [1+(f')^2]^{\frac{1}{2}}$와 항상 동시에 존재한다.

그래서 f와 f'에 대한 그러한 제한을 받아들이면, 슈톨츠가 적분개념과 곡선의 길이 사이의 조화를 주장하였다고 말할 수 있다. 그러나 곧 셰퍼(Ludwig Scheeffer, 1859-85)가 곡선의 길이와 길이 구할 수 있음에 대한 Duhamel의 정의를 받아들이는 것은 적분에 기초한 곡선의 길이에 대한 전통적 접근방법과 어울리지 않는다는 것을 지적하였다 [1884a]. 셰퍼에 따르면, 곡선의 길이 구할 수 있음에 대한 그의 연구는, 연속이지만 도함수는 "모든 임의의 작은 구간에서 0이 아닌 같은 진폭을 가져서 정적분 $\int_{x_0}^{x_1} [1+f'(x)^2]^{\frac{1}{2}}dx$가 리만의 정의의 토대에서 의미를 갖지 않는", "특출한(remarkable) 함수"에 대한 그의 연구에 의해 동기유발 되었다 [1884a: 49]. 그럼에도 불구하고, "기하학적 고려"의 토대에서 곡선 $y=f(x)$는 명확한 길이를 갖는다. 그래서, 곡선의 길이 개념은 적분의 존재 또는 비존재에 의존하도록 만들어질 수 없다고 그는 주장하였다.

셰퍼의 목적은, 길이 구할 수 있음을 Duhamel의 의미로 이해하며, 완전히 임의적인 곡선 $y=f(x)$의 길이를 구할 수 있기 위한 조건들을 결정하는 것이었다. 그는, 비록 f가 증가함수들의 차로 나타내지는 것이 결정적인 조건이라는 것을 알아차리지 못하였지만, 길이를 구할 수 있기 위한 여러 조건들을 얻는데 성공하였다.

그러나 그의 결과들은, 예를 들어, 함수 $f(x)=\sum_{-\infty}^{x} s_r$ (3.3에서 논의된 것)이, 불연속점들 w_r이 조밀집합을 이룰 수 있다 하여도, 길이를 구할 수 있는 곡선을 나타낸다는 것을 보이는데 충분하였다. 그래서 뒤 보아-레이몽의 연속이라는 조건은 "우리의 길이의 정의에 필수적이 아니라고 판명된다 …" [1884a: 54n]. 셰퍼는 또한 함수

$$f(x)=\sum_{n=1}^{\infty} c_n (x-w_n)^{\frac{1}{3}}$$

을 생각하였다. 여기서 c_n은 양수이고, $\sum_{n=1}^{\infty} c_n$은 수렴하고, w_n은 $(-\infty, \infty)$에서 조밀하고, c_n은 위의 급수가 균등수렴하도록 택해진다. 이 예는 바이어슈트라스가 생각했었으나 칸토르 [1882a]에 의해 처음 발표되었는데, 칸토르는 예를 만드는 방법이 한켈이 처음 제안한 것 보다 더 만족스러운 특이점의 응집원리(principle of condensation of singularities)를 보여 주는 것을 보았다. "관례적으로 길이를 표현하는" 적분 $\int_a^b [1+(f')^2]^{\frac{1}{2}}$이, 각 w_r에서 $f'(w_r)=+\infty$이기 때문에, "이 경우에 완전히 무의미하지만", 이 함수는 순증가하고 연속이다 [Scheeffer 1884a: 67]. 셰퍼가 길이를 구할 수 있는 곡선에 대한 그의 연구에 자극을 주었다고 언급한 것이 아마도 이 함수였을 것이다.[13] (c_n에 대한 적당한 조건 하에서, 이 함수는 또한 미분가능한 역함수를 갖고 유계 도함수를 갖지만 리만적분가능하지 않다; 4.3 보기).

셰퍼가 $f(x)=\sum_{-\infty}^{x} s_r$의 "역함수"인 $g(x)$의 특이한 성질을 발견하였다는 것을 기억할 것이다. 그와 하낵 [1884c: 230] 모두 g와 같은 함수에 대해 적분공식 $\int_a^b [1+(g')^2]^{\frac{1}{2}}$이 – 부적절한 하낵적분으로 해석되어 – $y=g(x)$의 현의 길이

13) 이 함수에 대해, 모든 구간에서 $f'(x)$의 진폭은, 셰퍼가 묘사한 것과 일치하게, $+\infty$이다. 모든 구간에서 $f'(x)$의 진폭이 유한한 0이 아닌 상수값인 함수 $f(x)$의 예를 갖는 것은 불가능할 것이다. 왜냐하면, 그러면 $f'(x)$가 완전불연속(totally discontinuous)일 것이데, 그것은 불가능하다 (베어의 정리에 의해 보여 지는 것처럼).

(arc length)에 대해 틀린 값 $b-a$를 준다고 지적하였다.

그래서 셰퍼는 접선의 존재와 $[1+(f')^2]^{\frac{1}{2}}$의 적분가능성이 곡선 $y=f(x)$의 길이 구할 수 있음과 그것의 길이를 결정하는 데에 필수적인 것도 아니고 적절하지도 않다는 것을 논문에 정리와 예로 보여 주었다. 그의 논문은 뒤 보아-레이몽 [1885]으로부터 즉각적 반응을 끌어내었는데, 뒤 보아-레이몽은 곡선의 길이의 개념은 – 비록 그것이 직선의 개념을 순수하게 해석적으로 확장한 것이라 하여도 – 그럼에도 불구하고 관례적인 기하학의 범위 안에 있어야 한다고 주장하며 그의 원래 입장을 옹호하려고 하였다. 역학과 변분계산학 뿐만 아니라, 기하학에서 접선의 존재성이 곡선의 성질로 받아들여진다고 그는 주장하였다; 미분불가능 함수와 기하학적으로 대등한 것을 이야기 할 수 있는지 의심스러워 보였다 – 그 자신 곡선의 길이 개념을 제1종의 집합에서 불연속인 함수까지 확장하는 것을 제안했던 사람으로부터 나온 다소 이상한 문장이다.

곡선의 길이 구하는 것과 밀접하게 연관된 것은 유계변동함수 개념이다. 푸리에 급수의 수렴에 대한 디리클레 정리와 관련된 기본공식에 대해 연구하는 과정에서, 뒤 보아-레이몽[1880a: 32 – 35]은 디리클레 정리의 증명이 다루고 있는 함수의 단조성에 의존하기 때문에, 그 정리는 두 감소하지 않는 함수의 차로 나타내질 수 있는 함수에 대해서도 성립한다는 사실에 주목하였다. 그러나 그는 이 함수들의 본질을 완전히 결정할 수 없었고 f가 적분가능한 디니도함수 Df를 가지면 f가 감소하지 않는 함수의 차로 나타내질 수 있다는 것만 보았다:

$$f(x)=f(a)+\int_a^x g-\int_a^x h.$$

여기서 $g(x)=\max(Df(x),\,0)$이고 $h(x)=\max(-Df(x),\,0)$이다. 디니는 물론 더 큰 제1종 함수들의 부류에 대한 이 성질에 주의를 기울였었다 (2.3).

디리클레의 정리와 관련하여 죠르단(Jordan, C. 1838–1922)이 2년 후 [1881]에 같은 것을 알아냈다. 그러나 유계변동함수 개념을 도입함으로써, 죠르단은 감소하지 않는 함수들의 차로 나타내지는 함수들을 완전히 특징짓는데 성공하였다. 유계변동함수는 다음과 같이 정의되었다: $f(t)$가 $[a,b]$에서 정의되고, x가 $(a,b⌋$에 속한다고 하자. $[a,x]$의 분할 $a=t_0<t_1<\cdots<t_n=x$를 생각하고

$i=0, 1, \cdots, n$에 대해 $y_i = f(t_i)$라 놓자. 점 (t_i, y_i)들은 다각형을 결정한다. $\sum'(y_i - y_{i-1})$과 $-\sum''(y_i - y_{i-1})$은 다각형의 양 변동(positive variation)과 음 변동(negative variation)이다. 여기서 $\sum'$과 $\sum''$은 각각 $y_i - y_{i-1}$이 양과 음인 모든 항들에 대해 합하는 것을 의미한다. 다각형이 변함에 따라, 대응되는 양과 음의 변동이 $(a, b]$ 의 x에 대해 유한 최소상계 $P(x)$와 $N(x)$를 가지면, f는 $[a, b]$에서 유계변동 (*à oscillation limitée*)을 갖는다고 정의된다; $P(x)$, $N(x)$ 그리고 $T(x) = N(x) + P(x)$는 각각 $[a, x]$에서 f의 양, 음, 전 변동이라고 불린다.

죠르단이 유계변동함수를 단순히 $T(x)$, 즉 $\sum_{i=1}^{n}|y_i - y_{i-1}|$의 상한이 유한인 것으로 정의할 수도 있었다는 것은 분명하다. 그러나 양과 음의 항들을 따로 생각함으로써, 유계변동함수와 단조함수들 사이의 관계가 밝혀졌다:

$$f(x) - f(a) = \sum_{i=1}^{n-1}(y_i - y_{i-1}) = \sum{}'(y_i - y_{i-1}) - \left[-\sum{}''(y_i - y_{i-1})\right]$$

이고, 따라서

$$f(x) - f(a) = P(x) - N(x)$$

이다. 정의로부터 P와 N이 감소하지 않는 함수인 것은 분명하다; 그래서 f는 감소하지 않는 함수들의 차로 나타내진다. 역으로, $f(x) = f_1(x) - f_2(x)$이고 f_1과 f_2가 감소하지 않으면, 다각형의 양과 음의 변동은 각각 $f_1(x) - f_1(a)$와 $f_2(x) - f_2(a)$ 보다 작거나 같다; f는 그러므로 유계변동을 갖는다. 이런 식으로 죠르단은 f가 감소하지 않는 함수들의 차로 표현될 수 있을 때, 또 그때에 한해서 f는 유계변동을 갖는다는 기본정리를 얻었다.[14)]

유계변동을 갖는 함수들의 성질들은 죠르단에 의해 그의 *Cours d'analyse* 3권(1887)에 덧붙여진 글에서 논의되었기 때문에 널리 알려지게 되었다. 여기서 [1881]에 있는 그의 용어에 의해 이미 제시된 길이를 구할 수 있는 곡선 개념과 유계변동함수 개념 사이의 밀접한 연관이 분명하게 만들어졌다. 죠르단은 또한 리

---

14) 죠르단과 셰퍼와 독립적으로, 아스콜리(G. Ascoli)는 f가 미분가능이건 또는 연속이건 관계없이 f가 단조함수이면 $y = f(x)$는 항상 길이를 구할 수 있다는 것을 알아냈지만[1883; 1884], 이것 보다 더 나아가지 못하였다.

만 부정적분 $F(x) = \int_a^x f$가 유계변동을 갖는다 - 르베그의 연구에서 중요한 역할을 한 사실 - 는 것을 알아냈다.

그의 *Cours* 2판에서, 유계변동함수와 길이를 구할 수 있는 곡선에 대한 논의가 본문 속으로 들어갔다 (1권, 1893). 이때 죠르단은 $x = x(t), y = y(t)$가 $x'(t)$와 $y'(t)$가 존재하고 연속인 길이를 구할 수 있는 곡선 C를 나타내면, $s(t)$가 t_0와 t 사이의 현의 길이를 나타낼 때 $s'(t) = [x'(t)^2 + y'(t)^2]^{\frac{1}{2}}$라는 정리를 추가하였다. C의 길이가 고전적 적분공식으로 주어진다는 것이 따름정리로 즉각적으로 나오게 되지만, 이상하게도, 죠르단은 이 말을 하지 않았다. 사실 1887년의 글이나 2판에 있는 길이를 구할 수 있는 곡선에 대한 논의 어디에도 죠르단은 적분공식을 보이지 않았다. 이것은 아마도 적분론이 곡선의 길이 구하기에 대한 일반적 이론에 아무 중요성이 없다는 셰퍼의 의견을 죠르단이 받아들인 것을 나타내는 것 같다. 슈투디(Study, E.)가 유계변동함수에 대한 논문에서 쓴 것처럼: "그러므로 우리는 접선을 갖지 않는 곡선에 길이개념을 적용하는 것이 완전히 정당화되었다고 간주할 수 밖에 없다; 그리고 우리는 현의 길이를 정적분으로 정의한 통상의 정의가 근거없는 제한을 포함하고 있다고 셰퍼가 표현한 견해를 받아들여야 한다" [1896 : 310]. 그리고 슈투디에 의하면, 죠르단은 셰퍼의 견해를 따랐다.

그의 *Grundzuge der Differential- und Integrlrechnung* [1893-99: II]와 뒤이은 논문 [1902]에서, 오토 슈톨츠는 현의 길이에 대한 적분공식의 타당성에 대한 문제로 돌아 왔지만, 이전의 결과보다 진전된 것을 얻지 못하였다. 이 방향으로의 성공은 좀 더 적응성이 있는 적분의 정의와 르베그의 천재성을 필요로 하였다.

제4장

세기 말: 전환의 시기

적분론과 관련하여, 19세기의 마지막 10년은 옛 아이디어에서 새 아이디어로의 전환기가 된다. 다소 다른 이유로 죠르단과 페아노에 의해서 도입된 적분가능 개념은 전환의 결정적 연결고리를 형성하였다. 그것은 적분과 적분가능성에 대한 리만의 정의를 측도론적 맥락 안에서 재구성 할 수 있었고, 이 재구성을 통해 그것들이 르베그의 정의와 밀접한 관계를 갖는 것이 처음으로 명백해졌다. 곧 보렐(Borel, E.)이 매우 다른 적분가능 개념을 가정하였는데, 그것은 새로운 적분론으로의 길을 이끌도록 운명지어졌다. 그러나 널리 읽힌 쇤플리스(Schoenflies, A.)의 적분론에 대한 보고서에서 보렐의 아이디어는 처음에 많은 수학자들에게 너무 과격한 것으로 보였던 것을 암시하는 방식으로 다루어졌다. 또한 19세기 말에 – 적분가능하지 않은 유계도함수를 가진 함수들의 부류를 더 발견한 것을 통하여, 또 함수들의 무한급수의 항별적분에 대한 연구를 통하여 – 리만적분이 극한과정을 만족스럽게 다루지 못하는 것이 더 분명해졌다.

4.1 적분가능 개념의 도입

슈톨츠, 칸토르, 그리고 하낵에 의해 채택된 측도개념은 바이어슈트라스를 제외한 대부분의 수학자들에게 정적분개념과는 분리된 것이었다; 즉 함수의 그래프에 의해 유계가 되는 영역 E는 그 함수가 적분을 갖는지에 상관없이 항상 외용량을 갖는다고 가정되었다. 페아노(Peano, G. 1858-1932)는 이 개념들 사이의 관계에 대해 다른 태도를 취하였다. 페아노 [1883]는 상적분과 하적분 $\overline{\int_a^b} f$ 와 $\underline{\int_a^b} f$가 f의 리만 상합과 하합의 최대하계와 최소상계로 정의될 수 있다는 것을 인식하면 적분론에서의 증명들이 간단하게 될 수 있다는 것을 보였다. 또한 페아노는 적분의 정의와 존재성을 면적개념에 기초하여 다루는 것에 대해 – "기하학적" 경향 때문이 아니라 면적개념의 정확하고 충분히 일반적인 정의가 주어진 적이 없기 때문에 – 비판적이었다.

평면상의 "간단한 형태의" 영역에 대하여 페아노는 그가 가장 자연스러운 면적의 정의라고 생각했던 것을 보였다: 주어진 영역을 포함하는 다각형들의 모임과 그 안에 포함되는 다각형들의 두 모임을 생각하자. 첫 번째 모임에 있는 다각형들의 면적은 최대하계를 갖는다; 두 번째 모임에서는 최소상계를 갖는다. 이 두 극한이 일치하면 그들의 공통인 값이 정의에 의해 그 영역의 면적이다. 반면에, 그들이 다르면, "면적개념이 이 경우에는 적용되지 않을 것이다. 그러므로 도형의 면적을 얘기하기 위하여, 우선 이 두 극한이 같다는 것을 증명할 필요가 있는데, 그것은 앞에 있는 적분가능 조건에 불과하다" [1883 : 446]. 이 말은 페아노가, 외용량의 정의가 리만조건 (R_2)에 의해 동기부여가 된데 반해, 리만의 적분가능 판정 (R_1)과 비슷함을 강조함으로써 그의 면적개념 – 좀 더 정확하게, 면적의 존재성에 대한 판정개념 – 으로 이끌어졌음을 분명히 해 준다.

1883년에 표현된 아이디어는 페아노의 *Applicazioni geometriche del calcolo infinitesimale* [1887]에 있는 "기하학적 양(geometrical Magnitudes)" 단원에 상세하고 완벽하게 일반적으로 다루어졌다. 점집합에 대한 칸토르의 연구는 페아노에게 그의 면적개념을 완전히 임의인 집합과 관련하여 보여주도록 영향을 끼쳤던 것으로 보인다.[1)] 페아노는 곡선에 의해 둘러싸인 유계영역과 관련된 내부, 경계, 외부에 대한 직관적 개념을 일반화 하고 동시에 분명하게 하면서 시작하였다 [1887: 152ff]. 1, 2, 3 차원 유클리드공간에서 p로부터의 거리가 δ 보다 작은 모든 x가 A에 속하는 양수 δ가 존재하면 p는 A의 내부점이다; p로부터의 거리가

1) 페아노는 특히 칸토르가 정의한 대로 용어 "닫힌집합"을 사용하였기 때문에, 칸토르의 연구에 대해 잘 알고 있었던 것이 분명하다.

δ 보다 작은 모든 x가 A에 속하지 않는 양수 δ가 존재하면 p는 A의 외부점이다; p가 내부점도 아니고 외부점도 아니면 그것은 경계점이다. 페아노는 0과 1 사이의 유리수들의 집합의 경우에 $[0, 1]$의 모든 점이 그 집합의 경계점이기 때문에, 집합의 경계가 매우 특이할 수 있다는 것에 주목하였다.

페아노는 1, 2, 3차원 공간의 집합의 측도에 대한 정의를 각각 다루었다. 2차원 공간의 부분집합 A에 대해, 그는 A의 "내면적(inner area)"을 A 안에 포함되는 모든 다각형 영역의 면적의 최소상계로 정의하였고, "외면적(outer area)"을 A를 포함하는 모든 다각형 영역의 면적의 최대하계로 정의하였다. 이 두 수가 일치하면, 공통된 값이 A의 면적이다; 그렇지 않으면 – 페아노가 표현한 것처럼 – A는 다각형의 면적과 비교할 수 있는 면적을 갖지 않는다. 페아노는 (현대 표기법으로) $c_e(A) = c_i(A) + c_e(\partial A)$인 관계와 그것으로부터 $c_e(\partial A) = 0$일 때 또 그때에 한해 A가 면적을 갖는다는 것이 나오는 것을 알아차렸다.

페아노는 집합함수(set function) $c(A)$가 분배적(distributive) 함수, 즉 유한가법적(finitely additive) 집합함수라고 그가 언급한 것의 예라고 하였다. 기하학적 양에 관한 그의 단원은 주로 분배적 함수에 대한 연구와 응용, 특히 그러한 함수들과 관련하여 미분과 적분에 대한 이론을 다루었다. 그 이론은 1887년의 작품으로서는 놀랄 만큼 우아하고 추상적이었으며 그 접근 방식에서 놀랄 만큼 현대적이다. 사실, 집합함수 개념을 미분과 적분에 대한 이론에 기초가 되게 함으로써 – 그가 코시로부터 빌려 온 아이디어[2)]– 페아노는 르베그-슈틸톄스 적분을 만들어 내게 되는 관점을 앞서 논하였다. 그러나 분명하게, 페아노의 연구는 이 관점이 나오게 하는 데에 영향을 미치지 않았다.

*Applicazioni geometriche*에서 페아노는 다시 측도개념과 적분개념 사이의 밀접한 관계를 지적하였다: $f(x)$가 $[a, b]$의 모든 x에 대해 음이 아니면,

---

2) 코시 [1841]는 두 양(magnitudes)이 하나의 "원소들이" 다른 것의 "원소들"과 같은 시간에 존재하고 변하거나 사라지는 방식으로 "함께 존재하고 동시에 변하면" 그 두 양은 "공존한다(coexistent)"고 정의하였다. 예를 들어, 물체의 질량과 부피는 공존한다. 그리고 코시는 공존하는 양 A와 B의 미분몫(differential quotient)을 $b \to 0$일 때 $\frac{a}{b}$의 극한으로 정의하였다. 여기서 a와 b는 A와 B의 대응되는 원소이다. 일반적 설명은 매우 애매모호 하지만, 그의 예들로부터 A와 B는 본질적으로 집합함수들이며 페아노의 미분(differentiation) 정의가 코시의 미분의 의미를 정확하게 해 주는 것은 분명하다. 코시는 그러나 이 관점에서 적분론을 다루지 않았다.

$$\underline{\int_a^b} f = c_i(E) \text{이고} \overline{\int_a^b} f = c_e(E)$$

이다. 여기서 E는 f의 그래프에 의해 둘러싸인 영역을 나타낸다 [1887 : 194 − 95]. 그래서 f가 적분가능일 필요충분조건은 E가 "측정가능(measurable)" 즉 $c_i(E) = c_e(E)$인 것이다.

측정가능 개념이 페아노가 집합의 측도를 다루는데 분명히 기본이었지만, 5년 후에 측정가능 집합의 개념을 분명하게 소개하고 그것의 중요성을 확립한 것은 죠르단(Jordan, C.)이었다. 죠르단은 중적분으로부터 동기를 부여받았다. 예를 들어 이중적분 $\int_E f(x, y) dE$에 대한 이론을 임의의 집합 E로 확장하기를 시도하면 곧 매우 자연스럽게 측정가능성에 대한 성질이 나온다. 죠르단이 처음으로 이것을 인지한 사람은 아니었다. 1850−92 사이에 측정가능성에 대한 성질을 분명하게 언급하고 사용한 이중적분에 대한 여러 논문들이 있었다.

측도론에 대한 죠르단의 기여는 이 성질에 대한 이전의 논문들을 이해하면 가장 잘 알 수 있다. 이것에 대한 전형적인 예는 다음과 같을 것이다: 평면이 좌표축과 평행한 직선에 의해 변의 길이가 Δx_i와 Δy_j인 직사각형 R_{ij}로 분할되어서 부분집합 E_{ij}로 E의 분할을 이끌어낸다고 하자. 대부분의 E_{ij}는 직사각형일 것이지만, 몇 개는 불규칙하고 E의 경계 일부를 포함할 것이다. 일차원의 경우와 비슷하게 $\int_E f(x, y) dE$는 R_{ij}의 변의 길이가 0으로 접근할 때 코시합

(1) $$\sum_{i, j} f(x_i, y_j) a(E_{ij})$$

의 극한으로 정의될 수 있다. (각 (x_i, y_j)는 E_{ij}에 있다.) 여기서 $a(E_{ij})$로 나타낸 E_{ij}의 면적의 의미는 의문시 되지 않았다. 사실, 집합 E_{ij}와 그것의 면적 사이에 아무런 기호의 구별이 없었다. 좀 더 주의 깊게 다루는 데에서는, 그러나, E 위에서의 이중적분을

(2) $$\sum_{i, j}{}' f(x_i, y_j) a(R_{ij})$$

의 극한으로 정의함으로써 이 어려움을 피하였다. 여기서 $\sum'$은 E 안에 완전히 포함되는 모든 R_{ij}나 E와 만나는 모든 R_{ij}에 대해 합하는 것을 나타낸다. 이러한 정의가 잘 정의되기 위해서는, E의 경계와 만나는 R_{ij}의 면적의 합이 R_{ij}의 변의 길이가 0으로 갈 때 0으로 접근하여야 한다. 달리 표현하면, E가 측정가능하다고 가정되어야 한다. 이중적분을 정의하는 데 있어 이 정도의 주의를 기울이지 않았을 때 조차, 이중적분이 반복적분과 같은 값을 갖는 것을 보일 때, (1) 형태의 합뿐만 아니라 (2) 형태의 합도 쓰일 수 있다고 가정하는 것이 편리하다고 밝혀졌다. $a(R_{ij}) = \Delta x_i \Delta y_j$이기 때문에, 이 가정은 (2)를, 예를 들어,

$$\sum_i \left[\sum_j f(x_i,\, y_j) \Delta y_j \right] \Delta x_i$$

와 같이 나타낼 수 있게 하였다. 합 (1) 보다 (2)를 사용하는 것은 R_{ij}의 변의 길이가 0으로 접근할 때 직사각형이 아닌 E_{ij}의 합이 0으로 수렴한다는 것을 가정함으로써 정당화 된다; 그래서 다시 측정가능 개념이 논의에 들어오게 된다.

그래서 측정가능성의 성질을 사용한 사람들 사이에 그것의 중요성에 대해 두 개의 다른 수준의 이해가 있었다. 어떤 사람들은 측정가능성이 E의 분명한 성질이라고 당연한 것으로 받아들였다 – E가 전통적으로 곡선에 의해 둘러싸여진 영역으로 간주되었고 곡선은 면적 0을 갖는다고 가정된 사실 때문에 아마도 가정된 것. 이 관점을 가진 전형적인 사람은 토매(Thomae, K. J.)였는데, 그는 리만의 적분론을 이변수함수로 확장한 첫 번째 사람이었던 것 같다 [1876]. 확장은 한 점을 제외하고는 비교적 그대로 따른다. 토매를 포함한 여러 수학자들은 임의의 유계함수의 리만 상합과 하합이 분할의 노름이 0으로 접근할 때 항상 극한에 접근한다는 사실을 알아내고 강조하였다 (2.2). 이 사실의 증명을 이변수함수에 대해 할 때 E_{ij}의 측정가능성 뿐만 아니라 E의 측정가능성도 논의에 들어 왔다. 그래서 토매는 유계함수 $f(x, y)$가 정의된 집합 T의 두 분할 τ와 t를 생각하였다; 그러면, "M이 T에서 $f(x, y)$의 값들의 절대값의 상극한(upper limit)일 때, t의 경계의 일부를 걸치거나 단지 접촉만 하는 모든 τ의 합의 면적이 $\sigma : M$ 보다 작게 되도록 분할 τ를 잡을 수 있다; 왜냐하면 이 면적이 분명히 임의로 작게 만들어질 수 있기 때문이다." [1876 : 226]. 비슷하게, *Cours d'analyse* (vol 2, 1883)의 첫 번째 판에서

죠르단 자신은 합 (1)에서 (2) 형태의 합으로 옮겨간 것을 비직사각형 E_{ij}가 "곡선(cantour) 주위의 무한히 가는 테를 형성한다"는 말로 정당화하였다 [1882-87: II, 127].[3)]

반면에 어떤 수학자들은 다른 가정이 필요하다는 것을 명백히 인지하였다. 예를 들어, 하낵은 그의 이중적분에 대한 논의에 다음의 주석을 붙였다: "경계곡선에 대해 말할 때 평면영역의 경계점들은 크기가 임의로 작은 평면영역에 둘러싸일 수 있는 성질을 갖는다는 것이 가정된다. 영역 P를 분할하는 곡선들에 대해서도 같은 것이 또한 성립한다" [1884-85 : 278]. 하낵이 경계곡선들에 의해 결정되는 집합의 논의에 제한했지만, 그의 말은 $\int_E f(x,y)\,dE$의 정의에서 E 뿐만 아니라 E를 분할하는 부분집합들도 측정가능해야 한다는 것을 알았음을 보여 준다. 측정가능성은 또한, 비록 그의 논문이 분명히 널리 읽혀지지는 않았지만, 젊은 이탈리아 수학자 베타찌(Bettazzi, R.) [1884 : 147] 에 의해서도 임의의 집합과 관련하여 가정되었다. 다른 수학자들은 E에 대한 조건, 좀 더 정확히, E를 둘러싸는 곡선에 대한 조건을 기술하는 것을 선호하였다. 그들은 그리고 이 조건들로부터 E가 측정가능한 성질을 가짐을 끌어냈다. 예를 들어, 아젤라(Arzela, C. 1847-1912)는 E가 길이를 구할 수 있는 단순연속폐곡선에 의해 둘러싸이는 가정을 포함하였다 [1891]. 피카르(Emile Picard, 1856-1941)는 좌표축과 평행한 직선들이 E의 경계곡선을 많아야 N개의 점(N은 고정된 정수)에서 만난다는 것을 가정하였다. 그렇지만 그는 E의 측정가능성을 위해 이 조건이 필요하지 않음을 알았다 [1891: I, 93ff]. 아젤라와 피카르는 페아노[1890]가 정사각형의 모든 점을 지나는 연속곡선이 존재함을 알아냈기 때문에 E의 경계곡선에 한층 더 주의를 기울이도록 아마도 영향을 받았을 것이다. 페아노는 연속곡선이 임의의 작은 면적을 가진 영역에 포함되려면 추가의 가정이 연속곡선에 주어져야 한다는 사실을 강조하였다.

죠르단의 측정가능 집합에 대한 연구 이전에, 이중적분과 반복적분의 관계에 대한 논의 또한 측정가능 개념을 포함하였다. 간단히 하기 위하여, 이중적분과 반복적분이 같다고 하는 모든 정리들을, 가정의 일반성 정도와 상관없이, "푸비니정리"

3) 이 형태로 다룬 것은 또한 정적분에 대한 디리클레의 강의록 (1854년과 그 후의) [Dirichlet 1904: 224-25; Meyer 1871: 438-39]과 Lipschitz [1880: 539], Boussinesq [1890: 90], Hermite [1891: 37ff], 그리고 Gilbert [1892: Sec. 337]의 논문들에서 볼 수 있다.

라고 말할 것이다.

19세기 초에 코시가 반복적분

$$\int_0^1 dy\left[\int_0^1 f(x,y)\,dx\right] \text{와 } \int_0^1 dx\left[\int_0^1 f(x,y)\,dy\right]$$

는 f가 유계가 아니면 같을 필요가 없다는 것을 지적하였다 [1827a: 394]. 두 번째 적분이 존재하지만, y의 한 값을 제외하고는 대응관계 $x \to f(x,y)$로 정의되는 함수가 리만적분가능하지 않기 때문에 첫 번째 것이 의미없는 유계함수 $f(x,y)$의 간단한 예를 토매가 보여 주었을 때 이것에 대한 관심이 되살려졌다.

코시와 토매의 예들에서 $f(x,y)$의 이중적분은 존재하지 않았다. 그러나 뒤 보아-레이몽 [1883a]은 이변수함수로서 $f(x,y)$가 적분가능할 때에도 함수 $x \to f(x,y)$와 $y \to f(x,y)$는 각각 모든 y의 값과 x의 값에 대하여 적분가능할 필요가 없다는 것을 보였다. 이것을 설명하기 위하여 그는 다음 함수를 생각하였다: (x,y)가 어떤 양의 정수 m, n, p, q에 대해 $\left(\frac{2n+1}{2^p}, \frac{2m+1}{2^q}\right)$ 형태일 때 $f(x,y)=\frac{1}{2^p}$; 그렇지 않으면 $f(x,y)=0$. 이 함수는 $0 \le x \le 1$과 $0 \le y \le 1$에 의해 결정되는 직사각형 R 위에서 적분가능하다. 그렇지만 함수 $y \to f(x,y)$는 $x=\frac{2n+1}{2^p}$일 때 완전 불연속(totally discontinuous)이다. 그래서 x 값들의 조밀집합 - 외용량 1인 집합 - 에 대해 적분 $\int_0^1 f(x,y)\,dy$가 존재하지 않는다. 그럼에도 불구하고, 뒤 보아-레이몽은 상적분에 대해 다음과 같이 기술될 수 있는 수정된 형태로 푸비니정리가 여전히 성립할 수 있다는 것을 보일 수 있었다: $f(x,y)$가 R에서 적분가능하면, 함수 $y \to \overline{\int_0^1} f(x,y)\,dx$와 $x \to \overline{\int_0^1} f(x,y)\,dy$는 마찬가지로 적분가능하고

$$\int_R f(x,y)\,dR = \int_0^1 dy\left[\overline{\int_0^1} f(x,y)\,dx\right] = \int_0^1 dx\left[\overline{\int_0^1} f(x,y)\,dy\right]$$

이다.

그러나 뒤 보아-레이몽은 E가 완전히 일반적일 때 푸비니정리의 타당성 - 또는

의미 – 를 생각하지 않았다. 예를 들면, 이 경우에 반복적분 $\int d\eta \left[\int f(x, \eta)\, dx \right]$의 내부 적분이, 극도로 복잡해 질 수 있는 집합인, 직선 $y=\eta$와 집합 E에 공통인 점들의 집합 G_η 위에서 적분될 것이다. 이 이유로 하낵 [1884–85: II, 286]이 푸비니정리를 다룰 때 직선 $y=\eta$가 집합 E를 많아야 두 점에서 만나서 G_η가 구간이 되는 관례적 조건을 E에 부과하였다. 하낵은 이런 종류의 조건이 필수적인지에 대해 분명하지 않아서 나중에 [1886] 푸비니정리가 "충분히 단순한 형태" 즉 좌표축에 평행한 직선이 경계곡선을 유한개의 점에서 만나야 하는 경계곡선에 대해 타당하다는 말로 제한하였다. 이 제한을 하게 된 동기는 상당히 분명하다: 그러면 내부 적분들이 구간들의 유한 합에서 적분될 것이고, 그들의 의미와 관련된 새로운 이론적 문제가 생기지 않을 것이다. 하낵은 이 조건을 만족시키지 않는 영역은 특별한 조사가 필요할 것이라고 언급하며 다루지 않았다.

비슷하게, 아젤라 [1891]는 비록 하낵 보다 더 간단한 방식으로 뿐만 아니라 "일반적인 형태에서" 푸비니정리를 확립할 것을 제안하면서도, E가 길이를 구할 수 있는 단순연속폐곡선에 의해 경계가 되는 것을 모든 곳에서 가정하였다. 그는 사실 집합 G_η가 구간들의 합집합이라고 가정했기 때문에 이 정리의 타당성에 제한을 줄 수 있는 것과 관련된 하낵의 경고를 너무 진지하게 받아들였던 것 같다 [1891 : 136 – 37]. 실제로, 다음의 예가 설명해 주는 것처럼, 아젤라의 가정들 하에서 조차 그것이 사실이 아니다: g가 적분가능하지 않은 도함수를 갖는 볼테라함수 ((3.1)의 방정식 (6) 다음에 나오는)를 나타낸다고 하자. E를 직선들 $x=0$, $x=1$, $y=-1$, $y=g(x)$에 의해 경계가 된 영역이라고 하자. g'이 유계이기 때문에 $y=g(x)$는 길이를 구할 수 있고 아젤라의 가정들이 만족된다. 그러나 $\eta=0$에 대해 G_η는 볼테라의 예에 있는 어느 곳에서도 조밀하지 않은 집합 $\overline{G}$와 $\overline{G}$의 여집합을 형성하는 각 구간 안에 있는 무한히 많은 수의 점들을 포함한다. 그런데, 이 예는 G_η가 측정가능할 필요는 없음을 보여준다.

이중적분, 특히 푸비니정리를 다룬 것은, 비록 적분론이 함수개념과 관련하여 정확성과 일반성을 획득하였었어도, 그것이 이변수함수에 적용될 때 정확성과 일반성이 계속 결여되었음을 보여 준다: 적분영역에 대해서도 함수개념과 조화되는 똑같이 주의깊은 면밀한 조사를 하지 않았다. 상황은 마침내 죠르단 [1892]이 측정가능 집합의 개념을 내놓음으로써 바로 잡아졌다.[4)] 특히 다부가 다룬 것과 같은 리만적분론의 결과들이 다음과 같다고 죠르단은 보았다:

> 적분에서 함수가 하는 역할을 완전히 명백하게 해 준다.
> 영역의 본질의 영향은 똑같이 주의를 기울여서 연구되지 않은 것으로 보인다. 모든 증명은 이 두 가정에 의존한다: 각 영역 E는 명확한 확장을 갖는다; E가 여러 개의 부분 $E_1, E_2, \cdots$로 분해되면, 이 부분들의 확장의 합은 E의 전체 확장 과 같다. 그러나 영역개념에 완전한 일반성이 주어지면 이 명제들은 분명한 것과 는 거리가 매우 멀다 [1892 : 69 − 70].

따라서 죠르단은 페아노가 했던 것처럼, 내부점, 외부점, 그리고 경계점에 대한 개념과 "극한점(limit point)"과 "닫힌집합(closed set)"에 대한 칸토르의 개념을 정확하고 일반적으로 정의를 함으로써 시작하였다; 그러나 죠르단의 정의들은, 칸토르를 따르면서, 좀 더 일반적인 n-차원 공간에서 주어졌다. 임의의 유계집합 E의 내용량과 외용량 $c_i(E)$와 $c_e(E)$는 페아노의 정의와 비슷하게 정의되었고, $c_i(E) = c_e(E)$일 때 E는 측정가능하다고 한다. 죠르단은 임의의 집합 E에 대해, E_p가 상호 서로 소일 때, $E = E_1 \cup E_2 \cup \cdots \cup E_n$이면,

$$\sum_{p=1}^{n} c_i(E_p) \le c_i(E) \le c_e(E) \le \sum_{p=1}^{n} c_e(E_p)$$

라는 것을 보였다. 따라서 E_p가 측정가능하면, 그들의 합 E도 마찬가지로 측정가능하고 $c(E) = \sum_{p=1}^{n} c(E_p)$이다. 죠르단은 가법성(additivity)과 측정가능개념의 관계뿐만 아니라 다중적분론에서 측도의 가법성이 중요함을 강조한 첫 번째 사람이

4) 죠르단이 그 보다 앞선 사람들의 연구에 친숙했음을 기록에 의해 알기가 어렵다. 왜냐하면 그는 다른 사람에게서 도움을 받은 것을 인정하는 일을 하지 않았는데, 그 버릇으로 에르미트(Hermite, C.)와 나쁜 사이가 되었다 ([Hermite 1916: Letter of 3 September 1887] 보기). 그러나 죠르단이 칸토르의 아이디어를 알고 있었던 것은 분명하다. 에르미트 [1916: 1882년 6월 22일의 편지(p. 217)]에 의하면, 죠르단은 독일어에 능숙하였다. 그래서 슈톨츠와 하낙의 논문들을 읽었었을 것 같다. Jules Tannery [1887]는 기하학적 양에 대한 단원에 대해 찬사를 보내며 페아노의 *Applicazioni* [1887]에 대해 좋은 평을 하였다. 태너리는 상세하게 논하지는 않았지만, 페아노가 영역의 내부점, 외부점, 극한 (즉 경계)점에 대한 개념과 내부길이와 외부길이 사이의 차이, 면적과 체적 사이의 차이를 소개했다고 언급하였다. 죠르단이 페아노의 연구결과를 읽지 않았어도, 태너리의 평은 읽었었을 것 같다.

었다.

죠르단은 그리고는 측정가능 집합 E의 분할 $E=\bigcup_{p=1}^{n} E_p$와 E에서 정의된 임의의 유계함수 f에 대한 리만상합과 하합을 생각하기 시작하였다:

$$U=\sum_{p=1}^{n} M_p c(E_p) \text{와 } L=\sum_{p=1}^{n} m_p c(E_p).$$

근본적으로 토매의 증명인 것을 사용하면서, 그는 E_p의 치수(dimensions)가 0으로 접근할 때 U와 L이 극한으로 접근한다는 것을 보이고 그들을 "intégrale par excès"와 "intégrale par défaut"라고 이름을 붙였다. 따라서 이 두 적분이 일치할 때 또 그때에 한해서 $\int_E f(x,y)dE$가 존재한다.

죠르단은 비록 $n>1$일 때 n차원 공간에서의 적분론에 주로 관심을 가졌지만, 임의의 n에 대해 정의를 하였다. $n=1$일 때 그의 정의는 단지 구간으로만 분할하는 것 보다는 임의의 측정가능 집합으로 분할하는 것을 사용하는 리만적분가능성 정의가 된다. 이 형태로는 리만의 정의가 더 이상 일반화가 불가능한 것으로 보이지 않는다; 또는 적어도, 리만의 정의를 확장하는 문제와 측정가능 집합들의 모임과 그에 따르는 측도를 확장하는 문제 사이의 관계를 보는 것이 가능하다.[5] 이 관계는 또한 페아노가 적분을 "기하학적"으로 설명하는 데에서 제시된다. 르베그의 적분의 일반화는 리만의 정의를 페아노와 죠르단이 재구성한 것에서 나오는 것에 기초를 두었다.

E가 측정가능하지 않으면, 죠르단은 $\int_E f(x,y)dE$를 다음과 같이 정의하였다: $E_1, E_2, \cdots$을 $\lim_{n\to\infty} c(E_n)=c_i(E)$인 측정가능 집합들의 무한 증가열이라 하자. 그러면

$$\left|\int_{E_{n+p}} f-\int_{E_n} f\right|=\left|\int_{E_{n+p}-E_n} f\right|\le M[c_i(E)-c(E_n)]$$

이므로 $\int_{E_n} f(x,y)dE_n$은 수렴한다. 여기서 M은 E에서 $|f(x,y)|$의 상계이다. 그러

5) 그러나 죠르단이 하적분과 상적분을 서론에서처럼 최소상계와 최대하계 보다는 극한으로 정의한 것을 주목해야 한다. 효과적인 일반화를 제공하는 것은 페아노가 사용한 최소상계와 최대하계를 사용한 정의이다.

므로 $\int_E f(x,y)dE$는 $\lim_{n\to\infty}\int_{E_n} f(x,y)dE_n$으로 정의될 수 있다; f가 각 E_n에서 적분가능하지 않을 때에는 비슷한 정의를 상적분과 하적분에 대해서 할 수 있다.

이 정의들을 갖고 죠르단은 완전히 일반적인 형태로 푸비니정리를 증명할 준비가 되어 있었다. 간단하게 하기 위하여 E를 평면의 유계 측정가능 부분집합이라 하고 $f(x,y)$는 E위에서 적분가능하다고 하자. F는 어떤 x값에 대하여 (x,y)가 E에 있는 y들의 집합을 나타내고 G_η는 전처럼 직선 $y=\eta$와 집합 E에 공통인 점들의 집합으로 정의하자. 죠르단이 지적한 것처럼 G_η는 측정가능할 필요는 없다.

그럼에도 불구하고, 죠르단의 확장된 정의에 따라서, $\underline{\int}_{G_\eta} f(x,\eta)d\eta$와 $\overline{\int}_{G_\eta} f(x,\eta)dx$는 항상 의미를 갖고, 푸비니정리는

$$\int_E f(x,y)dE=\int_F d\eta\left[\underline{\int}_{G_\eta} f(x,\eta)dx\right]=\int_F d\eta\left[\overline{\int}_{G_\eta} f(x,\eta)dx\right]$$

가 된다.

죠르단이 이렇게 푸비니정리를 기술한 것과 증명한 것은 아젤라와 하낵이 한 것과 많은 공통점이 있지만, 죠르단이 그들의 아이디어를 알기 쉽고 완전히 일반적인 증명으로 돌린 첫 번째 사람이다. 죠르단은 정말로 꼭 필요한 E에 대한 가정이 측정가능성이라는 것을 보였다. 이 점을 설명하기 위하여 죠르단은 $0\le y\le 1$로서, y가 유리수이고 $0\le x\le 1$이거나 y가 무리수이고 $-1\le x\le 0$인 점 (x,y)들로 이루어진 측정가능하지 않은 집합 E를 생각하였다. $k\neq 0$일 때 $f(x,y)=k$에 대해서조차 정리는 성립하지 않는다. 왜냐하면 $\int_E f(x,y)dE=kc_i(E)=0$이지만, G_η가 모든 η에 대해 길이가 1인 구간이고 $F=[0,1]$이므로

$$\int_F d\eta\left[\int_{G_\eta} f(x,\eta)dx\right]=k$$

이기 때문이다.[6)]

---

6) $\int_E f(x,y)dE$가 E_n들이 측정가능하고 모든 n에 대해 $E_n\supset E_{n+1}\supset E$이고 $\lim_{n\to\infty}c(E_n)=c_e(E)$일 때 $\lim_{n\to\infty}\int_{E_n} f(x,y)dE_n$으로 정의되었었더라면, $\int_E f(x,y)dE=kc_e(E)=2k$이기 때문에 똑같은 어려움이 생긴다. 그

르베그 [1926: 1xi]는 죠르단을 "전통주의적 혁신자"라고 말하였는데, 이것은 특히 그의 1892년 논문과 관련하여 딱 맞는 말이다. 측정가능 개념과 그것이 극한으로서 $\underline{\int_E} f$, $\overline{\int_E} f$, 그리고 $\int_E f$의 존재와 관련되고 푸비니정리와도 관련되는 것에 대해 죠르단의 논문 전에는 여러 다른 수준에서 이해되었었다; 사실상 죠르단의 증명은 그 보다 앞선 사람들의 증명으로부터 가져왔다. 그러나 칸토르의 집합론과 잘 맞는 완전히 일반적인 집합론적 틀 안에서 논의하게 하고 측정가능 개념을 소개함으로써, 죠르단은 전에는 결코 볼 수 없었던 분명함, 일반성, 그리고 함축성을 그 이론에 주었다. 또한 이 아이디어가 알려지고 받아들여진 것은 그가 집합의 측도를 깔끔하게 보이고 응용한 것을 통해서였다. 왜냐하면 그것을 그의 널리 읽힌 *Cours d'analyse*의 2판에서 했기 때문이다 (vol.1, 1893). *Cours d'analyse*를 통하여 죠르단의 아이디어는 보렐, 특히, 르베그에게 영향을 미쳤다.[7] 르베그는 죠르단의 측도론과 리만의 적분론을 일반화 한 것을 담고 있는 그의 박사학위 논문을 완성한 후까지 죠르단을 개인적으로 만나지 않았다 [Lebesgue 1926: 1].

4.2 보렐의 측도론

죠르단의 1892년 논문은 리만의 적분론을 명백하게 측도론적 상황 안에 놓았다 – 그 상황으로부터 현대 적분론이 전개되었다. 죠르단의 관점을 채택한 것이 분명히 역사적으로 중요함에도 불구하고, 현대 적분론은 측도에 대한 다른 개념에 기초를 두었다는 것을 염두에 두어야 한다. 물론, 유계함수는 불연속점들의 집합이 르베그측도 0을 갖는 집합일 때 또 그때에 한해 적분가능하기 때문에, 현대 측도 개념이 리만의 이론과 관련없는 것은 아니다. 그러나 이 사실은 가려졌었거나, 좀 더 정확히, 그러한 개념을 피했던 말들로 표현되었었다. 집합의 측도에 대한 새로

러나 집합 E는 르베그-측정가능하고 측도 1을 갖는다. 따라서 르베그적분 $\int_E f(x, y)dE$는 k와 같다.

7) 르베그의 말로: "어떤 의미에서 죠르단은 이 [집합에 대한] 이론을 부흥시켰다: 그는 그것이 수학의 유익한 분야라고 확인시켰다. 그는 그것을 확인시킨 것 이상을 하였다. 그는 면적과 집합의 측도에 대한 연구, 적분에 대한 연구, … 을 통하여 그것을 증명하였다. 그의 연구는 어떤 연구, 특히 나의 연구를 아주 잘 준비시켰다" [1922 : 15].

운 아이디어는 완전히 다른 근원으로부터 왔다: 에밀 보렐(Emile Borel)의 복소함수론에 대한 초기 연구. 그 이론 안에서의 어떤 발전이 보렐에게 어떤 조밀집합에 측도 0을 부여할 다른 종류의 측도가 유용함을 제시하였다.

1851년에 리만은 해석함수의 모임(class of analytic functions)이 복소변수 z에 기본연산 – 더하기, 빼기, 곱하기, 나누기 – 을 유한 번 또는 무한 번 적용해서 정의된 복소변수 함수들의 모임과 동일한지에 대한 문제를 제기하였다 [1851 : 39]. 그 문제는 다소 즉흥적으로 제기되었지만, 바이어슈트라스는 그의 논문 중 하나 [1880]에서 함수 $f(z) = \sum_{n=0}^{\infty} \frac{1}{z^n + z^{-n}}$이 $|z| < 1$과 $|z| > 1$에 대해 서로 다른 두 개의 해석함수를 나타내기 때문에 함수에 대한 이 두 개념들이 대등하지 않음을 보임으로써 그것에 대한 관심을 불러 일으켰다. f는 $|z_0| = 1$인 점 z_0의 어떤 근방에서도 비유계이어서 $|z| < 1$에 대한 해석함수 $f(z)$가 원 $|z| = 1$을 넘어 해석적으로 접속(analytically continued) 될 수 없다. 이것과 같은 성질의 좀 더 일반적인 결과들을 근거로 하여 바이어슈트라스는 두 가지를 주장하였다: (a) 현대 함수론에서 가장 중요한 정리들 중 많은 것이 라그랑주나 오일러 같은 이전의 해석학자들이 복소변수함수들이라고 부른 표현들에 적용되지 않을 수 있다; 그리고 (b) 정의될 수 없는 점들이 이산적이 아니고 직선과 평면에서 2차원 영역을 형성하는 해석함수들이 존재한다 [1880 : 729, 741].

에르미트(Hermite, C. 1822–1901)는 바이어슈트라스의 말에 매우 감명을 받았고, 그의 학생 중 하나인 아펠(Appel, P. 1855–1930)은 곧 바이어슈트라스의 것과 같은 행태를 보이지만 $\sum \frac{A_n}{(z - a_n)^{m_n}}$ 형태인 예들을 더 만들었다. ([Appel 1882a; 또한 1882b] 보기.) 또 다른 에르미트의 전 학생 포앵카레(Poincaré, H. 1854–1912)도 새로운 예를 찾도록 자극을 받았다. 포앵카레 [1883]는 보렐의 연구와 관련하여 특히 중요하게 된 그러한 예들을 만들어내는 일반적 절차를 보여줄 수 있었다. C를, 예를 들어, 원과 같은 볼록 선(convex contour) 이라 하고 S와 T를 평면이 C에 의해 나누어지는 유계영역과 비유계영역을 나타낸다고 하자. (그림 3 보기)

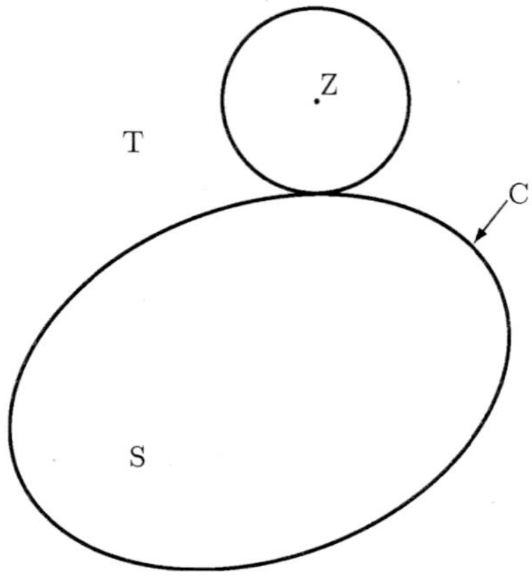

그림 3

C는 각 점에서 접선과 곡률반경을 갖는다고 가정한다. 그래서 T의 각 점 z에 대해 중심을 z로 하고 C에 접하고 전부 S의 밖에 놓이는 원이 존재한다. 포앵카레는 T에서의 함수 f를

$$f(z) = \sum_{n=0}^{\infty} \frac{A_n}{z - b_n}$$

으로 정의하였다. 여기서 급수 $\sum_{n=0}^{\infty} |A_n|$은 수렴하고 b_n들은 C에서 모든 곳에서 조밀한 $C \cup S$의 부분집합을 이룬다고 가정한다. 함수 f는 T에서 해석적이고 b_n들이 C에서 조밀하기 때문에 T의 임의의 점 z에서 f의 멱급수전개는 접하는 원을 수렴원으로 갖는다. 그래서 f는 C를 넘어 해석적으로 접속 될 수 없다; 그것은 "틈이 있는 공간(espace lacunaire)" S를 갖는다.

구르사(Goursat, E. 1858-1936)는 같은 이유로 같은 종류의 급수를 만들었다 [1882]. 후에 스틸테스(Stieltjes, T.-J. 1856-94) 또한 이 형태의 특별한 예를 보여 주었고 [1887] 구르사 [1887]는 그의 결과들을 다시 발표하였다. 이 종류의 급수는 특히 흥미를 돋운다. 왜냐하면 b_n들이 C에 있을 때 그들이 또한 S에서 해석함수를 정의하기 때문이다. 그러나 포앵카레가 그의 예를 다시 발표했을 때 [1892], 함수 $f(z) = \sum_{n=0}^{\infty} \frac{A_n}{z - b_n}$을 - 등호 오른쪽의 해석적 식에 반하여 - T의

밖에 존재하는 것으로 간주하는 것은 아무런 의미가 없다고 주장하였다. 아마도 그 이유는 C를 넘어 해석적 접속이 불가능하기 때문이다. 이러한 급수에 의해 정의된 해석함수의 또 다른 특이함이 같은 해에 프링스하임(Pringsheim, A. 1854-1941)에 의해 언급되었다 [1892;1893].

따라서 많이 논의된 이 급수는 복소함수론의 범위 안에 들어오지 않는 것 같았다. 이 견해를 지지한 수학자의 수가 많고 그들이 탁월하였어도, 보렐(Émile Borel, 1871-1956)은 1894년의 박사학위 논문에서 (아펠과 포앵카레가 *rapporteurs*였다), 이 급수들에 대해 "어떤 경우에는 본질적으로 닫힌 특이 선(essentially closed singular line)을 넘어 그 자신과도 이전의 개념들과도 모순되지 않는 해석적 접속을 정의하는 것이 가능하다"는 것을 보일 것을 제안하였다 [1895: 10]. 보렐은

$$\sum \frac{A_n}{(z-a_n)^{m_n}} \tag{3}$$

형태의 급수를 생각하였다. 여기서 m_n은 (아펠의 예들을 피하기 위해) 고정된 정수에 의해 위로 유계인 정수들을 나타내고 $\sum|A_n|$은 수렴한다. a_n들의 집합의 폐포(closure)는 기껏해야 곡선들과 고립점들로만 이루어졌다고 가정한다. 보렐이 분명히 그랬던 것처럼, 포앵카레의 논문을 기억하고 점 a_n들이 그림 3에 있는 곡선 C의 조밀한 부분집합을 이루는 경우를 고려하는 것이 유익할 것이다. 보렐은 이 조건들 하에서 (3)에 의해 정의된 함수가 해석함수의 특징적 성질들 중, 특히 바이어슈트라스가 같은 해석함수를 나타내지 않는 해석적 식에 대해 가정될 수 없는 성질로 언급했던 (위의 (a)에서), 소위 "항등정리(Identity Theorem)"[8]이라고 불리는 정리로 표현된 성질을 포함하여 많은 것을 갖는다는 것을 증명하였다.

측도론의 발전 관점에서 보렐의 가장 중요한 발견은 (특히 포앵카레의 논문과 관련하여) $\sum|A_n|^{\frac{1}{2}}$이 수렴할 때, $m_n=1$인 급수 (3)이 그 위에서 절대수렴하고 균등수렴하는 원형의 호(circular arc)에 의해, 그 호가 C와 만난다 하더라도, T의 임의의 점이 S의 임의의 점과 연결될 수 있다는 것이다. 그래서, 어떤 의미로, (3)에 의해 정의된 함수는 C를 넘어 S에 해석적으로 접속될 수 있다. 이 결과에

8) 두 개의 해석함수가 극한점을 갖는 무한집합에서 같은 값을 가지면, 공통의 정의역 전체에서 일치한다.

대한 보렐의 증명은 측정하는 집합을 덮는 무한히 많은 수의 구간을 사용하는 측도의 정의의 중요성을 암시하였다.

증명은 다음과 같이 된다 [Borel 1895: 24ff]: T, S와 곡선 C가 포앵카레의 논문에서와 같을 때 P를 영역 T의 점, Q를 S의 점이라 하자. (또다시, 증명은 포앵카레의 논문의 경우로 특정된다.) $\overline{AB}$는 PQ를 수직으로 이등분하는 선분이라 하고, O를 $\overline{AB}$위에 있는 임의의 점이라 하자. (그림 4 보기)

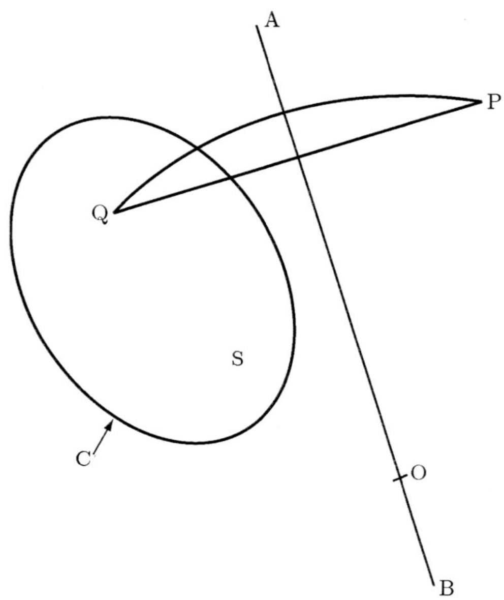

그림 4

O는 P와 Q를 지나는 원을 결정한다. 호 $\widehat{PQ}$는 점 a_n 중 하나에서 곡선 C와 만날 수도 있다. 일반성을 해치지 않으면서 일어날 수 있는 가장 나쁜 경우를 가정하자: 모든 n에 대해 점 P, Q 그리고 a_n이 $\overline{AB}$에 놓이는 O_n을 중심으로 하는 원을 결정한다. L을 $\overline{AB}$의 길이라고 하자. $\sum|A_n|^{\frac{1}{2}}$이 수렴한다는 조건으로부터 $\sum\frac{|A_n|}{u_n}$ 또한 수렴하는 수렴양항급수 $\sum u_n$이 존재한다는 것이 나온다. 그래서

$\sum_{n=N+1}^{\infty} u_n < \frac{1}{2}L$이 되게 정수 N을 택할 수 있다. N 보다 큰 정수 n에 대해 $\overline{AB}$ 위에 중심 O_n, 길이 $2u_n$을 가진 구간 I_n을 만들자. 그러면, 길이의 합은 $2\sum_{n=N+1}^{\infty} u_n$이고 따라서 L보다 작다. 이 사실로부터 보렐은 I_n 밖에 놓이는 비가산개의 $\overline{AB}$의 점들의 존재를 끌어낼 수 있었다. (아래 보기.) 그래서 $n = 1, 2, \cdots, N$에 대해 어떠한 I_n에도 있지 않고, O_n과 같지도 않은 $\overline{AB}$ 위의 점 W가 존재한다. 따라서, W를 중심으로 하고 P와 Q를 지나는 원은 어떠한 a_n도 포함하지 않는다. 이 사실을 사용하면서, 보렐은 급수 (3)이 이 원 위에서 절대수렴하고 균등수렴한다는 것을 증명하였다.

보렐이 I_n을 만든 것은 모든 가산집합이 임의의 작은 전체길이를 갖는 구간들로 둘러싸여질 수 있다는 것을 하낵이 증명한 것을 생각나게 한다. 사실, 보렐은 가산집합의 이 성질을 잘 알고 있었고 $n > N$에 대해 I_n 밖에 있는 비가산개의 $\overline{AB}$ 위에 있는 점 W의 존재를 한 개의 그러한 점의 존재로부터 끌어내는데 그것을 사용하였다. 좀 더 정확히 하면, 보렐은 $n = 1, 2, 3, \cdots$에 대해 I_n이 고정된 구간 $[a, b]$ 안에 포함되고 전체길이가 $b-a$ 보다 작은 구간들의 모임이면, 어떠한 I_n에도 있지 않는 $[a, b]$의 점이 존재한다는 것을 증명하였다.[9] 그리고는 이 정리로부터 $[a, b]$의 비가산개의 점들이 I_n 밖에 놓인다는 것을 끌어내었다; 왜냐하면, 만일 그러한 점이 가산개만 존재한다면, 그들은 충분히 작은 전체길이를 갖는 구간들로 둘러싸일 수 있어서 그들의 전체길이와 I_n들의 전체길이의 합이 여전히 $b-a$ 보다 작을 것이기 때문이다. 여기서 위에 언급된 가산집합의 성질이 사용되었다.

보렐의 결과로부터 나오는 것들을 좀 더 자세히 살펴보자. P, Q와 O에 의해 결정되는 원 위에서 급수 (3)이 절대수렴하고 또 균등수렴하는 비가산개의 $\overline{AB}$ 위의 점 O가 존재한다. 다른 O는 다른 원을 결정하기 때문에, 원은 C와 다른 점에

9) 이 결과에 대한 보렐의 증명 또한 흥미롭다. I_n에 있지 않는 한 점의 존재를 증명하기 위하여, 그러한 점이 존재하지 않는다고 그는 가정하였다. 그러면 양 끝점들을 제외한 I_n들은 $[a, b]$ 전체를 포함한다고 가정할 수 있다. 왜냐하면, 만일 그렇지 않으면, 그들의 길이가 여전히 $b-a$ 보다 작게 되도록 그들을 항상 약간 넓힐 수 있기 때문이다. 이 조건하에서 결론이 거의 자명한 것처럼 보일 수 있다고 그는 말하였지만, 그것의 중요성 때문에, "그 자신이 흥미로운 한 정리 ⋯: 직선 위에 무한히 많은 부분구간이 주어져서 직선 위의 각 점이 그 구간들 중 적어도 하나에 내부점이 되면, 같은 성질을 갖는 유한개의 구간을 그 구간들 중에서 효과적으로 선택할 수 있다" [1895 : 51]에 기초한 증명을 보일 것을 제의하였다. 여기서 소위 하이네-보렐 정리가 처음 기술된 것을 본다.

서 만날 것이다. 그래서, 비록 특이점들 a_n이 C에서 조밀하게 분포되어 있어도, 급수 (3)이 절대수렴하는 비가산개의 C의 점이 존재한다. 이 결과는 가산 조밀집합이 임의의 작은 전체길이를 갖는 구간들로 둘러싸일 수 있다는 사실 – 근본적으로 보렐의 증명의 중심을 이루고, 보렐 [1940 : 391 – 94] 에 의하면, 측도 0의 집합 개념으로 이끈 사실 – 과 정확하게 같은 방식으로 깜짝 놀라게 하는 것 같다.

4년 후에 모노그래프 *Leçons sur la théorie des fonctions* [1898]에서, 보렐은 그의 학위논문에 포함된 측도론적 내용들을 발전시켜서 결과들을 더 얻을 수 있었다. 학위논문에서 그는 O_n을 구간들로 둘러쌌다; 모노그래프에서는 a_n들을 직접 다루고 급수 (3)이 수렴하는 점들의 본질을 좀 더 자세히 조사하였다. $z = x_1 + ix_2$ 이고 $a_n = a_1^{(n)} + ia_2^{(n)}$ 일 때

$$\left|\frac{A_n}{(z-a_n)^{m_n}}\right| = \frac{|A_n|}{\left[(x_1 - a_1^{(n)})^2 + (x_2 - a_2^{(n)})^2\right]^{\frac{m_n}{2}}}$$

이기 때문에, 문제는 음이 아닌 항

$$\frac{A_n}{\left[(x_1 - a_1^{(n)})^2 + \cdots + (x_m - a_m^{(n)})^2\right]^{\frac{m_n}{2}}}$$

을 갖는 실 급수의 수렴하는 점들의 본질을 결정하는 문제의 특별한 경우이다. 간단하게 하기 위하여, 가장 간단한 경우만을 생각하면서 보렐을 따를 것이다: $m_n = 1, m = 1$ 그리고 급수

$$\sum \frac{A_n}{|x - a_n|} \tag{4}$$

에서 실수 a_n이 $[0, 1]$에 놓인다.

그의 논문에서처럼, 보렐은 급수 $\sum A_n^{\frac{1}{2}}$ 이 수렴한다고 가정하면서 시작하였다. 그래서 급수 $\sum \frac{A_n}{u_n}$이 수렴하는 양항 u_n으로 된 급수가 존재한다. $v_n = \frac{A_n}{u_n}$이고 x가 $[0, 1]$의 점으로서 $|x - a_n| > v_n$이면,

(5) $$\frac{A_n}{|x-a_n|} < u_n$$

이다. 따라서 x가 구간 $[a_n - v_n, a_n + v_n]$ 중의 어디에도 속하지 않으면, x는 급수 (4)가 수렴하는 점이 된다. 이 구간들의 전체길이는 $2\sum v_n = 2v$이고, (5)에 의해 $[0, 1]$에서 이 구간들의 합집합의 여집합에서 (4)는 균등하게 수렴한다. 다음에 보렐은 급수 $\sum u_n$을 $u_n{}' = 2ku_n$을 가진 급수로 대치하면 어떤 일이 생길까를 생각하였다. 그러면,

$$\sum v_n{}' = \sum \frac{A_n}{u_n{}'} = \frac{1}{2k}\sum v_n$$

이고, 따라서 $\sum v_n{}'$은 수렴한다. 전과 같이 x가 구간 $[a_n - v_n{}', a_n + v_n{}']$ 중의 어디에도 속하지 않으면, 급수 (4)는 균등수렴 할 것이다. 이 구간들의 길이의 합 $2\sum v_n{}' = \dfrac{v}{k}$는 따라서 k를 충분히 크게 잡음으로써 임의로 작게 만들 수 있다. 달리 말하면, (4)는 1과 임의로 가까운 르베그측도를 갖는 집합에서 균등수렴하고 측도 0을 갖는 집합에서 발산한다.

이 결과들과 복소급수 (3)에 이 결과들을 응용한 것이 보렐의 모노그래프의 후반부를 차지한다. 보렐은 관련된 집합론적 그리고 측도론적 아이디어가 주의깊게 다루어져야 할 만큼 매우 중요하다고 확신하여서 그것을 전반부에서 수행하였다. 그 내용을 논의하기 전에, 에꼴 노말 수페리에르(École Normale Supérieure)에서 보렐의 친구이자 동료학생이고, 그의 아이디어가 보렐과 르베그에게 중요한 영향을 끼친 드라크(Jules Drach)의 결과에 관한 몇 개의 서론적 이야기가 필요하다.

1895년에 보렐과 드라크는 태너리(Tannery, J.)의 수론과 고급대수학에 대한 에꼴 노말에서의 강의에 기초한 책을 출판하였다. 드라크는 고급대수학을 그 자신의 고유한 방식으로 다루었다. 태너리는 서문에서 "산술과 대수학을 절대 필요한 것으로 만들고자 하는 그 [드라크]의 바램에 의해, 설명 방식은 본질적으로 양 또는 음의 정수와 유리수를, 그들의 구성방식 두 개와 관련하여 선험적으로 가정된 몇 개의 성질들에 의해 완전히 정의되는, 부호(signs) 또는 기호(symbols)로 간주하는 것으로 이끌어졌다" [1895: iv]라고 썼다. 달리 말하면, 드라크의 방법은 수

학의 특정한 분야에 추상적 또는 가정적 접근을 하는 것이 된다. 드라크는 그의 박사학위 논문 [1898; cf.1895]에서 적분해를 그들이 가져야하는 근본적인 성질들을 근거로 하여 특징짓고 분류하며 이 접근방식을 미분방정식의 연구에 적용하였다. 드라크의 접근방식은, 특히 프랑스 밖에서 전례가 없지는 않지만, 역사적으로 측도와 적분론에 공리적 접근을 시작하는데 유익하였다; 이 접근방식은 생명력 있는 측도와 적분의 정의가 어떤 성질 또는 특성을 가져야하는지에 관심을 집중하게 하였다.

공리적 접근에 따른 결과들은 보렐의 적분가능 조건에서 특히 분명하다. 간단히 하기 위하여 모든 집합이 $[0, 1]$의 부분집합이라고 가정한다. 측정가능집합과 그들의 측도는 다음과 같이 정의된다:

> 집합이 겹치지 않고 전체길이 s를 가진 무한 가산개의 구간의 점들로 이루어지면, 그 집합은 측도 s를 갖는다고 할 것이다. 두 집합이 공통점들이 없고 그들의 측도가 s와 s'이면, 그들을 합해서 얻어진 집합, 즉 그들의 합은 측도 $s+s'$을 갖는다.
>
> 좀 더 일반적으로, 어느 두 집합도 공통점을 갖지 않고 측도 $s_1, s_2, \cdots, s_n, \cdots$을 갖는 무한 가산개의 집합을 갖고 있으면, 그들의 합 …는 측도
>
> $$s_1 + s_2 + \cdots + s_n + \cdots$$
>
> 을 갖는다.
>
> 모든 것이 측도의 정의의 결과이다. 이제 여기에 몇 개의 새로운 정의가 있다: E가 측도 s를 갖고 측도가 s'인 집합 E'의 모든 점들을 포함하고 있으면, E'에 속하지 않는 E의 모든 점들로 이루어진 집합 $E-E'$은 측도 $s-s'$을 갖는 다고 할 것이다. …
>
> 앞의 정의들에 의해 측도가 정의될 수 있는 집합들을 우리는 측정가능집합이 라고 부를 것이다. … [1898: 46-48.]

보렐은 그의 정의의 본질과 관련하여 덧붙였다. "우리가 채택한 절차는"

> 실제로 이것이 된다: 측도의 정의는 어떤 기본적 성질들을 가질 때만 유용할 수 있다는 것을 우리는 깨달았다; 우리는 선험적으로 이 성질들을 가정하였고 측정 가능하다고 간주할 수 있는 집합들의 모임을 정의하는데 그 성질들을 사용하였다. 이렇게 진행하는 방식은 대수학과 미분방정식론 … 에서 M.J. 드라크가 도입한 방법과 광범위하게 비슷하다. 어쨌든, 그것은 똑같은 기본적인 아이디어로부터 진행한다: 절대적으로 필요한 성질들, 즉 앞으로 나올 추론에서 정말 없어서는 안 되는 성질들을 사용하여 소개되는 새로운 요소들을 정의한다. [1898: 48 n1.]

사실, 우리는 이미 급수 (4)에 대한 보렐의 분석에서 덮는 구간이 무한 가산개이어야 함이 "정말로 없어서는 안 되는" 방식을 이미 보았다. a_n들이 $[0, 1]$에서 조밀할 때, (4)의 수렴하는 점들의 집합과 발산하는 점들의 집합은 모두 외용량 1과 내용량 0을 가지며, 두 집합의 다른 점이 분명치 않다. 측도에 대한 다른 정의가 가능하지만, "그러한 정의는 우리에게 쓸모가 없을 것이다; 우리의 정의에서 그것의 속성이라고 한 기본적 성질들을 측도의 정의에 넣지 않으면, 그것은 장애물이 될 수도 있다" [1898: 48] 라고 보렐이 말했을 때 분명히 그는 용량론을 염두에 두었다.

(4)에 적용하는 데에 있어 기본성질은, 보렐이 주목한대로, 모든 가산집합이 0 측도를 갖는다 - 원래 측도의 새 정의를 제시했었던 성질 - 는 것이다. 칸토르와 벤딕슨(Bendixon)의 결과들이 보인 것처럼, 닫힌집합이 가산개의 겹치지 않는 구간들의 여집합이기 때문에 (3.3 보기), 보렐이 모든 닫힌집합은 측정가능하다는 것을 지적하였지만, 그는 측정가능집합들의 일반적 성질과 정의를 분명하게 하지 않았다. 그의 측도론을 응용하는데 있어, 보렐은 급수 (4)의 수렴하지 않는 점들의 집합 D와 같은 좀 더 복잡한 집합들과 만났다. 실제로 D는 보렐의 의미에서 측정가능이지만, 그는 이 점에 대해 확신이 없었다 [1898: 67n]. 그가 측도와 측정가능성의 정의를 발표한 후에 다음의 말을 덧붙인 것은 분명히 D 때문이었다:

> 그러나 E가 측도 α를 갖는 집합 E_1의 모든 원소들을 포함하면, E가 측정가능한지 아닌지 걱정하지 않고, E의 측도는 α 보다 크다고 말할 수 있다. 반대로 E_1이 E의 모든 원소들을 포함하면, E의 측도는 α 보다 작다고 할 것이다. 단어

> *보다 크다*와 *보다 작다*는 같은 것을 제외시키지 않는다. 절대적으로 필요한 성질들이 적당한 변형을 통하여 이 새로운 정의들로 확장되는 것을 쉽게 볼 수 있다: 어느 의미에서, 같은 것들의 계산은 때때로 같은 역할을 하는 같지 않은 것들의 계산으로 대치된다. [1898: 48–49.]

이 관례적인 말로, D는 0 보다 작거나 같은 측도를 갖지만, "측도는 절대 음이 아니다" [1898: 67n]. 보렐의 말에 감춰진 것은 – D 때문에 다소 필요악으로 소개된 – 르베그 측정가능 집합의 개념이다. 좀 더 정확히 하면, E_1, E_2가 보렐의 의미에서 측정가능하고 같은 측도 α를 가질 때, E가 $E_1 \subset E \subset E_2$인 집합이면, 같지 않은 것들에 대한 보렐의 말은 E에 측도 α가 부여되게 한다; 이런 식으로 측도가 부여된 집합들의 모임은 르베그 측정가능 집합들의 모임과 일치한다 – 르베그에 의해 지적된 사실 (5.1 보기).

Leçons 어느 곳에서도 보렐은 그의 측도개념과 적분론 사이의 연관을 제시하지 않았다. 이것에 대한 이유는 그의 말에서 보인다: "우리의 정의들을 M. 죠르단이 *Cours d'analyse*에서 보인 좀 더 일반적 정의들과 비교하는 것이 유익할 것이다. 여기서 살펴보는 문제는 M. 죠르단이 해결한 것과 완전히 다르다. …" [1898: 46n]. 보렐은 죠르단의 정의를 좀 더 일반적이라고 생각했는데, 죠르단–측정가능이지만 보렐–측정가능이지 않은 많은 집합이 있다는 의미에서 그것은 사실 맞다.10) 보렐의 정의 (그의 관례적인 것 없이)는 측정되는 집합의 구조, 즉 그가 철학적으로 매력적이라고 생각한 성질인 [Borel 1912: 28–29 보기], 구간들로 이루어진 구조를 생각하기 때문에 덜 일반적이다. 비록 몇몇의 죠르단–측정가능하지 않은 집합이 보렐–측정가능 집합이 되지만, 보렐의 측도론은 용량론의 일반화를 의도하지 않았다. 이런 견지에서 생각하면, 보렐의 이론은 분명히 적분개념을 일반화하는 데에는 부적절한 것으로 보인다. 더욱이 보렐 자신이 위의 인용문에서 강조한 것처럼, 그가 생각한 응용 – 급수 (4)의 행태 – 은 적분론의 문제로부터는 멀리 떨어졌다.

---

10) 이것은 다음과 같은 방법으로 알 수 있다. E가 0 용량을 갖는 어느 곳에서도 조밀하지 않은 완전집합이면, 모든 부분집합도 0 용량을 갖고 따라서 죠르단의 의미에서 측정가능하다. E는 연속체의 기수 c (cardinality c of the continuum)를 갖는다. 따라서 죠르단–측정가능집합들의 모임은 기수 2^c를 갖는다. 반면에 보렐집합들의 모임은 기수 c를 갖는다.

4.3 집합론에 대한 쇤플리스의 보고서

19세기말 경에 독일 수학자 쇤플리스(Schoenflies, A. 1853-1928)는 독일 수학자협회로부터 곡선과 점집합에 대한 보고서를 준비하도록 위임받았다. 예비 보고서가 1898년 9월에 제출되었고 결과적으로 집합과 초한수(transfinite number)에 대한 두 권의 책이 되었다. 1권 [Schoenflies 1900]은 집합론에 대한 첫 보고서가 된다. 이 책의 반 이상이 적분론을 포함한 실변수함수론에의 응용에 바쳐졌다. 비록 그것이 한 사람의 작품이지만, 세기가 바뀔 때에 - 르베그 자신의 연구가 행해지고 있을 때 - 보렐의 측도론과 리만의 적분론에서 생긴 "문제들"에 대한 널리 퍼져있는 태도를 아마도 정확히 반영한다.

점집합의 측도를 다루는 보고서의 부분을 쓰게 되었을 때, 쇤플리스는 세 이론이 당시에 존재하는 것을 알게 되었다: 슈톨츠, 칸토르, 하낵의 외용량론; 페아노와 죠르단의 용량론; 보렐의 측도론. 그래서 쇤플리스는 측도의 정의는 모든 수학적 정의처럼 어떤 주관적 특성을 소유하고 그것으로부터 나오는 결과들이 그것을 도입하는 목적에 적합한 정도에 의해 판단되어야 한다고 말하면서 시작하였다. 쇤플리스가 이것과 관련하여 보렐의 정의가 타당한지에 대해 의문을 제기한 것을 (일부는 암묵적으로) 앞으로 볼 것이다. 즉, 쇤플리스에게 보렐의 정의는 당시에 용량론을 응용하는 대부분의 것들에 아무 소용이 없고 보렐 자신이 급수 $\sum \frac{A_n}{|x-a_n|}$ 에 대한 연구에 응용하는데 필요하지도 않고 적당하지도 않은 것처럼 보였다.

그러나 우리는 쇤플리스의 또 다른 반대를 생각하면서 시작할 것이다. 외용량의 특성은 집합의 극한점들이 집합의 확장을 결정하는데 고려되는 것이라고 쇤플리스는 보았다. 물론 이 성질은 단순히 외용량론을 개선한 것이 되는 페아노와 죠르단의 이론에서 사실이다. "E. 보렐은 최근에 근본적으로 다른 관점을 택하였다. 그는 P에 그것의 극한점들을 더하지 않았다; 이것 외에, 그는 또한 P의 모든 점을 포함하는 유한개의 영역을 요구하지 않았다…" [1900 : 88]. 용량론에서 이렇게 급격히 벗어나는 것은, 특히 보렐이 그의 정의를 나타낸 형태에서, 쇤플리스의 마음을 끌지 않았다. 측도가 가산 가법적(countably additive)이어야 한다는 보렐의 조건은 "한 성질이 유한 합에서 무한 합으로 확장될 수 있는지에 대한 문제가 그것을 가정함으로써 해결되는 것이 아니라 오히려 조사해 보아야 하기 때문에, 단지 가정적 특성만 가졌다"고 쇤플리스는 말하였다 [1900 : 93]. 여기서 쇤플리스는 보렐의 정의의 형태가 불명확함을 갖고 있다고 그것을 싫어하였다. 보렐이 정한 조건들을 만족시키고, 죠르단의 것과 형태가 비슷한 측도의 정의가 주어질 수 있는지가 여전히 결정되어야 한다고 그는 말하고 있는 것 같다. 그러나 쇤플리스는 가산 가법성을 측도의 필수적인 성질로 생각하지 않았다.

보렐의 정의가 당시에 용량론을 응용하는데 있어 대부분 소용이 없다고 쇤플리스가 의미한 것과 관련하여, 용량론은 원래 리만적분론으로부터 나왔고 그것의 주된 응용분야가 리만적분론에 머물렀다는 것을 생각하고 있어야 한다. 특히, 리만의 적분가능 조건은 다음이 되었다: f가 적분가능하기 위한 필요충분조건은 그 점에서 f의 진폭이 k보다 크거나 같은 점들의 집합인 S_k가 모든 양수 k에 대하여 "확장 안 되는 집합"이 되는 것이다. 이 명제의 증명을 보여준 후에, 쇤플리스는 (분명히 보렐의 정의를 생각하면서) "여기서 유한개의 부분구간들로 작용하고 극한점들을 집합에 더하는 용량의 개념만 논의된다" 고 말하였다 [1900: 181n]. 이것은 비교적 이상하게 들린다. 왜냐하면 쇤플리스[1900: 127-28, 180-81]는 집합 S_k가 닫혀있고 닫힌집합에 대해 보렐측도는 외용량과 일치한다는 것을 알았기 때문이다. 수학자들이 리만조건의 형태에 너무 익숙해져 있어서, 그들, 또는 적어도 쇤플리스는 보렐의 정의가 리만의 적분가능성을 훨씬 더 깔끔하게 나타낼 수 있는 것을 보지 못하였다. 일단 보렐의 측도와 외용량이 S_k에서 일치한다는 것을 알면, f가 적분가능일 필요충분조건이 S_k들이 보렐측도 0을 갖는다는 것이며 이렇게 될 필요충분조건이 불연속점들의 집합 $D=\bigcup_{n=1}^{\infty} S_{\frac{1}{n}}$ 이 보렐측도 0을 갖는다는 것임을 아는 것은 어렵지 않다. 쇤플리스가 이 결과를 보지 못한 것은 아마도 부분적으로 그가 단호하게 보렐측도를 물리쳤다는 사실에 기인하였을 것이다.

쇤플리스가 보렐의 정의를 중요한 후보로 생각하지 않은 이유 중 하나는 아마도, 극한점들을 무시함으로써, 그것이 모든 곳에서 조밀한 집합을 확장 안 되는 것으로 만들었다는 것이었다. 이 결과에 매력을 못 느낀 것은 또한 보렐의 정의가 보렐 자

신의 연구에 적합하지 않다고 쇤플리스가 의미한 데에서 분명하다. $\sum \frac{A_n}{|x-a_n|}$에 대해 연구하며, 보렐은 수렴하지 않는 점들의 집합 D의 측도가 0이라는 것을 증명하였다. 그러나 쇤플리스 [1900: 243ff]는 보렐이 연구한 것을 다룰 때에 보렐 측도를 언급하지 않았다. 사실 쇤플리스는 일찌감치 "응용을 할 때는 항상 외용량에 대한 문제"이기 때문에 외용량을 말할 때 "용량"을 사용하기로 약속하였다 [1900 : 94]. 따라서 그는 C가 수렴하는 점들의 집합을 나타낼 때, $c_e(C)=1$인 것을 특히 언급한다. $c_e(D)=1$이기 때문에, C와 D가 다르다는 것에 대해 밝힐만한 것이 별로 없다는 것이 이미 언급되었었다. 반면에 D는 보렐측도 0을 갖는 집합이기 보다는 제2종[11]인 비가산 조밀집합에 포함되는 것으로 나타내진다. 즉 (4.2의 표기법으로) U_k가 그 구간 밖에서 급수가 균일하게 수렴하는 구간 $[a_n - v_n{}', a_n + v_n{}']$들의 합집합을 나타낸다고 하자. 여기서 $v_n{}' = \frac{v_n}{k}$이다. 그러면 a_n들이 $[0, 1]$에서 조밀하다고 가정되었기 때문에, U_k의 여집합인 V_k는 어느 곳에서도 조밀하지 않다; 따라서 $M = \bigcup_{k=1}^{\infty} V_k$는 제1종이다. 그러므로 D는 제2종인 집합 $\bigcap_{k=1}^{\infty} U_k = [0, 1] - M$에 포함된다. 그래서 $\bigcap_{k=1}^{\infty} U_k$가 측도 0 인 "보렐집합"이어도, 쇤플리스는 그것이 제2종 집합임을 보임으로써 그것이 "크다"는 것을 강조하였다. 그는 그와 같은 집합은 확장 안 되는 것으로 간주되어야 한다는 생각을 암암리에 거부했던 것 같다.

쇤플리스는 기본정리에 대한 절을 넣으면서 "고급해석학의 기본정리는 일반적으로 미분과 적분이 역연산이라는 것을 말한다" 고 하였다 [1900 : 206]. (3장에서 논의된 발전의 관점에서) 임의의 함수를 생각하면, 여러 면에서 기본정리가 성립하지 않기 때문에 "일반적으로" 라는 조건이 추가되어야 했다. 특히 볼테라는 유계이고 적분가능하지 않은 도함수를 갖는 함수들의 모임을 만드는 방법을 보였다 (3장). 쇤플리스가 그의 보고서를 작성할 때까지, 같은 성질을 갖는 또 다른 함수들의 모임이 발견되었고 그것에 대해 많은 논의가 있었다.

볼테라의 발견은 모든 구간에서 무한히 자주 진동하지만 유계 도함수를 갖는 함수들이 존재한다는 뜻을 가진 것을 포함하여 몇 개의 디니의 추측으로부터 자극을

11) 집합이 어느 곳에서도 조밀하지 않은 집합들의 가산합으로 나타내질 수 있으면, 그 집합은 제1종의 집합이다. 제2종의 집합은 제1종이 아닌 것이다. 이 개념들은 1898년에 베어가 소개하였다.

받았다 (2.3). 기하학적인 구성을 통하여 쾹케(Köpcke, H.A.) [1887]는 디니의 추측이 참임을 확인하는데 성공하였다.[12] 쾹케는 그의 예에 있는 f'이 적분가능하지 않다는 사실에는 특별히 관심이 없었고, 그의 예가 직관으로 알 수 없는 연속함수들의 모임을 확장하였다는 사실에 관심이 있었는데, 전에는 미분가능하지 않은 함수들만 직관으로 알 수 없다고 생각되었다. 나중에 페레노(Pereno, I.) [1897]가 쾹케의 예를 간단하게 만들었다.

스웨덴의 수학자 브로덴(Brodén, T.)은 칸토르의 특이점의 응집원리(principle of condensation of singularities) (3.4)가 쾹케가 발견한 함수의 형태에 대한 보다 더 간단한 예를 보여줄 수 있다고 주장하였다 [1896]. 브로덴은 함수

$$f(x) = \sum_{n=1}^{\infty} c_n g(x - w_n)$$

을 생각하였는데, 여기서 w_n은 $[-1, 1]$에서 조밀하고, c_n들은 양수이고 g는 순증가 연속함수이고, g'은 0을 제외하고 연속이고, $g'(0) = +\infty$이다. 실제로 브로덴은 주로 함수 $g(x) = x^{\frac{1}{3}}$을 생각하고 있었으며, 그의 결론들은 좀 더 일반적인 경우에 적용되지 않는다. (바이어슈트라스와 칸토르 모두 특별히 $g(x) = x^{\frac{1}{3}}$을 생각하였다.) 브로덴은 f가 순증가함수이기 때문에, f는 $[a, b] = f([-1, 1])$에서 정의되는 역함수 $h(x) = f^{-1}(x)$를 갖는다는 것을 알았다. 나아가서, 그는 $f'(x)$가 모든 곳에서 명확하기 때문에 (물론 어떤 x에서는 무한이지만) $h'(y)$도 그렇다고 주장하였다; 사실 $y = f(w_n)$ 형태의 y들의 조밀한 집합에서 $h'(y) = 0$이다. 그러나 그는 모든 x에서 $f'(x)$가 명확하다는 것이 칸토르의 원리로부터 즉각적으로 나오지 않는다는 것을 알지 못하였다. 그렇지만 그의 결론들은, 비록 증명을 필요로 하지만, 그가 생각했던 예에 대해서는 성립한다.[13] 따라서 $g(x) = x^{\frac{1}{3}}$일 때 h'은 비

12) 쾹케의 추론 중 일부는 오류가 있었고 나중에 고쳐졌다 [1889; 1890].

13) 이것은 D. Pompeiu [1906–07]에 의해 처음으로 보여졌다 (브로덴의 논문에 대한 지식없이). 그는 모든 x에서 $f'(x) = \sum c_n g'(x - w_n)$, 즉 $f'(x) = \infty$이기 위한 필요충분조건은 오른편이 발산한다는 것이고, $f'(x)$가 유한이고 오른편과 같기 위한 필요충분조건은 그것이 수렴하는 것이라는 것을 보였다. 그는 또한 보렐의 결과들을 사용하면서, $\sum c_n^{\frac{1}{2}}$이 수렴하면 $f'(x)$가 측도 0을 갖는 집합에서를 제외하고 유한이라는 것을 주장하였다.

록 $[a, b]$에서 분명히 유계이지만 적분가능하지 않다. 브로덴이 h의 이 성질을 언급하지 않았다는 것을 보는 것은 흥미롭다. 브로덴과 Köpcke 모두에게 이 함수들이 중요한 것은 그들이 모든 곳에서 진동하는 함수가 모든 곳에서 미분가능할 수 있다는 것을 보였다는 것이다.

나중에 브로덴은 쾹케의 방법보다 간단한 방법으로 이러한 함수들의 또 다른 부류를 만드는 데에 집중한 긴 논문 [1900]을 썼다. 쇤플리스 자신은 e_i들이 $[a, b]$에서 조밀해서 $f(e_i)$가 $[a, b]$의 모든 곳에서 미분가능한 함수 f의 극값이 되는, 수 $f(e_i)$들에 대한 매우 복잡한 조건들을 결정함으로써 이러한 함수들에 대한 문헌에 기여하였다. 그래서 1900년까지, 쇤플리스가 그의 보고서에서 말한 것처럼, 유계이지만 적분가능하지 않은 도함수를 갖는 넓은 부류의 함수들이 존재함이 알려졌고, 그 함수들이 여러 논문의 주제였다.

쇤플리스는 또한 유계함수의 상적분과 하적분이 집합의 외측도와 내측도와 비슷하다는 것을 특별히 언급하였다; 1901년에 드 라 발레-푸생(de la Vallée- Poussin, C.)은 $c_i(E)$와 $c_e(E)$를 각각 $\underline{\int}\chi_E(x)\,dx$와 $\overline{\int}\chi_E(x)\,dx$로 정의함으로써 이 관계를 좀 더 잘 보이게 표현하였다 [1903 : 221]. 측도와 적분 사이의 관계가 이 보다 더 분명하게 기술될 수 없었다. 그러나 르베그 이전의 누구도 이 관계와 보렐의 측도개념에서 리만적분의 강력하고 유용한 일반화를 만들어내는 것을 감지하는데 필요한 창조적 상상력을 갖지 않았다.

4.4 비균등수렴하는 급수의 항별적분에 대한 연구

르베그의 업적의 특징은, 부분적으로, 균등하게 수렴하지 않을 수 있는 수열과 급수의 항별적분을 효과적으로 사용할 수 있는 것이다. 1870년대에 급수를 항별적분하는 문제가 처음 부각되었을 때, 균등수렴의 중요성이 과도하게 강조되었다 (2.1 보기). 그러나 세기말에 이르러 비균등수렴하는 급수의 항별적분 가능성에 주의가 집중되었다. 항별적분은 균등수렴 조건이 균등유계 조건으로 대치되어도 타당함이 발견되었다. 그러나 급수가 수렴하는 함수에 대한 추가 조건 (연속성 또는 적분가능성)을 부과하는 것이 또한 필요하였다. 이 추가 조건들에 의해 생긴 증명의 복잡함은 나중에 르베그가 선배들의 업적 위에 쌓아서, 간단하고 훨씬 더 일반적으로 한 것과 크게 대조된다.

우리가 본 것처럼, 항별적분에 대한 문제는 삼각급수론에서 특별한 이론적 중요성을 갖는다. 항별적분을 위하여 균등수렴이 꼭 필요하지는 않다는 것이 특히 분명해진 것은 푸리에급수론에서 이었다. 디니는 잘 알려지지 않은 논문 [1874] 에서 이 종류의 첫 번째 결과를 얻었다. 좀 더 일반적인 결과는 나중에 독립적으로 폴 뒤 보아-레이몽 [1883b]에 의해 얻어졌는데, 그는 리만적분가능하거나 절대수렴하는 특이적분을 갖는 (뒤 보아-레이몽이 정의한 것처럼; 3.3 보기) 함수에 대응되는 푸리에급수는 항별적분될 수 있다는 것을 보였다. 그래서 항별적분은 수렴의 특성에 관계없이 푸리에급수에 대해 일반적으로 타당한 것으로 보였다.

뒤이은 논문에서 뒤 보아-레이몽 [1886] 은 좀 더 일반적인 무한급수의 항별적분에 대한 문제를 다루었는데, 그 문제는 "바이어슈트라스가 지적한 이래로, 삼각급수와 관련한 해답이 일반적인 경우로 확장될 수 없는 것처럼 보이기 때문에 만족스럽게 해결되지 않았다" [1886 : 360]. 이 경우에 어떤 진척을 위하여, 그는 연속함수의 급수 $\sum_{k=1}^{\infty} u_k(x)$가 수렴하는 방식과 관련하여 어떤 구별하는 것을 소개하였다. $S_n(x) = \sum_{k=1}^{n} u_k(x)$라고 하고 $R_n(x) = \sum_{k=n+1}^{\infty} u_k(x)$라고 하자. 점 x_0는 $x \to x_0$이고 $n \to \infty$일 때 $R_n(x) \to 0$이면, 즉 임의의 양수 ϵ에 대하여 $n \geq N$이고 $|x - x_0| < \delta$이면 $|R_n(x)| < \epsilon$이 되는 자연수 $N = N(\epsilon)$과 양수 $\delta = \delta(\epsilon)$이 존재하면, 연속 수렴점 (continuity point of convergence)이라고 한다.

$R_n(x)$를 생각하는 대신에, 뒤 보아-레이몽은 x가 $[a, b]$ 안에 있고, ϵ이 양수이고, ϕ가 각 ϵ의 값에 대해 x에 대한 연속함수이고, 각 x에 대해 $\lim_{\epsilon \searrow 0} \phi(x, \epsilon) = 0$인 함수 $\phi(x, \epsilon)$에 대한 비슷한 경우를 생각하기로 하였다. 항별적분에 대한 문제는 그러면 다음 형태가 된다: $[a, b]$의 모든 부분구간 $[x_0, x_1]$에 대해

(6) $$\lim_{\epsilon \searrow 0} \int_{x_0}^{x_1} \phi(x, \epsilon)\, dx = 0$$

이 되는 것은 언제인가? 그는 두 경우를 구별했다: (a) 모든 x와 ϵ에 대해 $|\phi(x.\epsilon)| \leq B$가 되는 수 B가 존재한다; (b) 그러한 B는 존재하지 않는다. 그는 후자의 경우에 (6)이 사실일 수도 있고 아닐 수도 있다는 것을 예를 통해 설명하였다.

첫 번째 경우는 균등유계 성질에 주의를 집중하는데, 그 성질은 항별적분 문제에 특히 중요한 것으로 뒤이어서 발견되었다. 이 경우는 이미 1878년에 크로넥커(Kronecker, L. 1823–91)에 의해 간략하게 논의되었었는데, 그는 (6)을 위한 필요충분조건이 다음과 같다고 주장하였다: 임의의 두 양수 τ와 σ에 대응하여, $0 < \epsilon \leq \epsilon_0$일 때 집합 $E(\epsilon, \sigma)$ ($|\phi(x, \epsilon)| > \sigma$인 모든 x로 이루어지는)가 τ보다 작은 전체길이를 갖는 유한개의 구간에 둘러싸일 수 있도록 양수 ϵ_0가 결정될 수 있다. 달리 말하면, 모든 σ에 대해,

$$\lim_{\epsilon \searrow 0} c_e [E(\epsilon, \sigma)] = 0.$$

이 형태로 표현되면, 크로넥커의 조건은 $\phi(x, \epsilon)$이 외용량에 대해 0으로 측도수렴하는 것을 요구하는 것이라는 것을 본다. 이 조건이 소개된 것은 이것이 처음인 것으로 보인다. 이 조건이 충분한 것은 분명하다. 왜냐하면, U가 $E(\epsilon, \sigma)$를 둘러싸는 구간들의 합집합이면,

$$\int_{x_0}^{x_1} |\phi(x, \epsilon)|\, dx = \int_U |\phi(x, \epsilon)|\, dx + \int_{U^c} |\phi(x, \epsilon)|\, dx < B\tau + \sigma(b - a)$$

이기 때문이다. 여기서 $U^c = [x_0, x_1] - U$이다. 그것의 필요성은 분명해 보이지 않지만, 크로넥커는 아무런 증명을 보이지 않았다. 사실 이 명제는 애매하다. 왜냐하면 그 명제는 (a)의 경우에 (6)이 성립하기 위해 추가의 가정이 필요하다는 것을 의미하기 때문이다. 아젤라와 오스굿의 결과들은 ϕ의 연속성 또는 적분가능성이 (6)이 성립하게 하는데 충분하다는 것을 보이게 됐고, 따라서, 크로넥커의 조건은 실제로 필요없다.

뒤 보아-레이몽은 그러나 그것을 알아차리지 못하였다. 그는 "매우 그럴듯하게" 균등유계만 갖고는 (6)이 성립하지 않는다고 확신하였다 [1887 : 358]. 그는 그가

만들어낸 $[x_0, x_1]$에 있는 모든 고정된 x값에 대해 $\epsilon \to 0$일 때 ϕ가 0으로 수렴하지만 그러한 모든 x에 대응하여 $\lim_{n\to\infty}|\phi(x_n, \epsilon_n)| = \infty$인 수열 $x_n \to x$와 $\epsilon_n \to 0$이 존재하는 함수 $\phi(x, \epsilon)$의 예 때문에 분명히 이 의견에 이끌렸다. 사실 이 예가, 나중에 타당하지 않음이 보여 졌지만, 뒤 보아–레이몽의 1886년 논문의 가장 중요한 것이다. 그의 말 [1886: 366]로 판단해 보면, 뒤 보아–레이몽은 그의 원래 예 ϕ에 "불연속 인자 (discontinuity factor)"를 곱함으로써 (6)을 성립하지 않게 하는 균등 유계인 예를 얻을 수 있다고 분명히 생각하였다. 희망이 없는 듯해 보이는 상황은 1886년 4월 22일에 뒤 보아–레이몽이 그의 1886년 논문 한 부를 동봉하면서 크로넥커에게 쓴 편지에 반영된다. 공간과 시간의 한계 때문에, 크로넥커의 조건을 좀 더 완벽히 논의하지 않고 단지 기술만 했다고 말한 후에, 뒤이은 논문에서 그것을 보충하겠다고 그는 약속하였다. "그리고는 이 형태의 수학에 대해 등을 돌릴 것이다. 결과들은 노력할 가치가 없고, 더욱이, 그들은 그 이상의 연구를 촉진시키지 않는다; 반대로 그들의 주된 효과는 어떤 방향의 연구를 멈추게 하는 것이다 …" [Kronecker 1889: 353].

따라서, 비균등수렴 급수의 항별적분에 대한 문제에 거의 관심을 기울이지 않았고 뒤 보아–레이몽의 논문의 잘못됨이 발견되지 않은 것을 보는 것은 전연 놀랄만한 일이 아니다. 그러나 1897년에, 하버드대학의 수학교수 오스굿(Osgood, W.F. 1864–1943)이 비균등수렴 급수의 행태에 대한 심오한 해석과 함께 이 주제에 대한 관심을 다시 불러 일으켰다 [1897; cf. 1896]. 오스굿은 뒤 보아–레이몽의 논문을 주의깊게 공부하였다. 뒤 보아–레이몽의 영향은 오스굿이 사용한 개념적 도구와, 아마도, u_n과 f가 구간 $[a, b]$에서 연속인 급수 $f(x) = \sum_{n=1}^{\infty} u_n(x)$에 오스굿이 그의 연구를 제한했다는 사실에서 보인다. 어쨌든, 그의 논증에서 연속이라고 가정한 것이 핵심적 역할을 하였다.

오스굿은 $[a, b]$의 점 x_0가 모든 정수 $m > 0$과 모든 $\delta > 0$에 대해 $|R_n(x)| > A$인 $(x_0 - \delta, x_0 + \delta)$에 있는 x와 $n > m$이 있으면 양수 A에 대해 "$\gamma-$점"이라고 정의하였다. 뒤 보아–레이몽의 용법에서 x_0가 불연속 수렴점일 때 또 그때에 한해 x_0가 $\gamma-$점이라는 것을 주목해야 한다. 뒤 보아–레이몽은 고정된 A에 대한 $\gamma-$점

들이 구간을 채운다고 믿었지만, 오스굿은 반대로 A에 대응되는 $\gamma-$점들의 집합 G_A가 항상 닫혀있고 어느 곳에서도 조밀하지 않다는 것을 보였다. (이 결과의 증명은 함수 $R_n(x)$의 연속성에 의존하고 따라서 u_n과 f의 연속성에 의존한다.) x_0의 임의의 작은 근방에서 $R_n(x)$가 비유계가 되면, x_0는 $X-$점이라고 한다. 이 점들은 뒤 보아-레이몽의 예에서 소개되었었는데, 거기서는 모든 점들이 가정적으로 $X-$점 이었다. 그러나 $X-$점들의 집합은 분명히 $\gamma-$점들의 집합 G_A의 부분집합을 형성하기 때문에, 사실 $[a, b]$에서 어느 곳에서도 조밀하지 않아야 한다.

오스굿의 주된 결과는 만일 $X-$점들이 없다면, 즉 $R_n(x)$가 균등하게 유계이면, $[a, b]$에 있는 모든 $[x_0, x_1]$에 대해 $\lim_{n\to\infty}\int_{x_0}^{x_1} R_n(x)\,dx = 0$이고 항별적분이 항상 가능하다는 것이다. 증명방법은 귀류법이다: $i = 1, 2, 3, \cdots$에 대해 $\left|\int_{x_0}^{x_1} R_{n_i}\,dx\right| \geq \epsilon$인 부분수열 n_i가 있다고 가정하자; A가 $0 < A < \dfrac{\epsilon}{x_1 - x_0}$라고 하자. 그러면 $\left|\int_{x_0}^{x_1} R_{n_i}(x)\,dx\right| > A(x_1 - x_0)$이고, 일반성을 잃지 않으면서, $i = 1, 2, 3, \cdots$에 대해

$$\int_{x_0}^{x_1} R_{n_i}(x)\,dx > A(x_1 - x_0) \tag{7}$$

라고 가정할 수 있다. 기하학적 용어로 (7)은 $y = R_n(x)$와 직선 $y = A$와 $y = B$로 둘러싸인 영역 C_n (그림 5에서 빗금 친 영역)의 면적이 $n_i \to \infty$ 일 때 0으로 접근할 수 없다는 것을 의미한다. (C_{n_i}의 면적이 0으로 접근하면, $\int_{x_0}^{x_1} R_{n_i}\,dx$는 반드시, $x = x_0,\ x = x_1,\ y = 0,\ y = A$에 의해 결정되는 직사각형의 면적, $A(x_1 - x_0)$ 보다 작거나 같은 양에 접근할 것이다.)

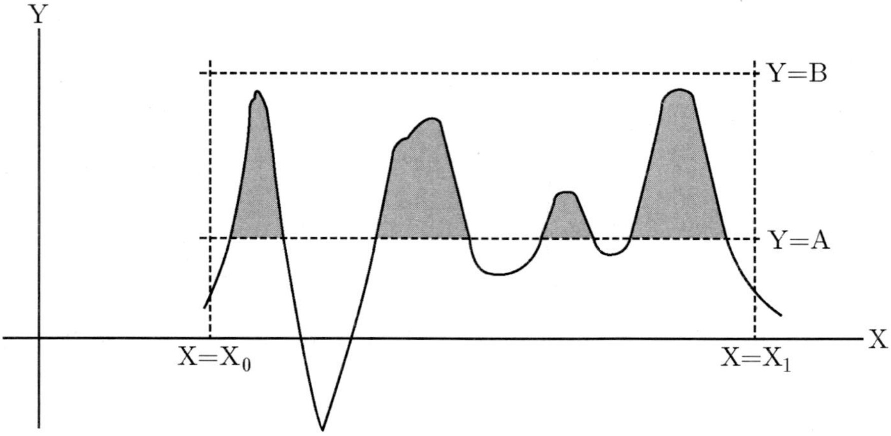

그림 5

오스굿의 증명의 나머지는 C_n의 면적이 실제로 $n\to\infty$일 때 0으로 수렴함을 보이는 것이다. 이와 관련하여 $\gamma-$점들의 집합 G_A가 중요한 역할을 한다. x가 $[x_0, x_1]-G_A$에 있으면, x를 포함하는 열린구간 I_x와 I_x에 있는 모든 x'과 $n\ge N_x$에 대해 $|R_n(x')|\le A$인 정수 N_x가 존재한다. 오스굿의 증명의 요점을 좀 더 분명하게 하기 위하여, 우선 유한개의 I_x가 $[x_0, x_1]-G_A$를 덮어서, 이 집합의 모든 x에 대해, 충분히 큰 정수 N에 대해

(8) $$n\ge N\text{이면 } |R_n(x)|\le A$$

라고 가정하자. 그것은 $p=0, 1, 2, \cdots$에 대해 곡선 $y=R_{N+p}(x)$가 직선 $y=A$ 위로 솟고 x가 G_A에 있을 때만 C_{N+p}에 기여한다는 것을 의미한다. 그러한 x 각각에 대해, $j=j(x)$가 모든 $n\ge j$에 대해 $|R_n(x)|\le A$가 되는 가장 작은 정수 j를 나타낸다고 하자. G_A에서 $y=R_{N+p}(x)$의 행태를 조사하기 위해, 오스굿은 $j(x)\le i$인 G_A의 모든 x를 포함하는 집합 G_i $(i=1, 2, 3, \cdots)$를 소개하였다. G_i의 중요성은 G_i의 모든 x에 대해 $|R_{i+p}(x)|\le A$, $p=0, 1, 2, \cdots$이라는 것이다. 그래서 곡선 $y=R_{N+p}(x)$는 x가 G_A-G_N에 속할 때만 $y=A$ 위에 놓인다.

G_A처럼, G_i들은 닫혀있고 어느 곳에서도 조밀하지 않다; 나아가서, G_i는 G_{i+1}에 포함되고 모든 G_i들의 합집합은 정확히 G_A라는 것을 쉽게 알 수 있다. 오스굿

은 따라서 다음의 결정적인 명제를 적용할 수 있었다:

보조정리

G가 $[a, b]$의 어느 곳에서도 조밀하지 않은 닫힌 부분집합이고 G_i가 $G_i \subset G_{i+1}$인 닫힌집합들의 열이고 $G = \bigcup_{i=1}^{\infty} G_i$이면,

$$\lim_{i \to \infty} c_e(G_i) = c_e(G)$$

이것은 이 종류의 첫 번째 정리이다. 르베그는 항별적분에 대한 그의 정리 (5.1, 정리 5.3)를 증명하기 위하여 비슷한 – 그러나 훨씬 더 일반적인 – 보조정리를 비슷하지만 덜 복잡한 방식으로 사용하였고 의심의 여지없이 오스굿의 논문에 영향을 받았다. 오스굿의 보조정리는 또한 영(Young, W.H.)이 용량론을 일반화하도록 자극을 주었다 (5.2). 오스굿은 이 결과가, G 자신이 닫힌집합이 아니면 항상 성립하는 것은 아니기 때문에, "자명한 것과는 거리가 멀다"고 강조하였다 [1897 : 178]. 각 G_i가 유리수들의 유한집합으로서, $G = \bigcup_{i=1}^{\infty} G_i$가 $[0, 1]$의 모든 유리수들의 집합이 되도록 택해지면, 모든 i에 대해 $c_e(G_i) = 0$이지만 $c_e(G) = 1$이다.

C_{N+p}는 밑변이 $G_A - G_{N+p}$이고 높이가 B인 "직사각형"의 직선 $y = A$위에 있는 부분에 완전히 포함되는 것을 볼 수 있다; 그래서

(9) $$area(C_{N+p}) \le (B-A)c_e(G_A - G_{N+p}) = (B-A)[c_e(G_A) - c_e(G_{N+p})];$$

그리고는 보조정리를 적용하면, $\lim_{p \to \infty} area(C_{N+p}) = 0$ 이다. 이 부분이 오스굿의 증명의 핵심이 된다. 증명을 엄밀하게 하기 위하여, 오스굿은 G_A와 G_{N+p}를 용량이 G_A와 G_{N+p}의 용량에 근접하고 (8)과 (9)로 이끄는 논증이 타당한 두 개의 유한개의 구간들의 합집합들로 대치하여야 했다. (오스굿은 G_A가 닫혀있고 어느 곳에서도 조밀하지 않아서 그것의 여집합이 끝점들이 G_A에 있는 열린구간들의 가산

합집합이라는 사실을 사용하였다.) 이것은 오스굿의 실제 증명을 길고 어렵게 만들었다. 르베그는 용량이 르베그측도로 대치되면 훨씬 더 일반적인 조건 하에서 오스굿이 사용한 종류의 보조정리가 성립될 수 있다는 사실을 사용함으로써 훨씬 더 일반적인 결과에 대한 간단한 세 줄짜리의 증명을 보여줄 수 있었다. 그럼에도 불구하고, 오스굿의 논문은 분명하게 르베그에게 길을 터주었고, 오스굿은 뒤 보아-레이몽의 연속 수렴점과 불연속 수렴점의 구별에 바탕을 둔 증명을 하는데 분명하게 필요한 재기를 갖고 있었음에 대해 인정을 받아야 한다.

로마의 Academia dei Lincei의 1885년 *Rendiconto*에 포함된 여러 개의 주석 [1885a, 1885b, 1885c]에서 아젤라는 오스굿 보다 더 일반적인 결과를 사실상 얻었지만, 그것들이 재출판 될 때까지 널리 알려지지 않았다 [아젤라(Arzelà, C.) 1899-1900]. 하이네가 1870년에 균등수렴의 중요성에 주목했을 때 (2.1), 그는 연속함수들의 무한급수에 대하여 균등수렴이 극한함수가 연속이 되기 위해 충분한 것뿐만 아니라 필요한 것인지에 대한 문제를 제기하였다. 그 후 곧 그렇지 않다는 것을 보여주는 예들이 발표되었다. 그리고 1883-84년에 아젤라는 극한에서 연속성을 보존하는 수렴방식을 특징지을 수 있었다. 1885년에 그는 비슷한 문제를 생각하였다: $f_s(x)$가 $f(x) = \lim_{s\to\infty} f_s(x)$가 존재하는 $[a, b]$에서 적분가능한 함수들의 열일 때, f가 적분가능할 필요충분조건은 무엇인가? 아젤라는 또한 삼각급수에 대한 하낵의 결과를 잘 알고 있었으며 극한함수가 적분가능할 필요는 없기 때문에, 하낵이 이 급수의 항별적분에 대한 그의 증명이 틀리다는 것을 인정한 데에서 동기를 얻었었을 수도 있다 (3.1).

아젤라의 해답은 다음 결과에 기초한다:

보조정리

d_n이 양수들의 수열이라고 하자. 모든 n에 대해, 합집합 U_n이 길이 d_n을 갖는 유한개의 $[a, b]$의 구간들이 있다고 가정하자. 그러면, d가 양수일 때, 모든 n에 대해 $d_n \geq d$이면, 무한히 많은 n의 값에 대해 U_n에 속하는 $[a, b]$의 점 x_0가 존재한다.

아젤라의 증명을 르베그의 증명과 비교할 것이기 때문에, 이 보조정리의 증명이 큰 종이 네 장을 차지한다는 것을 짚고 넘어가야 한다.[14)]

이 보조정리는 극한함수 f가 적분가능하다는 가정으로부터 나오는 결과들을 조사하기 위하여 사용되었다. 아젤라는, σ가 고정된 양수를 나타낼 때, $|f_s(x)-f(x)| \geq \sigma$인 x들의 집합 $E(s,\sigma)$를 생각하였다. 그의 첫 번째 발견이고 우리의 관점에서 가장 중요한 것은

$$\lim_{s\to\infty} c_e[E(s,\sigma)] = 0 \tag{10}$$

이다. (이것은 물론 크로넥커의 조건이다.) 각 σ와 s에 대하여, 집합 $E(s,\sigma)$가 유한개의 구간의 합집합이면, $f(x_0)=\lim_{s\to\infty} f_s(x_0)$라는 사실에 의해 무한히 많은 s값에 대해 $E(s,\sigma)$에 있는 x_0는 존재할 수 없으므로, 보조정리는 즉각적으로 (10)이 나오게 한다. $E(s,\sigma)$가 그러한 단순한 구조를 가질 필요는 없기 때문에, 아젤라는 f_s와 f의 적분가능성을 사용하였다. 본질적으로, 아이디어는 $E(s,\sigma)$가 한 집합은 보조정리의 조건들을 만족시키고 다른 집합은 임의의 작은 용량을 갖는 겹쳐지지 않는 두 집합의 합집합으로 생각될 수 있다는 것을 보이는 것이다. 결과적으로 증명은 외용량의 정의와 걸맞는 "유한성(finiteness)"을 얻기 위하여 컴팩트 논법 (compactness argument) – 순수하게 측도론적인 논법에 반하여 – 에 기초를 둔다; 특히, 엄밀한 논법을 위하여, $E(s,\sigma)$를 용량이 $E(s,\sigma)$에 근접하는 구간들의 유한 합집합으로 대치하는 것이 필요하게 되었다. 결과는, 오스굿처럼, 극도로 길고 복잡한 증명이다.

크로넥커의 논문과 관련하여 관찰되고 아젤라에 의해서 지적된 것처럼, (10)은 즉각적으로 항별적분이 유효하다는 것이 나오게 한다. 즉 f_s들이 균등유계이면, $[a,b]$에 포함되는 모든 $[x_0, x_1]$에 대해

$$\lim_{s\to\infty}\int_{x_0}^{x_1} f_s = \int_{x_0}^{x_1} f.$$

(10)을 사용하며, 아젤라는 또한 f의 적분가능성을 보장할 수렴방식에 대한 필요

14) $\limsup_{n\to\infty} U_n \neq \varnothing$을 말하는 아젤라의 보조정리는, m이 르베그측도를 나타낼 때, 부등식 $d \leq \liminf_{n\to\infty} m(U_n) \leq \limsup_{n\to\infty} m(U_n) \leq m(\limsup_{n\to\infty} U_n)$으로부터 즉각 성립한다. (6장 각주 4 참고).

충분조건을 결정하였다. 그 조건은 복잡하지만, 아젤라의 결과는 또한 (10)이 성립할 때 또 그때에 한해 극한함수 f가 리만적분가능하다는 것을 보인다.

비록 아젤라가 아무 예도 보이지 않았지만, 그는 (10)이 성립할 필요가 없고, 따라서, f가 적분가능할 필요가 없다고 믿었던 것으로 보인다. 사실, 유계 적분불가능 도함수 g'을 갖는 함수 g에 대한 볼테라의 예가 (3.1) 그것을 분명하게 해 준다: $\lim_{s\to\infty} h_s = 0$이면, 함수열

$$f_s(x) = \frac{g(x+h_s) - g(x)}{h_s}$$

가 $g'(x)$로 수렴하고, $g'(x)$가 유계이므로 f_s들은 균등유계이다.[15] 좀 더 간단한 이 종류의 예는 박사학위 논문의 일부를 이룬 논문에서 베어(Baire, R. 1874–1932)가 보였다 [1898]. $[0, 1]$에서의 함수열 f_n을 다음과 같이 정의하자: p와 q가 공약수를 갖지 않고 q가 n 보다 작을 때 x가 $\frac{p}{q}$의 형태이면, $f_n(x) = 0$; 그렇지 않으면 $f_n(x) = 1$. 그러면 각 f_n은 유한개의 점을 제외한 모든 점에서 값 1을 갖고 모든 n과 x에 대해 $|f_n(x)| \le 1$이다. 그러나 극한 함수 $f(x) = \lim_{n\to\infty} f_n(x)$는 x가 유리수이면 0이고 x가 무리수이면 1이기 때문에 완전불연속이다. 이 함수는 따라서 그에게 의심의 여지없이 적분개념 범위 밖에 있는 것으로 보였던 디리클레의 함수의 예 중 하나이고, 그것은 분명히 리만적분가능하지 않기 때문에, 계속해서 그런 식으로 간주되었다.

비록 베어의 연구가 직접적으로 적분과 연관되지는 않지만 – 그의 예의 목적은 디리클레 함수가 2류(class 2)의 "베어함수"임을 보이는 것이었다 – 그의 결과들의 중요한 성질이 복소함수론에서 보다는 실변수함수론에서 성립될 수 있는 것을 보였다는 것을 짚고 넘어가야 한다. 의심의 여지없이, 베어의 연구결과는 르베그를 포함하여 수학자들이 이 분야에서의 연구 가능성에 흥미를 갖도록 북돋아 주는 역할을 하였다 [Legesgue 1922: 16–18; 1932 참고].

아젤라는 f_s가 균등유계가 아닌 경우에 거의 성공을 거두지 못하였다. 항별적분

15) 이것은 중간값정리로부터 성립한다: x와 $x+h_s$ 사이의 어떤 c_s에 대해 $f_s(x) = g'(c_s)$.

이 유효하면, $G(x)=\lim_{s\to\infty}\int_{-\infty}^{x} f_s$가 존재하고 연속이다. 왜냐하면 $G(x)=\int_{a}^{x} f$이기 때문이다. 따라서 G의 존재성과 연속성은 항별적분의 타당성에 대한 필요조건이다. 아젤라는 이것의 역도 증명할 수 있다고 생각하였다. 독자는 이 문제와 언제 연속함수가 적분이 되는 지에 대한 의문 (3.3)이 밀접한 관련이 있음을 볼 것이다. 사실, 오스굿은 $G(x)$가 칸토르, 세퍼, 그리고 하낵이 처음 발견한, 조밀하게 분포된 불변 구간들을 갖는 연속 단조함수 중 하나인, 함수열 f_s의 예를 만들었다 (아젤라의 논문에 대한 지식없이). 오스굿의 예에서, $X-$점들의 집합은 비가산이다. 오스굿은 $X-$점들이 가산이면 아젤라의 정리가 사실임을 증명할 수 있었다; 아젤라 [1899-1900]는 그리고 이 결과를 연속함수 f_s로부터 적분가능 f_s로 확장하였다. 비록 이 결과들이 흥미롭지만, 응용면에서 특별히 유용한 것은 아니다. 왜냐하면 G의 존재성과 그것의 연속성이 먼저 확립되어야 하기 때문이다. 균등유계 조건을 일반화함으로써, 르베그는 훨씬 더 유용한 결과를 얻게 되었다.[16)]

우리는 여기와 이전의 절들에서 리만의 이론 내에서의 "문제"와 "부적절함"에 대해 자주 이야기 했다. 그러나 그 이론 내에서의 어떤 발전을 이렇게 특징짓는 것은 뒤늦게 깨달은 것, 즉 그것들을 르베그의 발견의 견해에서 보는 것에 근거를 둔다는 것을 알아야 한다. 그것들은 당시에 진지하게 문제 또는 부적절한 것으로 생각되지 않았다. 초기의 실변수함수론은 여러 반례에 의해 지지된, 이전 수학자들의 논증에 대한 좀 더 비판적 태도가 나온 데에서 자라났다. 그래서, 예를 들어, 연속 미분 불가능 함수, 연속함수들의 불연속급수, 조각마다 단조가 아닌 연속함수들이 발견되었다. 예외적인 것들의 존재가 받아들여지고 다소 기대 되었다. 적분가능하지 않은 도함수들, 고전적 적분공식이 적용되지 않는 길이를 구할 수 있는 곡선, 기본정리 II가 사실이 아닌 하낵-적분가능 도함수들의 예와 푸비니정리의 고전적 형태에 대한 반례들이 이러한 정신의 틀 안에서 받아들여졌던 것으로 보인다. 쇤플리스가 그의 보고서에 쓴 것처럼, 그들이 분류될 수 있는 법칙을 결정하기 위하여 가능한 한 많은 예외적 현상을 발견하기 위해 나아가는 것이었다.

---

16) 르베그의 유명한 "지배수렴정리 (Dominated Convergence Theorem)"를 언급하고 있다. 이 정리의 기술과 증명은 균등유계수열에 대한 르베그정리의 단순한 일반화를 나타낸다 (5.1절, 정리 5.3). 지배수렴정리는 [Lebesgue 1908: 12]에 처음으로 출판되었다.

그러나 르베그의 선배들의 업적이 낮게 평가되어서는 안 된다. 여러 성질들 사이의 논리적 관계들을 보여 줄 반례들을 찾아내는 것은 분명히 현대수학에서 중요한 역할을 한다. 그러나 이전의 연구는 또한 르베그에게 같은 발전을 독창성과 상상력을 갖고 보게 하였다.

제5장
현대 적분론의 창조

5.1 르베그의 적분론

앙리 르베그(Henri Lebesgue, 1875–1941)는 보렐과 베어처럼 에꼴 노말 수페리에르(Êcole Normale Supérieure)를 다녔고, 1897년에 졸업하였다.[1] 다음 2년은 르베그가 에꼴의 도서관에서 일하며 여러 개의 논문을 발표한 생산적인 시기였다. 또한 이 기간 동안에 보렐의 *Leçons*이 집합의 측도에 대한 새로운 접근법과 함께 나타났고 불연속함수에 대한 베어의 첫 논문들이 발표되었다. 베어의 결과에 대한 르베그의 관심이 그의 두 번째 논문 [1899a]에서 분명한데, 그것은 베어의 결과들을 실다변수함수로 확장한 것이었다. 1899년에 르베그는 Nancy에 있는 Lycée Central에서 교수직을 맡아 1902년까지 거기에 있었다. 1899년 6월과 1901년 4월 사이에 Academy of Science는 *Comptes Rendus*에 르베그의 5개 연구발표문 시리즈를 출판하였는데 [1899b, 1899c, 1900a, 1900b, 1901], 그것들이 결과적으로 그의 소르본느(Sorbonne) 박사학위 논문의 기초를 이루었다; 르베그가 처음으로 리만적분의 일반화를 발표한 것은 5번째 논문에서다.

이 시리즈의 두 번째 논문은 그가 곡면의 측도에 관한 문제라고 이름 붙인 것을 다룬다; 단순폐곡선에 둘러싸인 평면상의 "곡면 (surface)"들의 모임에 대하여 다

1) 르베그에 대한 더 많은 사실을 위하여 Kenneth O. May의 전기에 대한 개요와 참고문헌 [Lebesgue 1966: 1–7] 보기.

음과 같은 방식으로 문제가 제기되었다: "각 곡면에 면적이라고 불리는 수를 연결시키는데, 두 개의 같은 곡면은 같은 면적을 갖고, 일부의 공통경계를 갖고 서로 겹쳐지지 않는 유한개 또는 무한개의 곡면의 합집합으로 만들어진 곡면은 성분곡면의 넓이의 합을 그 넓이로 갖는 방식으로 연결시킨다. …" [1899c: 870]. 분명히, 르베그는 측도가 가산가법적이어야 한다는 보렐의 견해를 받아들였고 보렐과 드라크(Drach)의 영향을 받아 가정적 접근을 택하였다. 이와 관련하여 그는 또한 아다마르(Hadamard, J.)의 영향을 받았는데, 아다마르는 단지 유한가법성 만을 가정하면서 다각형의 면적에 대한 비슷한 문제를 제안하였다 [898: note D]. 아다마르는 다각형들에 대해 정의된 유한가법적인 면적함수는 전통적인 다각형의 면적의 정의와 일치한다는 것을 보였다.

르베그는 단순폐곡선에 의해 둘러싸인 영역 D의 내부는, 면적들의 합이 $c_i(D)$인, 가산개의 겹쳐지지 않는 다각형들의 합으로 표시될 수 있다는 것을 알아냈다. (이것은 $c_i(D)$의 정의로부터 나오는 간단한 결과이다.) 따라서 가산가법성은 D의 면적을 $c_i(D)$로 정의하는 것으로 이끈다. 그러나 D_1과 D_2가 경계곡선 C를 공통으로 가지면,

$$c_i(D_1 \cup D_2) = c_i(D_1) + c_i(D_2) + c_e(C)$$

이다. 왜냐하면 C가 $D_1 \cup D_2$의 내부의 일부가 되기 때문이다. 따라서 $c_e(C) = 0$이 아닌 한 (즉, 단지 죠르단–측정가능 영역들만 고려하지 않는 한) 문제는 풀릴 수 없다: 가법적인 면적함수를 정의하는 것은 불가능하다. 가산가법성은 여기서 죠르단의 측정가능성 정의와 충돌하지 않는다. 왜냐하면 르베그가 D를 D_n과 같은 모임에 속하는 합집합 $D = \bigcup_{n=1}^{\infty} D_n$으로 제한시켰기 때문이다. 그래서, 가정에 의해, D도 역시 죠르단–측정가능이고, 따라서 $c(D) = \sum_{n=1}^{\infty} c(D_n)$이다. 르베그는 아직 보렐의 측도의 정의를 사용하지 않았다. 이 논문 [1899c]의 나머지에서, 르베그는 3차원공간의 곡면에 대한 비슷한 면적 문제를 다루었고, 그의 이전의 곡면의 면적 정의에 기초하여 곡면적분 $\int_S f(x, y)\, dS$의 정의를 주었다.

르베그는 "비정상적인" 함수를 갖고 있는 것을 주로 걱정하며, 여전히 그의 연구결과의 가치에 대해 확신이 없었기 때문에, 망설이다가 발표문들에 있는 결과들을

그의 박사학위 논문으로 제출하였다 [1922 : 12 − 14]. (학위논문 위원회의 수학자는 피카르(Picard, E.)와 구루사(Goursat)였다.) 확실히 그는 시리즈의 첫 번째 논문이 − 비록 Académie에 5개 논문 모두를 제출한 피카르가 그것을 옹호하였지만 − *Comptes Rendes*에 포함되는 것에 대해 에르미트가 반대하였다는 사실 때문에 자신을 갖지 못했다. 르베그가 지적한대로, 에르미트가 스틸테스에게 "무섭고 공포를 느껴 이 통탄할 만큼 귀찮은 도함수를 갖지 않는 함수들로부터 멀리 방향을 돌린다" 라고 쓴 몇 년 후에 에르미트의 반대가 알려졌다 [Hermite and Stieltjes 1905: II, 318].

르베그는 그의 학위논문을 "적분, 길이, 면적 (Intégrale, longueur, aire)"이란 제목으로 제출하였고, 1902년에 이탈리아 논문집 *Annali di Matematica*에 발표하였다. 제1장은 집합의 측도를 다룬다. 그의 이전의 노트를 모방하며, 그는 유계집합 E에 대한

(1) 어떤 집합 E에 대해 $m(E) \neq 0$;

(2) 모든 실수 a에 대해 $m(E+a) = m(E)$;[2)]

(3) $n = 1, 2, 3, \cdots$ 에 대해 E_n들이 서로 소이면 $m(\bigcup_{n=1}^{\infty} E_n) = \sum_{n=1}^{\infty} m(E_n)$

을 만족시키는 음이 아닌 측도 $m(E)$를 정의하는 문제를 제기하였다. 이 성질들로부터 $m([0, 1]) \neq 0$이 나온다; 관례적으로, $[0, 1]$의 측도를 1로 잡으면, I_n들이 겹쳐지지 않는 구간들일 때, $m(\bigcup_{n=1}^{\infty} I_n) = \sum_{n=1}^{\infty} L(I_n)$이 성립한다. 따라서 $m(E)$가 정의될 수 있으면, 그 값은, I_n들이 E를 그들의 합집합에 포함하는 구간을 나타낼 때, 수

$$\sum_{n=1}^{\infty} L(I_n) \tag{4}$$

보다 작거나 같을 것이다.[3)] 수 (4)들의 최대하계가 $m_e(E)$로 나타내어지는 E의 외측도(outer measure)로 정의된다. 그래서 $m(E)$가 정의될 수 있으면,

2) $E+a$는, x가 E에 속할 때, $x+a$ 형태의 모든 수들의 집합이다.

3) E가 F의 부분집합이면, $m(E) \leq m(F)$이다; 이것은 (3)과 측도가 양이라는 것으로부터 성립한다.

$m(E) \le m_e(E)$이다.

르베그의 외측도의 정의는 – 보렐의 아이디어를 따르며 – 외용량의 정의를 그대로 일반화한 것이다. 그러나 르베그의 적분가능성의 정의와 내측도의 정의는 죠르단의 아이디어를 더 섬세하게 일반화한 것이다. 내용량을 비슷하게 일반화하는 것은 사실상 전혀 일반화가 아니다; 그것은 내용량의 정의와 대등하다. 반면에 죠르단–측정가능 집합 E는 $E \subset [a, b]$이면 측정가능 집합들에 대한 c_e의 유한가법성에 의해 $c_e(E) + c_e([a, b] - E) = b - a$인 성질을 갖는다. 르베그는 따라서 $E \subset [a, b]$이면

$$m_e(E) + m_e([a, b] - E) = b - a \tag{5}$$

인 유계집합들 E의 모임을 생각하도록 아마 이끌어졌을 것이다. $E \subset [a, b]$의 내측도가 $m_i(E) = b - a - m_e([a, b] - E)$로 정의되면, (5)는 $m_i(E) = m_e(E)$일 때 또 그때에 한해 성립한다. $m_i(E) = m_e(E)$인 유계집합 E를 르베그는 측정가능하다고 정의하였다.

르베그의 측정가능성 정의는, 르베그가 했던 것처럼, (1)–(3)과 또한 $m([0, 1]) = 1$을 만족시키는 측도 $m(E)$를 정의하는 문제와의 연관성을 강조함으로써 약간 다른 면을 볼 수 있다. 이미 보았던 것처럼, $m(E)$가 정의될 수 있으면, $m(E) \le m_e(E)$이다. 또한

$$m_i(E) = b - a - m_e([a, b] - E) \le b - a - m([a, b] - E) = m(E)$$

이므로 $m_i(E) \le m(E) \le m_e(E)$이다. 적어도 측정가능 집합에 대해서는, 따라서 측도 문제에 대한 단 한 개의 해답, 즉 $m(E) = m_i(E) = m_e(E)$이 있다. 르베그의 측정가능 집합은 그러므로 르베그가 제기한 것처럼 측도 문제가 유일한 해답을 갖는 광범위한 집합들의 모임을 나타낸다.[4)]

다음으로 르베그는 측정가능집합들의 가산합집합 또한 측정가능하고 (3)이 성립한다는 것을 보였다. 그래서 측도문제는 적어도 측정가능 집합들의 모임에 대해서는 해결됐다. 그는 또한 (3)으로부터 다음의 유용한 성질들을 유도해 냈다:

4) 비측정가능집합의 예들이 나중에 G. Vitali [[905b]와 E.B. Van Vleck [1908]에 의해 만들어졌지만, 르베그 [1907c]는 그렇게 만들어지는 것에 대해 만족해하지 않았다.

(6) $E_2 \subset E_1$일 때 $m(E_1 - E_2) = m(E_1) - m(E_2)$;

(7) $E_n \subset E_{n+1}$일 때 $m(\bigcup_{n=1}^{\infty} E_n) = \lim_{n\to\infty} m(E_n)$;

(8) $E_{n+1} \subset E_n$일 때 $m(\bigcap_{n=1}^{\infty} E_n) = \lim_{n\to\infty} m(E_n)$.

이 성질들은 보렐에 의해서도 주목을 받았었다 (그리고 (7)은 오스굿에 의해서도).

분명한 부등식

(9) $c_i(E) \le m_i(E) \le m_e(E) \le c_e(E)$

는 르베그가 모든 죠르단-측정가능 집합이 르베그-측정가능이고 부여된 측도가 같다는 결론을 내리게 하였다. 르베그는 그리고 보렐의 정의를 생각하였다: E를 르베그 측정가능 집합이라 하고 ϵ_n을 0으로 단조감소하는 임의의 수열이라고 하자. 정의에 의해, E는 합집합 A_i가 측도 $m(E) + \epsilon_i$를 갖는 가산개의 겹쳐지지 않는 구간들로 덮일 수 있다. 그러면 $E_1 = \bigcap_{i=1}^{\infty} A_i$는 보렐 측정가능이고 E를 포함하고, $E_1 - E$는 0 측도를 갖는다. 그래서 $E_1 - E$는 $m(B_i) = \epsilon_i$이고 A_i에 포함되는 구간들의 가산 합집합 B_i에 포함될 수 있다. 집합 $e = \bigcap_{i=1}^{\infty} B_i$는 따라서 보렐 측정가능하고 그것의 측도는 0이다. 요약하면, 르베그는 다음을 증명하였다 ($E_2 = E_1 - e$를 갖고):

정리 5.1

E가 측정가능하면, $E_1 \supset E \supset E_2$이고 $m(E_2) = m(E) = m(E_1)$인 보렐 측정가능 집합 E_1과 E_2가 존재한다.

이 결과는, 르베그가 지적한 것처럼, 르베그측정가능 집합들은 보렐이 비보렐집합들을 위해 소개했던 "부등식 계산"에 의해 명확한 측도가 부여되는 집합이라는 것을 보인다. 르베그는 이 관계를 효과적으로 사용하였다.

르베그의 측도론은, 보렐의 측도론 보다 훨씬 더 명확하고 일반적으로 전개되었지만, 보렐의 아이디어들을 자연스럽게 확장한 것이다. 그러나 이 측도론을 적분론에 적용한 것에 대한 공은 르베그에게 간다. 응용은 그의 논문의 2장에서 보였는데, 2장은 집합의 용량과 적분사이의 관계에 대한 논의로 시작한다 (서론에서 나타낸 순서를 따라):

$$(10) \qquad \overline{\int_a^b} f = c_e(E^+) - c_i(E^-) \text{와} \quad \underline{\int_a^b} f = c_i(E^+) - c_e(E^-)$$

여기서 E^+와 E^-는 f의 그래프에 의해 둘러싸이고 각각 $x-$축 위와 아래에 놓이는 영역을 나타낸다. 이 관계가 이전에는 이 정도의 정확함과 일반성을 갖고 기술되지는 않았었지만 이 관계를 하낵, 페아노, 그리고 분명히 다른 사람들도 인식하였다. 르베그가 이 관계들을 생각하였을 때, "즉각적으로 다음의 일반화를 제시한다 …" [1902a : 250] : f가 $[a, b]$에서 정의되고 유계라고 하자. f의 그래프에 의해 둘러싸이는 영역 $E = E^+ \cup E^-$가 측정가능하면 (그래서 E^+와 E^-도 또한 측정가능하면), 적분이

$$(11) \qquad \int_a^b f = m(E^+) - m(E^-)$$

로 정의될 수 있다. 비슷하게 상적분과 하적분이 (10)에서와 같이 정의될 수 있다. (11)에 의해 주어진 관계는 르베그의 적분정의의 기하학적 형태를 나타낸다. (9)의 부등식 때문에 르베그의 정의가 리만의 정의를 특수한 경우로 포함한다는 것은 즉각적으로 분명하다. 그러나 비교적 단순한 이 일반화는 르베그가 성취한 것의 단지 시작에 불과하다. 왜냐하면 그의 학위논문과 뒤이은 논문들에서 그는 그의 정의가 이전의 정의들 보다 월등함을 훌륭하게 보여주었기 때문이다.

이 방향으로의 첫걸음은 일반화된 적분을 좀 더 다루기 쉬운 형태로 만드는 것, 즉, 리만적분이 코시합의 극한으로 정의된 방법과 비슷하게 적분을 해석적으로 정의하는 것이었다. 간단하게 하기 위하여 f를 $[a, b]$에서 정의된 음이 아닌 함수라 하자. 리만의 정의의 해석적 형태는 $E = E^+$의 면적의 근사값을 주는 내접사각형들과 외접사각형들의 면적을 합하여 얻어진다. 르베그의 아이디어는 정의역

$[a, b]$ 대신에 f의 치역을 분할하는 것이었다. 즉, m과 M이 $[a, b]$에서 f의 최대하계와 최소상계를 나타내면, P를 구간 $[m, M]$의 분할

$$m = a_0 < a_1 < a_2 < \cdots < a_n = M$$

이라 하고

(12) $$a_i \le f(x) < a_{i+1}$$

인 모든 x들의 집합 e_i를 생각하자. 그러면 $e_0, e_1, e_2, \cdots, e_{n-1}$은 $[a, b]$를 분할하고, 평면의 집합 E는 밑변을 e_i로 하고 높이를 각각 a_i와 a_{i+1}로 하는 일반화된 직사각형 사이에 놓인다 (그림 6 보기). 이 두 집합의 측도는 $\sum_{i=0}^{n-1} a_i m(e_i)$와 $\sum_{i=0}^{n-1} a_{i+1} m(e_i)$이다. 즉, $\int_a^b f = m(E)$는 이 두 측도 사이에 놓인다. 그러나 그들의 차이는 $\sum_{i=0}^{n-1} (a_{i+1} - a_i) m(e_i) \le \| P \| (b-a)$이다. 여기서 $\| P \|$는 전과 같이 차 $a_{i+1} - a_i$들의 최대값이다.

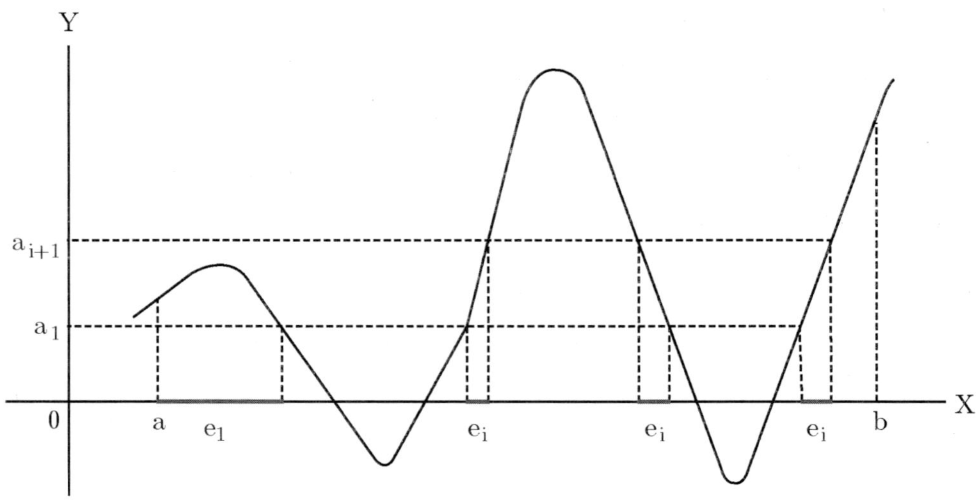

그림 6

따라서 $\int_a^b f = \lim_{\|P\| \to 0} \sum_{i=0}^{n-1} a_i m(e_i) = \lim_{\|P\| \to 0} a_{i+1} m(e_i)$이다. 이 논법을 완전하게 하기 위하여, 집합 e_i들이 측정가능해야 한다. e_i의 측정가능성은 f가 (11)에 의해 적분을 가지면, 임의의 실수 a에 대해, $f(x) > a$인 점 x들의 집합이 측정가능하다는 정리로부터 성립한다. 르베그는 이 정리를 정리 5.1과 평면의 보렐-측정가능 집합과 좌표축 중의 하나와 평행한 직선과의 교집합이 선형 보렐-측정가능 집합이라는 사실을 사용하며 보였다. 함수 f (유계이던 아니던)에 대해, $c < f(x) < d$인 x들의 집합이 모든 c와 d에 대해 측정가능이면, f는 "합가능함수 (summable function)"라고 이름 붙여졌다. 우리는 르베그가 나중에 사용한 것을 따라 그러한 함수를 "측정가능 함수 (measurable function)"라고 할 것이다. 르베그는 그래서 그가 적분을 일반화한 것이 다음과 같이 표현될 수 있다는 것을 보였다: f가 $[a, b]$에서 정의되고, 유계이고, 측정가능이면, f는 합가능하다고 하고 f의 적분은

(13) $$\int_a^b f = \lim_{\|P\| \to 0} \sum_{i=0}^{n-1} a_i m(e_i) = \lim_{\|P\| \to 0} \sum_{i=0}^{n-1} a_{i+1} m(e_i)$$

이다. 여기서 e_i는 (12)를 만족시키는 x로 이루어진다.

르베그가 일반화한 적분은 리만적분에 대한 죠르단의 정의를 "자연스럽게" 일반화한 것 (서론에서 논의된 것과 같은)과 비교되어야 한다. 순수하게 논리적 입장에서, 두 일반화된 것은 대등하고[5], 틀림없이 죠르단이 리만의 정의를 재구성한 것이 르베그로 하여금 $[a, b]$를 단순히 구간으로 분할하는 대신에 (르베그)측정가능 집합들로 분할하는 것에 기초한 해석적 정의의 가능성을 생각하도록 하였다. 그러나 역사적 관점에서, 르베그가 $[a, b]$를 분할하는 집합 e_i들의 특성을 결정하기 위하여 $[m, M]$의 분할을 사용하였다는 것이 매우 중요한 것 같다. 그러한 접근은 측정가능 함수 개념을 도입할 필요가 있게 하였다; 르베그의 추론과 주요 결과들로 이끈 것은 측정가능 함수들의 성질들과 집합 e_i들의 구조였다. (이 개념들의 중요성은 특히 정리 5.2, 5.3, 5.8, 5.10, 5.11, 그리고 5.12의 증명에서 분명하다.) 르베그의 정의의 형태가 중요했다는 것은 아마도 영(Young, W.H.)이 죠르단의 정의를 "자연스러운" 일반화로 일반화하는 데에서 르베그의 업적인 아름다운 정리들

5) 예를 들어, J.H. Williamson, *Lebesgue Integration*, New York, 1962, pp. 39 ff, 특히 pp. 50–51의 정리 3.3e와 따름정리 보기.

을 아무 것도 발견하지 못했다는 사실에서 확인된다 (5.2 보기).

해석적 정의에 의해, 르베그는 적분의 기본적 성질들을 확립할 수 있었다. 옛 정의와 새로운 정의 사이의 차이는 그러나 다음 정리로 밝혀지기 시작하였다:

정리 5.2

f_n이 $[a, b]$에서 정의된 측정가능 함수들의 열이고 $f(x) = \lim_{n\to\infty} f_n(x)$가 존재하면, f도 또한 측정가능하다.

증명은 측정가능 집합의 성질들로부터 나오는 간단한 결과이다.

베어의 연구결과는 어떤 부류의 함수들의 "극한함수" $f(x) = \lim_{n\to\infty} f_n(x)$도 마찬가지로 그 부류에 속할 가능성에 대한 관심을 불러 일으켰다 (4.4 보기). 베어의 연구는 그를 다음과 같이 함수들을 분류하는 아이디어로 이끌었다 (논의되는 모든 함수들은 공통의 점집합에서 정의되는 것으로 가정된다): 함수 f가 연속이면 f는 0류(class 0)에 속하는 것으로 정의된다; f가 연속이 아니지만 f_n들이 연속이고 $f(x) = \lim_{n\to\infty} f_n(x)$이면 1류; f가 0류 또는 1류에 속하지 않지만 f_n이 0류 또는 1류이고 $f(x) = \lim_{n\to\infty} f_n(x)$이면 2류. 초한귀납법에 의해, Ω보다 작은 모든 순서수(ordinal number) γ에 대해 γ류의 함수들을 정의할 수 있다. 베어는 Ω보다 작은 어떤 γ에 대해 γ류의 모든 함수들로 이루어진 모임 E가 그것의 모든 극한함수를 포함한다는 것을 증명하였다.

정리 5.2는 모임 E에 대한 베어의 결과에 의해 르베그에게 제시되었을 수 있다. 그 정리는 "베어함수들" - 즉, E의 원소 - 는 항상 측정가능하고 따라서, 르베그가 말한 대로, 더 넓은 그의 적분론의 영역을 밝혀 준다. 특히, 적분론에서 다룰 수 없는 것으로 보였던 유명한 디리클레의 함수의 예 - x가 유리수일 때 1을 취하고 x가 무리수일 때 0을 취하는 함수 - 는 르베그적분을 갖는다. 왜냐하면, 베어가 알아냈던 것처럼, 그 함수는 2류에 속하기 때문이다. 사실 이때에 르베그는 비측정가능집합을 만들어 낼 수 없어서 유계이고 합가능하지 않은 함수의 예를 만들어 낼 수 없었다.

리만적분가능하지 않은 합가능 함수를 만들어내는 또 다른 방법이 르베그에 의해 발견되었다. 르베그는 그의 선배들이 피했던 정리를 사용하였다: 유계함수가 적분가능하기 위한 필요충분조건은 그것의 불연속점들의 집합이 측도 0인 집합을 이루는 것이다. f와 g가 연속이고 $g(x) \neq 0$이면, S를 $[a, b]-S$가 $[a, b]$에서 조밀하지만 0 측도를 갖는 집합이라고 할 때, 함수 F를 S의 점 x에 대해 $F(x)=f(x)$이고 $[a, b]-S$의 점 x에 대해 $F(x)=f(x)+g(x)$로 정의하자. 그러면 F는 모든 곳에서 불연속이므로 적분가능할 수가 없다.

F가 합가능이 되는 이유는 르베그의 해석적 정의 (13)의 중요한 특성을 설명해준다: 그것은 임의의 유계 측정가능 집합 E에 대해 $\int_E f$의 정의를 준다; 필요한 것은 단지 $[a, b]$를 E로 대치하는 것이다. 더욱이, f가 두 개의 서로 소인 측정가능집합 E_1과 E_2에 대해 합가능이면, f는 분명히 그들의 합집합에서 합가능이다. F는 S에서 합가능이고 (F는 S에서 f와 동일하다) S의 여집합에서 합가능이다 (S의 여집합이 측도 0을 갖기 때문에); 따라서, F는 S와 그것의 여집합의 합집합인 $[a, b]$에서 합가능이다. 이 논법에 의해서 0 측도를 갖는 집합에서 함수값을 바꾸거나 무시해도 함수의 합가능성과 그것의 적분값은 영향을 받지 않는다는 사실이 나오는데, 이 사실은 나중에 푸비니가 찾아냈다 (5.3).

르베그의 가장 유용한 결과 중 하나는 다음의 아젤라와 오스굿의 정리들 (4.4)의 확장이다:

정리 5.3

f_n이 측정가능 집합 E에서 정의된 측정가능함수열로서 E의 모든 점 x와 모든 n에 대해 $|f_n(x)| \leq B$이고 $f(x)=\lim_{n\to\infty} f_n(x)$가 존재하면, $\int_E f=\lim_{n\to\infty}\int_E f_n$이다.

증명은 매우 간단하며 아젤라와 오스굿의 증명들과 비교되어야 한다. ϵ이 고정된 양수이고 e_n이 적어도 한 p값에 대해 $|f_{n+p}(x)-f(x)| \geq \epsilon$인 E의 점 x들의 집

합을 나타낸다고 하자. 그러면 e_n은 측정가능이고, e_{n+1}이 e_n에 포함되고, $\bigcap_{n=1}^{\infty} e_n = \varnothing$이다. 따라서 (8)에 의해, $\lim_{n\to\infty} m(e_n) = 0$이다. 그러면 부등식

$$\left|\int_E (f-f_n)\right| \le \int_{e_n} |f-f_n| + \int_{E-e_n} |f-f_n| \le 2Bm(e_n) + \epsilon m(E)$$

에 의해 정리가 성립한다. 르베그가 학위논문을 썼을 때, 그는 분명히 아젤라의 결과는 몰랐지만 오스굿의 결과는 알고 있어서 그것이 정리 5.3을 나오게 하였다. 증명에 대한 아이디어 – 집합 e_n들을 생각하는 것 – 는 오스굿의 보조정리와 그것이 오스굿의 비슷한 정리를 증명하는데 한 역할에 의해 르베그에게 제시되었을 수 있다.

디니, 볼테라, 그리고 다른 사람들이 발견한 것은 기본정리 II, 즉, $\int_a^b f' = f(b) - f(a)$가 리만의 이론에서 유계 적분불가능 도함수를 갖는 함수가 존재하기 때문에 일반적 타당성을 잃는다는 것을 보여 주었다. 르베그는 그러한 함수들의 존재를 다루는 문헌들을 잘 알고 있었고, 정리 5.3이, 적어도 유계도함수들에 대해, 기본정리 II가 성립하게 하는 것을 보았다. 특별히 그는 다음을 증명하였다:

정리 5.4

f'이 $[a, b]$에서 존재하고 유계이면, f'은 합가능이고 $\int_a^b f' = f(b) - f(a)$이다.

증명은 함수들 $g_h(x) = \dfrac{f(x+h) - f(x)}{h}$가 정리 5.3의 조건들을 만족시킨다는 사실에 기초한다. 그래서, f의 연속성이 $\left(\int_a^x f\right)' = f(x)$가 되게 하기 때문에,

$$\int_a^b f' = \lim_{h\to 0} \int_a^b g_h = \left[\lim_{h\to 0} \frac{1}{h} \int_x^{x+h} f\right]_a^b = f(b) - f(a)$$

이다.

르베그 이전에 적분개념을 비유계함수까지 확장하려는 여러 시도가 있었고, 그 중 몇은 3.3에서 논의되었다. 르베그의 정의의 해석적 형태 (13)은 그에게 그의 이론을 자연스럽고 훨씬 더 유용하게 비유계함수까지 확장할 수 있도록 하였다; 왜냐하면, f가 $[a, b]$에서 정의되고 측정가능이면, 우리는 $(-\infty, \infty)$의 분할 P, 즉,

$$\cdots < a_{-2} < a_{-1} < a_0 < a_1 < a_2 < \cdots$$

을 생각할 수 있다. 여기서 $\| P \|$는 유한이다. 전과 같이 e_i가 $a_i \le f(x) < a_{i+1}$인 x들로 이루어진 것으로 정의된다. 급수 $\sum_{i=-\infty}^{\infty} a_i m(e_i)$가 절대수렴하면, $\sum_{i=-\infty}^{\infty} a_{i+1} m(e_i)$도 절대수렴하고, 역도 성립한다. 어떤 분할 P에 대해 급수가 그렇게 수렴할 때, 함수 f는 "합가능"이라고 불린다. 왜냐하면, $\| P \| \to 0$일 때 두 합이 공통의 극한으로 접근하고 그것이 $\int_a^b f$로 정의되기 때문이다. 분명히 f는 $|f|$가 합가능일 때 또 그때에 한하여 합가능이다. (르베그의 정의는 $f(x)$가 무한인 x의 값들을 완전히 무시하고, $f(x)$가 유한개의 점에서만 무한이 될 것이라고 가정한 것을 알아야 한다.) 이 정의로부터 다음이 곧장 성립한다:

정리 5.5

f가 $[a, b]$에서 합가능이고 $\epsilon > 0$가 주어지면, $[a, b]$의 측정가능 부분집합 E로서 f가 E에서 유계이고 $E^c = [a, b] - E$일 때, $\int_{E^c} |f| < \epsilon$이 되는 E 가 존재한다.

이 정리는 르베그가 유계함수의 적분의 기본성질들을 비유계함수들의 성질들로 확장할 수 있게 하였다. 특히, $\int_a^x f$의 연속성이 이 방법으로 보여졌다.

다음에 르베그는 f'이 비유계일 때 기본정리 II를 생각하였다. 하낵은 이와 관련하여 조밀하게 분포된 불변구간들을 갖는 단조연속함수들이 존재하기 때문에 어려움을 만났었다 (3.3). 르베그는 그의 정의를 갖고 좀 더 긍정적인 결과들을 얻을 수 있었다. 함수 f가 유한값을 갖는 도함수 f'을 가지면, 정리 5.2에 의해 f'은 자

동적으로 측정가능하다. 그러나 $f(0)=0$이고 $x \neq 0$에 대해 $f(x)=x^2 \sin \frac{1}{x^2}$인 함수가 설명해 주는 것처럼, f'이 합가능일 필요는 없다. 반면에, 르베그는 다음의 중요한 결과를 얻을 수 있었다:

정리 5.6

f'이 유한값을 가지면, f'이 합가능일 필요충분조건은 f가 유계변동함수인 것이다; 그리고 f'이 합가능이면, $\int_a^b f' = f(b)-f(a)$이다.

증명에 대한 아이디어는 $[a, b]$에서 f의 전변동(total variation)은, 그것이 유한이건 무한이건, 정확히 $\int_a^b |f'|$ 라는 것을 보이는 것이다. 여기서 $\int_a^b |f'|$은 f'이 합가능하지 않을 때 무한으로 취해진다.[6] 논법을 약간 변형하면 다음을 얻는다:

정리 5.7

C가 x', y', z'이 존재하고 유한값을 갖는 x, y, z에 대해 $x=x(t)$, $y=y(t)$, $z=z(t)$로 정의되는 곡선이면, $\int_a^b [(x')^2+(y')^2+(z')^2]^{\frac{1}{2}}$이 존재하기 위한 필요충분조건은 C가 길이를 구할 수 있는 곡선이라는 것이다; 그리고 C가 길이를 구할 수 있는 곡선이면, 그것의 길이는 이 적분으로 주어진다.

이 결과는 적분개념과 곡선의 길이 개념 사이의 관계와 관련된 발전의 견지에서 생각되어야 한다 (3.4 보기). 르베그는 이 주제에 대한 뒤 보아-레이몽의 논문들

6) 죠르단은 그의 *Cours* [1882-87]에서 g가 리만적분가능하면 $G(x)=\int_a^x g$가 유계변동(bounded variation)을 갖고 $[a, b]$에서 G의 전변동은 많아야 $\int_a^b |g|$라는 것을 보였다.

과 후의 문헌들을 잘 알고 있었으며 정리 5.7을 곡선의 길이 개념에 대한 뒤 보아-레이몽의 접근방법과 일치하는 것으로 생각하였다 [Lebesgue 1902a: 234]. 그래서 3.4에서 논의된 발전이 정리 5.7이 나오게 자극하였고, 그것은 또한 순수하게 해석적인 정리 5.6이 나오게 자극하였을 수 있다. 곡선의 길이 구하는 이론에 대한 – 특히 곡선의 길이에 대한 고전적 적분공식의 타당성 문제에 대한 – 르베그의 관심은 모든 유계변동을 갖는 연속함수는 측도 0의 집합에서를 제외하고 유한한 도함수를 갖는다는 것을 그가 발견한 것과 밀접하게 연관되었다.

르베그의 적분에 대한 단원은 어떤 생각으로 끝을 맺는다: 일반화가 유용하기 위해서는 "적분이 적분학의 기본문제에 대한 해답을 주는, 즉, 그것의 도함수를 알고 함수를 찾는 …" 조건을 포함하여 적분의 특성이 되는 기본조건들을 그것이 계속 만족시켜야 한다 [1902a:281]. 적어도 유계함수에 대해 그의 정의는, 리만의 정의와 달리, 이 문제를 해결한다고 르베그는 말하였다. "제안된 정의가 조건들을 만족시키는 유일한 것이라는 것을 보여줄 수 없기 때문에, 나는 그것이 자연스럽고 기하학적 관점에서 그것이 거의 필요한 것 같다는 것을 보이려고 하였다" [1902a:282].

버킬(Burkill, J.C.)이 말한 것처럼 [1942-44: 484], 르베그의 학위논문이 "수학자가 여태까지 썼던 가장 훌륭한 것 중 하나" 인 것은 의심의 여지가 없다. 그럼에도 불구하고 르베그가 그의 적분에 대해 보일 수 없었던 어떤 리만적분의 성질들이 있었다. 이 중 가장 주목할 만한 것은 기본정리 I, 즉, 하낵의 용어로 "일반적으로" $\left(\int_a^x f\right)' = f(x)$로 표현되는 성질이다 (3.1 보기). 리만적분의 그 성질은 적분가능한 피적분함수 f는 일반적으로 연속이어야 한다는 사실로부터 유도되었다; 완전 불연속인 함수를 피적분함수로 받아들이는 적분의 정의에 대해 비슷한 성질이 성립할 것을 기대하지는 않을 것이다. 따라서 르베그의 학위논문에서 기본정리 I을 논의한 것을 찾을 수 없는 것은 놀라운 것이 아니다. 르베그는 또한 4개의 디니도함수에 대한 기본정리 II에 대한 디니의 결과들 (2.3)을 모방하려고 하는 데에서 어려움을 만났다. 우선 이 도함수들이 측정가능하다는 것이 즉각적으로 분명하지 않았지만 르베그는 그만큼은 보일 수 있었다. 그리고 그는, 디니도함수들이 유계이고 따라서 합가능일 때 단지 부등식

$$\int_a^b D_+ f \le f(b) - f(a) \le \int_a^b D^+ f$$

만을 끌어낼 수 있었다.

르베그는 1902–03학년도에 Collège de France에서 Cours Peccot강의를 하도록 선택되었다 – 1899년부터 1902년까지 보렐이 가졌던 특전. 그것은 르베그에게 유익한 기간이 되었고, 그는 학위논문에서 해결하지 못한 문제들 중 많은 것을 해결하고 더 많은 것을 알아 낼 수 있었다 [1903b, 1903c]. 이 새로 얻은 결과들을 포함했던 그의 강의들은 1904년에 *Leçons sur l'intégration et la recherche fonctions primitives*란 제목 하에 보렐이 편집한 모노그래프 시리즈의 6번째 책으로 출판되었다. (르베그 [1922: 14]에 의하면, 보렐이 적분론에 대한 그의 연구 결과의 가치에 대해 확신한 첫 수학자 – 르베그 자신을 포함하여 – 였다.) *Leçons* [1904]는 앞 단원들에서 논의된 문헌들을 르베그가 잘 알고 있었던 것을 충분히 보여주며 그의 새로운 결과들에 대한 우리의 논의의 근거가 될 것이다.

*Leçons*의 마지막 단원은 르베그의 적분론에 바쳐졌다. 여기서 그는, 또 다시 드라크(Drach)와 보렐을 모방하며, "적분문제"를 다음 여섯 개의 성질이 성립하는 f와 구간 $[a, b]$에 대응되는 실수 $\int_a^b f$를 정의하는 문제로 나타내며 시작하였다:[7)]

(14) $$\int_a^b f(x)\,dx = \int_{a+h}^{b+h} f(x-h)\,dx;$$

(15) $$\int_a^b f + \int_b^c f + \int_c^a f = 0;$$

(16) $$\int_a^b (f+g) = \int_a^b f + \int_a^b g;$$

(17) $$f(x) \ge 0\text{이고 } b > a\text{이면 } \int_a^b f \ge 0;$$

(18) $$\int_0^1 1 = 1;$$

(19) $$f_n(x) \nearrow f(x)\text{이면 } \int_a^b f_n \nearrow \int_a^b f.$$

7) 적분을 이 형태로 특징지은 것은 P.J. Daniell이 표현한 적분의 정의에 중요한 역할을 하였다.

르베그는 그리고 학위논문에서 제기했던 그의 정의의 필요성에 대한 문제를 명확하게 할 수 있었다. 우선, (16)과 (17)로부터, 임의의 실수 k에 대해,

(20) $$\int_a^b kf = k\int_a^b f$$

가 성립하고, (14), (15), (16)은

(21) $$\int_a^b 1 = b - a$$

임을 보인다. (21) 때문에, E가 $[a, b]$의 측정가능 부분집합일 때 $f = \chi_E$이면, (14)–(19)를 만족시키는 $\int_a^b f$의 유일하게 가능한 정의는

(22) $$\int_a^b \chi_E = m(E)$$

이다. (예를 들어, (16), (17), (19), 그리고 (21)을 사용하며 $m_i(E) \le \int_a^b \chi_E \le m_e(E)$라고 결론내릴 수 있다.) 일단 (22)가 증명되면, f가 유계이고 측정가능일 때 (14)–(17)을 만족시키는 $\int_a^b f$의 유일한 가능성은 르베그적분이다: 집합 e_i와 분할 $\{a_i\}$가 르베그의 적분정의에서와 같이 정의될 때 (방정식 (12)와 (13)),

(23) $$\varphi = \sum_{i=0}^{n-1} a_i \chi_{e_i} \text{이고 } \Phi = \sum_{i=0}^{n-1} a_{i+1}\chi_{e_i}$$

이면, (14)–(22)로부터

$$\int_a^b \varphi = \sum_{i=0}^{n-1} a_i m(e_i) \text{와 } \int_a^b \Phi = \sum_{i=0}^{n-1} a_{i+1} m(e_i)$$

이 필연적으로 나온다. 물론 이 두 합은 $\| P \| \to 0$일 때 f의 르베그적분으로 수렴하고, (17)을 부등식

(24) $$\varphi(x) \le f(x) \le \Phi(x) \text{와 } 0 \le \Phi(x) - \varphi(x) \le \| P \|$$

에 적용하면 $\int_a^b f$의 값이 확실해진다. 비슷하게 생각하며, 좀 더 일반적으로, f가 임의의 합가능함수이면, (14)-(19)를 만족시키는 유일한 $\int_a^b f$의 정의는 르베그적분이다. 그래서 "적분문제가 합가능함수에 대해서 제기되면, 그것은 유일한 방법으로 가능하다" [1904 : 115].

*Leçons*에서 르베그는 기본정리에 대한 더 많은 결과들을 내놓을 수 있었다. 그의 증명들이 매우 압축되었고 부분적으로 부정확하였기 때문에, 이탈리아 수학자 레비(Levi, B.)가 몇몇의 결과들에 대해 의문을 제기하였다 [Levi 1906a, 1906b, 1906c]. 레비에 답하며 르베그는 그의 원래 논법을 확대하고 바로잡았다 - 동시에 그의 아이디어가 이탈리아 수학자들에게 더 잘 알려지도록 하였다. 우리는 *Leçons*에 보여 진 기본적으로 맞는 증명들의 개요를 보일 때 이 수정된 것을 언급할 것이다.

학위논문에서, 르베그는 기본정리 II (르베그의 정리 5.6)를 디니도함수들로 확장하지 못하였다. 그는 구간들의 체인이라고 부른 것을 도입하여 [1904: 61-63] 정리 5.6에 대한 그의 원래 증명을 간단히 하고 그것을 디니도함수로 확장할 수 있었다; 정리는 다음과 같이 되었다:

정리 5.8

f가 $[a, b]$에서 연속이라 하고 Df가 f의 네 개의 디니도함수 중 하나 라고 하자. 그러면 Df가 유한값을 가질 때, Df가 합가능이기 위한 필요충분조건은 f가 유계변동을 갖는 것이다. Df가 합가능이면, $\int_a^b Df = f(b) - f(a)$이다.

기본적으로 증명방법은 정리 5.6에 대한 것과 같다: $[a, b]$에서 f의 전변동과 $\int_a^b |Df|$에 동시에 접근하는 합을 결정하는 것. 그러나 정리 5.8의 증명은 구간들의 체인을 사용한다. 다음 정리가 그러한 체인을 정의하고 존재를 보여 준다:

정리 5.9

$[a, b)$의 모든 x에 $[a, b]$에 포함되는 구간 $[x, x+h]$, $h>0$, 가 대응된다고 하자. 그러면 합집합이 $[a, b]$인 가산개의 겹치지 않는 구간 $[x_i, x_i+h_i]$가 존재한다. 이러한 구간들은 a에서 b까지의 구간들의 체인을 이룬다고 한다.

체인은 귀납적으로 정의된다: $[a, x_1]$을 가정에 의해 $x=a$에 대응되는 구간이라고 하자; $[x_1, x_2]$는 $x=x_1$에 대응되는 구간; 이런 식으로 계속한다. 모든 자연수 n에 대해 x_n이 b 보다 작으면, x_n은 극한 $x_w \le b$로 수렴하는 증가수열이다. $x_w < b$이면, $[x_w, x_{w+1}]$이 $x=x_w$에 대응되는 구간을 나타낸다고 하고, 초한귀납법에 의해 계속된다. 가산개의 단계 후에 $x_\alpha = b$인 어떤 x_α가 틀림없이 있다. 왜냐하면 임의의 자연수 n에 대해 길이가 $\frac{1}{n}$ 보다 큰 구간은 유한개만 있을 수 있기 때문이다.

그러면 정리 5.8의 증명은 다음과 같이 할 수 있다 [1904 : 121 – 123] : 양수 ϵ이 고정되고 P가 $\| P \| < \epsilon$인 임의의 $(-\infty, \infty)$의 분할 $\cdots < L_{-1} < L_0 < L_1 < \cdots$이라 하자. 집합 e_n이

$$L_n < D^+ f(x) \le L_{n+1}$$

인 $[a, b]$의 x들로 이루어진 것으로 정의되고 e_n들은 단순정렬(simply ordered) 열 $e_{n_1}, e_{n_2}, e_{n_3}, \cdots$으로 나열된다. 양항 수열 a_{n_i}가

$$\sum_{i=1}^{\infty} |L_{n_i}| a_{n_i} < \epsilon \tag{25}$$

이 되도록 선택된다. e_{n_1}이 측정가능이므로, 그것은 겹치지 않는 구간들의 합집합 A_{n_1}에 포함될 수 있다; 비슷하게, $[a, b] - e_{n_1}$은 $m(A_{n_1} \cap I_{n_1}) < a_{n_1}$인 합집합 I_{n_1}에 포함될 수 있다. 일반적으로, e_{n_k}와 $[a, b] - (e_{n_1} \cup e_{n_2} \cup \cdots \cup e_{n_k})$는 $m(A_{n_k} \cap I_{n_k}) < a_{n_k}$이고 A_{n_k}와 I_{n_k}는 둘 다 $I_{n_{k-1}}$에 포함되는 겹치지 않는 구간들의 합집합 A_{n_k}와 I_{n_k}에

각각 포함될 수 있다. 그러므로

$$m(A_{n_k}) - m(e_{n_k}) < a_{n_k} \tag{26}$$

가 성립한다.

구간들의 체인은 이제 [a, b)의 각 x에 $h \le \epsilon$이고

(27) x가 e_p에 속할 때, $(x, x+h)$가 A_p에 포함되고;

$$L_p \le \frac{f(x+h)-f(x)}{h} \le L_{p+1} + \epsilon \tag{28}$$

[8]

인 가장 큰 양수 h를 연결시킴으로써 결정된다. $[x_i, x_i+h_i]$가 정리 5.9에 부합되는 a에서 b까지의 체인을 나타내고, B_p가 x_i가 e_p에 속하는 모든 구간들 $[x_i, x_i+h_i]$의 합집합을 나타낸다고 하자. 르베그는 그리고

$$v_1 = \sum_p |L_p| m(B_p) \text{와 } v = \sum |f(x_i+h_i) - f(x_i)|$$

를 도입하였다. 여기서 v에 대한 합은 전체 체인 위에서 이다. 르베그는 이전에 ϵ을 충분히 작게 잡음으로써 v를 f의 전변동에 임의로 가깝게 만들 수 있다는 것을 증명했었다. 비슷하게, 충분히 작은 ϵ에 대해, (25)와 (26)을 만족하는 집합들 A_{n_i}와 I_{n_i}의 선택은 v_1이 $\sum |L_p| m(e_p)$에 – 따라서 $\int_a^b |D^+ f|$에 – 임의로 가깝게 만들어질 수 있다는 것과 $\sum_{p=-\infty}^{\infty} L_p m(B_p)$가 $D^+ f$가 합가능일 때 마찬가지로 $\int_a^b D^+ f$에 가깝다는 것을 보이고자 하는 것이었다. 나중에 르베그가 레비의 비평 후에 보인 것처럼 [1906b], a_{n_i}가 좀 더 주의깊게 선택되면 그렇게 될 것이다.

그 정리의 증명은 이제 (28)로부터 부등식

$$\begin{gathered} L_p h_i \le f(x_i+h_i) - f(x_i) \le (L_p + 2\epsilon) h_i \\ (|L_p| - 2\epsilon) h_i \le |f(x_i+h_i) - f(x_i)| \le (|L_p| + 2\epsilon) h_i \end{gathered} \tag{29}$$

---

8) 르베그의 표기법은 아마도 여기서 다소 혼동을 일으킨다. A_p는 e_p를 단순열로 재배열한 것에서 $p \leftrightarrow n_i$일 때 A_{n_i}를 나타낸다.

이 성립한다는 것으로부터 나온다. 고정된 p에 대해 x_i가 e_p에 있는 모든 i에 대해 이 부등식들을 합하고, 그리고 모든 p에 대해 합하면,

$$\begin{gathered}\sum L_p m(B_p) \le f(b)-f(a) \le \sum L_p m(B_p) + 2\epsilon(b-a); \\ v_1 - 2\epsilon(b-a) \le v \le v_1 + 2\epsilon(b-a)\end{gathered} \tag{30}$$

을 얻는다. 그래서 르베그는 D^+f가 합가능일 때 (29)와 (30)으로부터

$$\int_a^b D^+f = f(b)-f(a)$$

이고, 그렇게 되기 위한 필요충분조건은 f가 유계변동을 갖는 것이라고 결론내렸다.

이 결과로 르베그는 리만의 이론의 배경 안에서 디니가 이룩했던 것 (2.3)과 필적되는 것을 얻었고, 유계가 아닌 도함수의 경우에, 하낵이 야기되는 어려움들을 인식하기만 한 것에 반하여 (3.5), 기본정리 II를 위한 필요충분조건을 얻었다. 르베그의 결과로부터 곧장 나오는 것은 다음과 같다: f가 네 개의 디니도함수 모두 유한값을 갖는 유계변동연속함수이면, $f'(x)$가 측도 0인 집합에서를 제외하고 유한값으로 존재한다. 이 결과는 네 개의 디니도함수 모두 임의의 구간에서 같은 적분을 갖는다는 사실로부터 나온다. 사실,

$$f(b)-f(a) = {}^*\int_a^b f'$$

이다. 여기서 *는 $f'(x)$가 존재하는 $[a, b]$의 모든 x 위에서의 적분을 의미한다. 곡선의 길이에 대한 르베그의 논법은 모든 유계변동연속함수가 측도 0인 집합에서를 제외하고 유한한 도함수를 갖는다는 좀 더 일반적 결과를 증명할 수 있게 하였다.

연속함수 f에 대해, 정리 5.8이 적용되지 않는 두 가지 경우가 있다: (1) Df가 유한값을 갖지만 합가능이 아닌 경우, 그리고 (2) Df가 유한값이 아닌 경우. 학위논문 [1904: 269ff]에서 르베그는 기본정리 II (정리 5.6)를 합가능하지 않은 도함수까지 확장하는 문제를 간략하게 다루며 횔더(Hölder)의 적분과 비슷한 그의 적

분의 일반화를 제안하였다 (3.3). 그러나 그는 이 정의 방식이 유한값을 갖는 도함수를 모두 포함하지 않는 것을 예를 들어서 보였다. *Leçon sur l'integration*이 출판된 다음 해에, 한(Hahn, H.) [1905]이 모든 x에 대해 $f_1'(x)=f_2'(x)$이지만 f_1과 f_2가 상수만큼 다르지 않은 두 연속함수 f_1과 f_2를 만들어냈다. 한의 함수들은 – 우리가 기대할 수 있는 어느 곳에서도 조밀하지 않은 완전집합을 사용하여 만든 – 모든 곳에서 유한이 아닌 도함수를 갖는다. 따라서 적어도 (2)형의 함수 f에 대해서 기본정리 II가 적용되지 않는다. 왜냐하면 f가 f'에 의해 상수까지 결정되지 않고 따라서 적분과정에 의해 f'으로부터 얻어질 수 없기 때문이다.

한의 논문은 르베그 [1907b]로 하여금 기본정리 II가 (1)형의 함수까지 확장될 수 있는지를 다시 생각하게 하였다. 비록 르베그가 긍정적인 결론들에 도달하지 않았지만, f'으로부터 f를 어떻게 만들어내는지에 대한 그의 의견은 나중에 덴죠이(Denjoy, A.)에 의해 성공적으로 발전되었다. 에꼴 노말의 학생이었을 때, 덴죠이는 르베그가 적분에 대한 강의를 한 다음 해에 Collège de France에서 Cours Peccot로서 베어가 한 불연속함수에 대한 강의를 들었다. 또한 덴죠이는 베어의 강의록 [Baire 1905]을 보렐의 모노그래프 시리즈에 출판되도록 준비하는 책임을 맡아서, 베어의 테크닉을 매우 잘 알았다. 르베그의 의견을 베어가 개발한 초한법과 결합시킴으로써[9] 덴죠이는 적분개념을 유한값을 갖는 모든 도함수 Df를 포함하여 유한값을 갖는 어떤 합가능하지 않은 함수들까지 확장하였고, (1)형의 모든 함수에 대한 기본정리 II를 증명하였다.[10]

정리 5.8 보다 좀 더 놀라운 진전은 기본정리 I이 성립하기 위하여 연속성이 필수적인 것은 아니라는 것을 르베그가 발견한 것이었다:

9) 덴죠이의 방법은 베어 [1899: 33ff]가 그의 학위논문에서 사용한 것과 완전히 비슷하다. 베어가 같은 결과를 증명하기 위해서 *Leçons* [1905]에서 사용한 방법은 약간 다르다.

10) 덴죠이 [1912a; 1912b]는 $Df=f'$에 대해 기본정리 II를 증명하였다; 나중에 [1916] 그는 그것을 디니도함수들까지 확장하였다.

정리 5.10

f가 $[a, b]$에서 합가능이면, 거의 모든 곳에서 $\left(\int_a^x f\right)' = f(x)$이다.[11)]

"거의 모든 곳에서" – 하낵의 "일반적으로"와 비슷한 – 는 조건이 측도 0인 집합을 형성하는 점들을 제외하고 모든 점에서 성립하는 것을 의미하는 것으로 나중에 르베그가 도입하였다.

정리 5.10의 증명은 르베그가 자주 썼던 유용한 기법을 사용한다: 결과가 처음 특성함수 χ_E에 대해 증명되고, 그리고는 그러한 함수들의 일차결합에 대해서, 마지막으로 일반적인 합가능 함수에 대해서. 이 방법의 동기부여는 물론 특성함수의 일차결합이 그것의 적분이 주어진 합가능 함수의 적분값에 임의로 가깝게 되도록 결정될 수 있다는 것이다. 이 기법은 뒤 보아–레이몽이 부분적분법의 공식을 리만 적분까지 확장한 기법과 비슷하다 (2.2). 르베그가 뒤 보아–레이몽의 업적을 높이 평가한 것을 주목해야 한다.

그래서 르베그는 $f = \chi_E$ 형태의 함수를 생각하며 시작하였다: ϵ_p를 0으로 감소하는 양수들의 수열이라고 하자. 그러면 겹치지 않는 구간들의 합집합 A_p로서 $m(A_p) - m(E) < \epsilon_p$이고 $m(E_1) = m(E)$인 A_p가 존재한다. 여기서 E_1은 A_p의 교집합을 나타낸다. (정리 5.1 증명 보기.) 따라서 $\int_a^x \chi_E = \int_a^x \chi_{E_1}$ 이고 후자의 미분가능 성질을 생각하면 된다.

$$F_p(x) = \int_a^x \chi_{A_p} \text{ 이고 } F(x) = \int_a^x \chi_{E_1}$$

이면,

---

11) 이것과 관련된 결과들을 증명하는 과정에서, 르베그 [1903c: 1228]는 연속성과 측정가능성이 실제로 다음 의미로 관련된다는 것을 발견하였다: f가 측정가능하면, 거의 모든 x 값에 대해 측도 $\epsilon_2(\beta - \alpha)$인 집합에 속하는 $x_1{}'$의 값들을 제외하고 $|f(x') - f(x)| < \epsilon_1$인 임의의 두 양수 ϵ_1과 ϵ_2에 대응하여 x를 포함하는 구간 (α, β)가 결정될 수 있다. 측정가능성과 연속성의 관계는 그 이후로 여러 형태로 나타내졌다. 예를 들어, I.P. Natanson, Theory of Real Variable, vol.1, New York, 1955, pp. 101ff 보기.

$$1 \geq \frac{F_p(x+h)-F_p(x)}{h} \geq \frac{F(x+h)-F(x)}{h} \geq 0$$

이고, 따라서

$$1 \geq D^+F_p(x) \geq D^+F(x) \geq 0$$

이다. 이 지점에서, 르베그가 비록 증명을 보여주지는 않았지만, A_p에 속하는 x (여기서 분명히 $D^+F_p(x)=1$)와 측도 0인 집합을 제외하고 $D^+F_p(x)=0$이라는 사실을 사용하였다. 기하학적 용어로 – 르베그가 기하학을 좋아하였고 기하학적 경향의 관점이 그의 결과에 많이 보인다는 것을 기억해야 한다 – 르베그는 A_p의 계량밀도(metric density)가 거의 모든 점 x에서 $\chi_{A_p}(x)$와 같다고 가정하였다.[12)] $\int_a^x f$의 미분가능성을 르베그가 알게 한 것은 이 기하학적으로 훌륭한 겹치지 않는 구간들의 합의 성질을 르베그가 알아차린 것이었을 수 있다.

A_p에 속하는 x와 측도 0인 집합을 제외하고 $D^+F(x)=0$이라는 사실은, (30)과 함께, E_1에 속하는 x와 측도 0인 집합을 제외하고 $D^+F(x)=0$인 것을 증명해 준다. 더욱이 F와 D^+F가 분명히 정리 5.8의 조건들을 만족시키기 때문에,

$$\int_a^b D^+F = F(b)-F(a) = m(E_1)$$

이다. 따라서 D^+F는 양의 측도를 갖는 E_1의 부분집합에서 1 보다 작을 수 없다. 즉, 거의 모든 곳에서 $D^+F(x)=\chi_{E_1}(x)$이다.

정리 5.10을 합가능 함수까지 확장하기 위하여, 르베그는 (23)에 의해 정의된 함수들 φ와 Φ를 도입하였다. (24)의 부등식들로부터

(31) $$\frac{1}{h}\int_x^{x+h}\varphi \leq \frac{1}{h}\int_x^{x+h} f \leq \frac{1}{h}\int_x^{x+h}\Phi$$

---

12) 한 점 x에서 측정가능집합 E의 계량밀도는 $\lim_{\delta\to 0}\frac{m(E\cap(x-\delta,\ x+\delta))}{2\delta}$ 이다. 단 이 극한이 존재할 때. A_p와 관련된 위 주장의 증명은 1910년에 르베그 [1910b: 405]에 의해 처음 발표되었다. 밀도 개념은, 그러나, 일찍이 1903년에 르베그 [Lebesgue 1903c: 1229n1]에 의해 사용되었다.

가 나온다. 우선 f가 유계라고 가정하자. 그러면 φ와 Φ가 특성함수들의 일차결합들이어서, 거의 모든 곳에서 $\left(\int_a^x \varphi\right)' = \varphi(x)$와 $\left(\int_a^x \Phi\right)' = \Phi(x)$가 성립한다. 이 결과는 (31)과 함께, $F(x) = \int_a^x f$일 때, 거의 모든 곳에서 $\varphi(x) \le D^+F(x) \le \Phi(x)$임을 즉각적으로 보인다; 왜냐하면 $\| P \| \to 0$일 때 $\varphi(x)$와 $\Phi(x)$가 $f(x)$로 수렴하고, 그러면, 거의 모든 곳에서 $f(x) \le D^+F(x) \le f(x)$이거나 거의 모든 곳에서 $D^+F(x) = f(x)$이기 때문이다. 같은 논법이 다른 디니도함수들에 적용되고, 따라서 f가 유계일 때 정리 5.10이 증명된다.

르베그는 나중에 f가 유계가 아닌 경우에 정리 5.10을 생각하였지만 (레비가 이 경우에 정리가 성립하는지를 물은 후에), 함수 $\int_a^x \varphi$ 와 $\int_a^x \Phi$가 유한값을 갖는다고 가정하였다. 나중 [1907a]까지 보이지 않은 나머지 경우에 대한 증명은 이미 그것의 핵심이 *Leçons*의 다른 곳에 포함되었다 [1904 : 128]. 증명은 다음의 중요한 결과에 기초한다:

정리 5.11

f가 $[a, b]$에서 연속이고 유계변동을 가지면, 그것의 디니도함수들은 거의 모든 곳에서 유한이다.

르베그는 정리 5.8의 증명을 약간 조정함으로써 정리 5.11을 증명하였다. 이 조정은 약간 자세하게 볼 가치가 있다. 왜냐하면 정리 5.11이 유계변동을 갖는 연속함수가 거의 모든 곳에서 미분가능하다는 것을 르베그가 발견하게 이끈 일련의 추론에서 핵심적인 고리를 이루기 때문이다.

정리 5.8의 증명에서, 집합 e_p들은 $[a, b]$의 모든 점들을 포함하였다. 정리 5.11을 위해서는 $e_{-\infty}$와 $e_{+\infty}$가 추가되어야 한다. 여기서 이 두 집합들은 각각 $D^+F(x) = -\infty$인 점들의 집합과 $D^+F(x) = \infty$인 점들의 집합으로 정의된다. 이 집합들과 관련되는 집합들은 A_p와 비슷하게, $A_{-\infty}$와 $A_{+\infty}$이다. 정리 5.8의 증명에서와 같이, a에서 b까지의 구간들의 체인은 여전히 $e_{-\infty}$ 또는 $e_{+\infty}$에 있는 각 x에 다음의 방식으로 정의되는 구간 $[x, x+h]$를 관련시킴으로써 얻어질 수 있다: ϵ이 정리 5.8의 ϵ을 나타낼 때, $\epsilon \searrow 0$이면 $M = M(\epsilon) \nearrow \infty$가 되게 하고, h가 다음과 같은 ϵ을 넘지 않는 최대의 양수를 나타낸다고 하자:

(27′) $$(x, x+h)\text{가 } A_{-\infty}(\text{또는 } A_{+\infty})\text{에 포함된다;}$$

(28′) $$\frac{f(x+h)-f(x)}{h} < -M \ \ (\text{또는} > M)$$

그러면 $[a, b)$의 모든 x는 대응되는 $[x, x+h]$를 가져서, a에서 b까지의 체인 $[x_i, x_i+h_i]$가 존재한다. $B_{-\infty}$와 $B_{+\infty}$가 각각 x_i가 $e_{-\infty}$와 $e_{+\infty}$에 있는 $[x_i, x_i+h]$들의 합집합을 나타내면, 정리 5.8의 (30)과 비슷하게, (27), (28), (27′), 그리고 (28′)으로부터

$$v_1 + Mm(B_{-\infty}) + Mm(B_{+\infty}) \le v + 2\epsilon(b-a)$$

가 나온다. $\epsilon \searrow 0$일 때 $M \nearrow \infty$이고 v가 유계이기 때문에, $m(B_{-\infty})$와 $m(B_{+\infty})$는 ϵ과 함께 0으로 간다. $A_{-\infty}$와 $A_{+\infty}$가 적절히 선택되면 $m(e_{\infty}) = m(e_{+\infty}) = 0$이 성립한다.

정리 5.8은 또한 르베그가 곡선의 길이 개념을 다루는 그의 학위논문의 결과들을 상당히 개선시킬 수 있게 하였다. 첫번째로, 정리 5.8의 증명을 약간 수정하면 다음을 얻는다:

정리 5.12

C가 $a \le t \le b$에 대해 $x = x(t)$, $y = y(t)$, $z = z(t)$에 의해 결정되는 연속곡선이고, x, y, 그리고 z가 유계 디니도함수를 가지면, 이 도함수들은 합가능이고 x', y', 그리고 z'이 거의 모든 곳에서 동시에 존재한다. 나아가서 C의 길이는

$$* \int_a^b [(x')^2 + (y')^2 + (z')^2]^{\frac{1}{2}}$$

으로 주어진다. 여기서 *는 x', y', 그리고 z'이 동시에 존재하는 모든 t 위에서 의 적분을 나타낸다.

정리 5.12는, 비록 디니도함수들이 유계이어야 하기 때문에 처음에 그것의 범위가 제한된 것처럼 보이지만, 곡선의 길이개념과 적분이 밀접하게 연관된 것을 보여 주기 때문에, 실제로 셰퍼와 다른 사람들의 견해 (3.4)를 믿지 않게 하였다 : C가 연속이고 길이를 구할 수 있는 곡선으로서, x, y, 그리고 z가 어떠한 구간에서도 상수가 아닌 매개변수식을 갖는다고 하자. 그러면 C는 곡선의 길이 s를 매개변수로 하여 나타낼 수 있다: $x = x_1(s)$, $y = y_1(s)$, $z = z_1(s)$. 그러면 x_1, y_1, 그리고 z_1의 디니도함수들의 절대값은 1에 의해 유계가 된다. 정리 5.12에 의해 $x_1{}'$, $y_1{}'$, 그리고 $z_1{}'$이 거의 모든 곳에서 동시에 존재하고

$$s = {}^*\int_a^b \left[(x_1{}')^2 + (y_1{}')^2 + (z_1{}')^2\right]^{\frac{1}{2}}$$

이다. "길이를 구할 수 있는 곡선은 따라서 일반적으로 접선을 갖는다" [1904 : 127]. 그리고 곡선에 대한 고전적 적분공식은 매개변수식과 적분영역을 적절히 선택하면 항상 성립한다. 그래서 르베그는 곡선의 길이 구하는 이론에 대해 적분의 중요성을 다시 확인시킬 수 있었다.

르베그의 결과는 셰퍼가 처음 보인 결과를 사용하여 연속이 아닌 길이를 구할 수 있는 곡선까지 쉽게 확장될 수 있다: $y = f(x)$가 $[a, b]$ 위에서 길이를 구할 수 있으면,

$$\varphi(x) = \left[f(a^+) - f(a)\right] + \sum_{a<t<x} \left[f(t^+) - f(t^-)\right] + \left[f(x) - f(x^-)\right]$$

일 때, 연속곡선 $y = \overline{f}(x) = f(x) - \varphi(x)$도 길이를 구할 수 있다. 나아가서, $y = f(x)$의 길이는 르베그적분으로 나타내질 수 있는 $y = \overline{f}(x)$의 길이와 $y = \varphi(x)$의 길이의 합과 같은데, $y = \varphi(x)$의 길이는

$$|f(a^+)-f(a)|+\sum_{a<x<b}|f(x^+)-f(x^-)|+|f(b)-f(b^-)|$$

이다.

$y=f(x)$ 형태, 즉, $x=t, y=f(t)$ 형태 - 세퍼가 생각했던 길이를 구할 수 있는 곡선류 - 의 곡선들에 대하여, x와 y는 결코 동시에 상수일 수 없고 위의 논법이 적용된다. 르베그는 이것으로부터 좀 더 심오한 결론을 끌어냈다 [1904 : 127 − 128]. 그는 $x=x_1(s)$, $y=y_1(s)$가 곡선 $y=f(x)$의 곡선길이 식을 나타내면, $x_1'(s)$와 $y_1'(s)$는 측도 0인 s의 값들의 집합에서를 제외하고 존재한다는 것을 알아냈다. 사상(mapping) $x \to s$는 구간들을 "늘리기(stretch)" 때문에, 대응되는 s의 집합 또한 0 측도를 갖는다. x가 $x_1'(s)$와 $y_1'(s)$가 존재하고 $x_1'(s)\neq 0$인 것이면, $f'(x)=\dfrac{y_1'(s)}{x_1'(s)}$가 존재한다. 더욱이, $x_1'(s)=0$인 x의 집합 E는 측도 0을 가져야한다. 그렇지 않으면 f의 디니도함수 중 하나가 양의 측도를 갖는 집합에서 무한이 될 것이고, 이것은 정리 5.11에 위배되기 때문이다.[13] (르베그가 정리 5.11의 증명을 지적한 것은 이 지점이다.)

요약하면, 르베그는 다음을 증명하였다:

정리 5.13

유계변동을 갖는 임의의 연속함수는 거의 모든 곳에서 유한 도함수를 갖는다.

그래서, 정리 5.11을 제시했던, 르베그의 정리 5.8의 증명과 곡선의 길이를 위한 적분공식에 대한 그의 결과들이 정리 5.13을 만들어내게 하였다. (사실, 정리 5.13은 적분론과 독립적이고 f가 연속이라는 가정없이 증명될 수 있다.) 정리 5.13은 어떤 의미에서 이전의 수학자들이 함수들은 대부분의 점에서 미분가능하다고 믿었던 것을 입증한다. 이 정리와 르베그의 곡선의 길이를 위한 적분공식에 대한 정리와 항별적분에 대한 정리는 또한 어떤 의미에서 18세기와 19세기 초기의 수학자들

13) 거의 모든 s에 대해, $x_1'(s)^2+y_1'(s)^2=1$이기 때문에, $y_1'(s)=0$인 E의 점들은 측도 0인 집합을 이룬다.

이 엄밀한 증명없이 가정했던 것을 이론적으로 정당화시켰다.

하낵은 리만적분을 유계가 아닌 함수까지 확장하는 것과 관련하여 절대연속성의 성질에 관심을 기울였다: 그는 또한 절대연속성을 횔더가 제안한 확장과 관련지으려고 하였다 (3.3). 용어 "절대연속성(absolute continuity)"은 1905년에 G. 비탈리가 도입할 때까지 르베그의 적분론과 관련지어서 나오지 않았지만, 성질 자체는 다른 수학자들이 유계가 아닌 함수들의 적분을 연구하던 1890년대에 자주 언급되었다.14) 하낵의 논문의 영향 하에, 이 수학자들은 모두 $\int_a^b |f|$가 존재하면 $F(x) = \int_a^x f$가 절대연속이라는 것을 알았다. 드 라 발레-푸생(Charles de la Vallée-Poussin)이 표현한대로, $\sum_{i=1}^{n} \int_{a_i}^{b_i} |f|$는 $\sum_{i=1}^{n} (b_i - a_i)$와 함께 0으로 수렴한다. 슈톨츠에게, 절대연속성은 절대수렴하는 하낵적분도 갖는 성질인, 리만적분의 특성 중 하나였다, 시카고대학의 무어(Moore, E.H. 1862-1932)는 절대연속성을 균등연속성의 일반화로 생각하였다.

무어의 업적은 특히 중요하다. 우선 그는 하낵이 그의 적분을 정의할 때 간과했던 어떤 차이점들에 관심을 불러 일으켰다. E가 용량 0인 $[a, b]$의 부분집합이라 하고 f가 E와 만나지 않는 모든 구간에서 리만적분가능한 함수라 하자. 각 I_i가 E와 만나면 구간들의 합집합 $U = \bigcup_{i=1}^{n} I_i$는 E를 좁게 덮는다 (cover E narrowly)고 말한다; 이것이 꼭 성립하는 것은 아니라면, U는 E를 넓게 덮는다 (cover E broadly)고 한다. 이 구별은 U의 용량이 0으로 접근할 때 $\int_a^b f_U$의 극한으로 적분이 정의될 때 중요해진다. 여기서 x가 U에 속하면 $f_U(x) = 0$이고 그렇지 않으면 $f_U(x) = f(x)$이다. 극한이 E를 좁게 덮는 U 위에서 취해지면, 결과로 나오는 적분은 좁은적분(narrow integral)이라고 불린다; U가 E를 넓게 덮으면 결과로 나오는 적분은 넓은적분(broad integral)이다. f가 넓게 적분가능하면, $|f|$도 그렇다.

무어는 또한 이 적분들 사이의 특징적 차이점이 넓은 적분들은 절대연속인 반면에 좁은 적분은 그럴 필요가 없다는 것임을 지적하였다. 이 점을 설명하기 위하여

14) De la Vallee-Poussin 1892; Jordan 1893-96: II, 49; Stolz 1898; Moore 1901a.

무어는 다음의 예를 만들었다: $[a_n, b_n]$을 $[a, b]$에 포함되고, 서로 소이고, a_n과 b_n이 b로 수렴하는 구간들의 무한열이라고 하자. $\sum_{n=1}^{\infty} u_n$은 임의의 조건부수렴하는 급수를 나타내자. $[a, b]$에서 f를 정의하는데, f가 각 $[a_n, b_n]$에서 연속이고 같은 부호를 갖고, $f(a_n)=f(b_n)=0$이고, $\int_{a_n}^{b_n} f = u_n$이고 $[a_n, b_n]$에 속하지 않는 x에 대해 $f(x)=0$이 되도록 f를 정의한다. 특별한 예는 $[a_n, b_n]$ 위에서 그래프가 $[a_n, b_n]$을 밑변으로 하고 $\frac{2u_n}{b_n - a_n}$이 높이인 이등변삼각형이 되는 함수 f이다. f는 비유계가 되는 b를 제외하고 연속이고 하낵-적분가능하다 - 즉, f는 $E=\{b\}$에 관해 좁게 적분가능하다 - 는 것을 보이는 것은 어렵지 않다. 반면에 f의 적분은 절대연속이 아니다. 왜냐하면 유한 부분수열 u_{n_j}가

$$\int_{a_{n_j}}^{b_{n_j}} f = \sum_j u_{n_j}$$

가 양수이고 큰 반면에 $\sum_j (b_{n_j} - a_{n_j})$는 임의로 작게 되도록 결정될 수 있기 때문이다.

이 예는 무어에게 휠더적분을 갖는 함수는 또한 하낵-적분가능하다는 하낵의 정리에 대한 반례를 제공하였다. a_n, b_n, 그리고 b를 포함하는 닫힌집합 H를 생각하자. H는 닫혀있어서 H에 끝점을 갖는 열린구간들의 여집합이다. 함수 g 또한 다음을 만족하도록 쉽게 만들어질 수 있다: (i) g가 한 점의 근방에서 유계가 아니기 위한 필요충분조건이 그 점이 H에 속하는 것이다; (ii) $E=H$에 대한 g의 좁은 적분이 존재한다; 그리고 (iii) $h=f+g$ 또한 정확히 H의 점들에서 비유계가 된다. 무어의 정리는 $E=H$에 대한 f의 좁은적분이 존재할 수 없다는 것을 보여 준다; 그래서 h는 $E=H$에 대해 좁게 적분가능할 수 없다. 반면에 h는 휠더의 의미에서 적분을 갖는다. 왜냐하면 $F(x)=\int_a^x f + \int_a^x g$가 h의 휠더부정적분을 위한 조건들을 만족시키기 때문이다. 여기서 $\int_a^x f$는 $E=\{b\}$에 대한 f의 좁은적분이고

$\int_a^x g$는 $E=H$에 대한 g의 좁은(또는 넓은)적분이다.

요약하면, 절대연속성은 절대수렴하는 적분을 특징짓는 성질로 간주되었다. 그러나 아무도 임의의 절대연속함수는 절대수렴하는 적분 $\int_a^x f$이어야한다는 것을 보이는 것을 실제로 시도하지 않았다. 왜냐하면 그것이 f의 존재성을 보이는 것을 포함할 것이기 때문이었다. 뒤 보아–레이몽이 f가 임의의 유계함수일 때 $\int_a^x f = \int_a^x g$인 리만–적분가능 함수 g의 존재를 증명하려고 했을 때, 그가 그러한 종류의 증명을 하려고 한 유일한 수학자였다. 뒤 보아–레이몽은 곧 이 시도를 포기하였는데, 그것은 아마도 그가 리만의 정의가 g를 만들어낼 수 있도록 충분히 일반적이 아니라는 것을 보았기 때문이다 (2.2). 하낵적분이 아닌 횔더적분에 대한 무어의 예는 또한 정적분의 극한으로 정의하는 것으로부터 나아가는 적분개념과 대등할 부정적분의 존재에 근거한 적분개념을 만들어내려는 하낵의 외로운 시도를 무너뜨렸다.

르베그는 드 라 발레–푸생, 무어, 그리고 하낵의 연구결과를 잘 알았으며, *Leçons*에서 그의 적분론과 관련하여, 절대연속 개념이 정확하게 적분개념에 접근하는 두 방법을 일치시키는데 필요한 것이라는 것을 보일 수 있었다. 우선 $[a, b]$에서 정의된 유계함수 f의 경우에, 르베그는 거의 모든 곳에서 $F'(x)=f(x)$인, 유계 디니도함수를 갖는 연속함수 F가 존재하면 f를 "합가능(summable)"이라고 정의하였다. 그러면 $\int_a^b f$는 $F(b)-F(a)$로 정의된다. 이 정의가 모호하지 않다는 것은 볼테라와 셰퍼에 기인하는 정리를 르베그가 일반화한 형태로부터 알 수 있다:

정리 5.14

거의 모든 곳에서 $D^+F(x)=D^+G(x)$이고 $D^+F(x)$와 $D^+G(x)$가 유 계이면, $F-G$는 상수이다.

Leçons 끝에 있는 매우 간단한 각주에서 르베그는 유계가 아닐 수 있는 좀 더 일반적인 함수의 경우를 생각하였다. 그는 정리 5.11과 관련하여, 조밀한 불변구간들을 갖는 연속단조함수의 존재가 유계변동을 갖는 연속함수가 적분일 필요는 없다는 것을 가리킨다는 것을 알아냈다. 적분이기 위하여, 그러한 함수는 또한 절대연속성의 조건을 만족시켜야 한다는 것을 그는 알아냈다. 하낵도 물론 그것을 알아차렸다. 그러나 르베그는 절대연속성이 실제로 충분하다는 것을 인식하고 다음을 덧붙였다: "$f(x)$가 유계가 되는 조건을 따르지 않고, $F(x)$도 유계의 유도수(derived numbers)[디니 도함수들]를 갖는 조건을 따르는 것이 아니라 앞의 조건[즉, 절대연속성]을 따르면, 이 단원에서 전개된 적분과 대등하고, 유계이건 아니건 모든 합가능 함수들에 적용되는 적분의 정의를 갖는다" [1904: 129n]. 바꿔 말하면:

정리 5.15

F가 $[a, b]$에서 절대연속이기 위한 필요충분조건은 $[a, b]$의 모든 x에 대해 $F(x) = \int_a^x f$인 합가능 함수 f가 존재하는 것이다.

르베그는 이 정리의 증명을 하려고 애쓰지 않았으며, 절대연속에 대한 첫 증명을 발표하고 "절대연속성(absolute continuity)"이란 용어를 내놓은 G. 비탈리 만큼 절대연속 개념이 유용한 것을 완전히 예견하지 않았던 것 같다 (5.2 보기). 그럼에도 불구하고 르베그가 그 뒤로 내놓은 증명 [1907b]은 훨씬 더 간단하고, 개념에 있어 *Leçons*의 방법이나 결과들과 매우 일치하여서 그것이 르베그가 정리 5.15를 발표할 때 아마도 근본적으로 그가 생각했던 것을 나타내기 때문에 지금 비탈리의 것 보다 더 흥미롭다.

르베그적분이 절대연속인 것을 보는 것은 어렵지 않다; 르베그가 성취한 것은 역을 증명한 것이다. 즉 F가 절대연속이라고 가정하자. 그러면 F는 유계변동을 갖고 따라서 정리 5.13에 의해 $F'(x)$가 거의 모든 곳에서 존재한다. 정리 5.15에

있는 f에 대한 분명한 후보는 $F'(x)$가 존재하는 점 x에서 $f(x)=F'(x)$이고, 그렇지 않으면 $f(x)=0$인 함수 f이다. $F(x)=\int_a^x f$임을 보이기 위하여, 르베그는 $g(x)=\int_a^x f-F(x)$를 생각하였다. (정리 5.11의 증명으로부터 f가 실제로 합가능인 것이 나온다.) 정리 5.10에 의해, 거의 모든 곳에서 $g'(x)=0$이고 g 또한 절대연속이다. 그러므로 g가 상수이어야 한다는 것만 보이면 된다. 방법은 근본적으로 르베그 [1904 : 78−79]가 정리 5.14를 보이기 위해 사용한 것이다: ϵ을 양수라 하자. E가 $g'(x)\neq 0$이거나 $g'(x)$가 존재하지 않는 점 x들의 집합을 나타낸다고 하자. E는 전체길이 L인 구간들의 합집합 A에 포함될 수 있다. 여기서 L은 임의로 작게 만들 수 있다. $[a,x)$의 각 t에 대해 t가 E에 있으면, $[t,t+h]$가 A에 포함되거나, $g'(t)=0$이면 $|g(t+h)-g(t)|\le \epsilon h$인 구간 $[t,t+h]$가 존재한다. 그러면 정리 5.9에 의해 a에서 x 까지의 구간 $[t_i, t_i+h_i]$들의 체인이 존재한다. 이제

$$|g(x)-g(a)|\le \sum|g(t_i+h_i)-g(t_i)|\le \sum{}'|g(t_i+h_i)-g(t_i)|+\epsilon(b-a)$$

이다. 여기서 $\sum'$은 A에 있는 모든 t_i 위에서의 합을 나타낸다. g가 절대연속이기 때문에, $\sum'$ 항은 L과 함께 0으로 수렴하고 정리가 증명된다.

5.2 측도와 적분에 대한 비탈리와 영의 업적

죠르단과 보렐의 측도론적 아이디어는 다른 수학자들도 그것을 생각하게 하였다. 이탈리아에서 비탈리(Giuseppe Vitali, 1875−1932)가 르베그의 것과 비슷한 측도론을 전개시켰다. 집합의 측도에 대한 비탈리의 흥미는 그가 유계함수의 리만 적분가능성에 대한 필요충분조건 (R_2)가 함수의 불연속성에 의존하지 않는 것을 발견한 데에서 생겼다 [Vitali 1903]. S_σ (f의 진폭 $\omega_f(x)$가 σ 보다 크거나 같은 점들의 집합)가 용량 0을 가져야 하기 때문에, 처음에는 그러한 의존성이 존재하는 것처럼 보인다. 그러나 비탈리가 알았듯이, 이 집합들은 닫혀있다; 그래서 f의 불연속점들의 집합 D의 모든 닫힌 부분집합들이 0 용량을 가지면, f는 적분가능

하다. 비탈리는 역 또한 사실이라는 것을 알아냈다: f가 적분가능이면, D의 모든 닫힌 부분집합이 0 용량을 갖는다. 달리 말하면, 유계함수가 적분가능하기 위한 필요충분조건은 D가 D의 모든 닫힌 부분집합이 용량 0을 갖는 성질을 갖는 것이다. f의 적분가능성은 전적으로 D의 성질에 달려있고 D의 점들에서 f의 행태에는 의존하지 않는다.

뒤이은 논문 [1904a]에서 비탈리는 적분가능함수 f에 대응되는 집합 D를 좀 더 간결하게 특징짓기 위하여 칸토르와 죠르단의 외용량과 비슷한 새로운 개념을 소개하였다. 그는 유계집합 G의 최소확장(minimal extension)을 G를 포함하는 유한개 또는 가산 무한개의 겹치지 않는 구간들의 합집합들의 길이의 합들의 최대하계로 정의하였다. 이것이 물론 $m_e(G)$이다. 비탈리는 $c_i(G) \le m_e(G) \le c_e(G)$ 이어서 죠르단-측정가능 집합의 최소확장은 그것의 용량임을 보았다. 하이네-보렐 정리를 구간으로부터 임의의 유계 닫힌집합으로 확장한 후에, 비탈리는 유계함수 f가 적분가능하기 위한 필요충분조건이 $m_e(D)=0$이라는 것을 증명하였다.

비탈리는 또한 보렐의 측도와 측정가능성의 정의를 잘 알고 있었고, 다음 논문 [1904b]에서 그의 아이디어를 보렐이 규정한 기본조건들을 만족시키고 보렐과 죠르단의 정의들을 특별한 경우로 포함하는 측도에 대한 이론으로 전개해 나갔다. 최소확장 개념으로부터 시작하며, 그는 일반적으로

$$m_e(G_1 \cup G_2) = m_e(G_1) + m_e(G_2) - Z$$

라는 것을 보았다. G_1과 G_2의 "얽힘" (allaciamento) Z는 각각 G_1과 G_2를 덮는 겹치지 않는 구간들의 합집합 A와 B의 공통부분에서 형성되는 겹치지 않는 구간들의 모든 합집합들 C의 전체길이의 최대하계로 정의된다. 그러면 $[a, b]$의 부분집합 G는 G와 $[a, b]-G$의 얽힘이 0이면 측정가능하다고 정의된다. 그것은 르베그의 측정가능성 정의와 대등하며, 사실상 르베그가 그의 학위논문에서 측정가능성이 이런 식으로 특징지어 질 수 있다고 지적하였다. 비탈리는 또한 성질들 (3), (6), (7), 그리고 (8)이 측정가능집합들로 제한된 m_e에 의해 만족된다는 것을 보였다.

비탈리는 그의 논문이 인쇄 중 일 때까지 1901년의 *Comptes Rendus*에서 르베그가 측도와 적분개념의 일반화를 발표한 것을 알지 못하였다. 비탈리는 그의 논문을 썼을 때, 분명히, 르베그가 했던 것과 같은, 그의 측도에 대한 새 이론과 생

명력 있는 적분의 일반화 사이의 연결을 예견하지 못하였다.

비탈리는 르베그의 이론을 재빨리 상세하게 익혀서 그에 관련된 논문을 여러 편 발표하였다. 1905년의 논문에서 그는 "절대연속"의 개념과 용어를 소개하고 함수가 절대연속이기 위한 필요충분조건이 그것이 적분이라는 르베그의 주장을 증명하였다[1904–05]. 그는 또한 아젤라와 오스굿이 다루었던 것처럼 (4.4 보기) 비균등유계열의 항별적분에 대한 문제를 완전히 해결하는데 성공하였다 [1907]. 분명히, $G(x)=\lim_{n\to\infty}\int_a^x f_n$이 $\int_a^x f$와 같으면, $G(x)$는 절대연속이어야 한다. 그의 항별적분에 대한 이전 결과의 증명을 약간 변형함으로써 [1905a], 비탈리는 G의 절대연속성이 X–점들이 0 측도를 가질 때 $G(x)=\int_a^x f$ 이기 위한 충분조건도 된다는 것을 보일 수 있었다. 비탈리가 만든 다음의 예는 절대연속성만 갖고는 충분하지 않음을 설명해 준다: $[0,1]$에서 f_n을 $k=0,1,\cdots,n-1$에 대해 구간 $\left[\frac{k}{n},\frac{k}{n}+\frac{1}{n^3}\right]$ 중의 하나에 x가 속하면 $f_n(x)=n^2$, 그리고 그렇지 않으면 $f_n(x)=0$으로 정의한다. 그러면 $f_n(x)$는 거의 모든 곳에서 0으로 수렴하지만, $\int_0^1 f_n=1$이다. 이 경우에 모든 점들이 X–점이다.

또 다른 수학자 영(Young, W. H. 1863–1942)은 르베그의 연구 결과를 모방하는데 있어 비탈리 보다 실제로 더 나아가서 르베그적분과 비슷한 적분의 일반화를 제안하였다. 연구하는 수학자로서의 영의 생애는 34살에 그의 수학자 부인(Young, G. C.)과 함께 수학연구에 헌신하기로 결정했을 때 시작되었다: 이 목적을 위하여 그들은 잉글랜드를 떠나 괴팅겐으로 갔다. 1897–1908년 동안 괴팅겐에 살면서 영은 대단한 수의 논문들을 만들어 냈는데, 거기에서 이전에 나온 적분론의 결과들을 소화하여, 특히, 집합의 측도와 적분개념에 대한 그 자신의 아이디어로 전개시킨 것을 볼 수 있다. 이 논문들을 다루면서, 우리는 영의 용어를 르베그의 것과 일치시키기 위해 영이 "용량(content)"을 사용한 데에 용어 "측도(measure)"를 쓸 것이다. 또한 용어 "열린집합(open set)"은 영이 닫힌집합이 아닌 모든 집합을 말하기 위해 사용했다는 것을 기억해야 한다.

영은 보렐의 *Leçons*를 잘 알고 있었지만, 보렐의 측도론을 전적으로 받아들이

지는 않았다. 그는 닫힌집합들과 겹치지 않는 구간들의 가산합으로 생기는 집합들에 대해 보렐의 정의를 받아들였다 [Young 1902–03a: 247–48]. 그 후 곧 겹쳐지는 구간들의 합으로 생기는 집합들까지 측도의 정의를 확장하였다: 주어진 집합으로부터 같은 내부점들을 갖는 가산개의 겹치지 않는 구간들을 만들었다; 그리고 원래 집합의 측도를 만들어진 집합의 측도로 정의하였다 [Young 1902–03d]. 그가 측도의 정의를 뒤이어 확장하도록 – 임의의 집합의 내측도를 모든 닫힌 부분집합의 측도의 최소상계로 정의한 것에 기초를 둔 – 동기를 부여한 것은 아마도 부분적으로 그가 (비탈리와 비슷하게) 유계함수 f의 리만적분 가능성은, f가 적분가능하기 위한 필요충분조건이 f의 불연속점들의 집합 D의 모든 닫힌 부분집합의 측도가 0이라는 것이기 때문에, D에서 f가 갖는 값들과 관련이 없다는 것을 발견한 것에 기인하였다 [Young 1904a]. 비슷한 동기부여는 그가 오스굿의 보조정리 (4.4)와 G가 닫힌집합이 아닐 때 그것이 성립하나에 대한 문제에 관심을 가진 것으로부터 왔을 수 있다 [Young 1902–03b, 1902–03c].

오스굿의 논문은 또한 영의 관심을 항별적분으로 돌리게 하였고, 영은 당시 최근에 재출판된 아젤라의 연구결과들과 그것의 근거가 된 보조정리들 (4.4)을 잘 알게 되었다. 보조정리에 대한 아젤라의 증명은 완전하지 않았고, 논문 "Open sets and the Theory of Content"의 첫 부분에서 [1904b], 영은 보조정리가 성립함을 증명하고 그것을 다음으로 확장하는데 성공하였다:

정리 4

각각이 $[a, b]$의 부분집합들의 유한 또는 무한 합인 집합 D들의 무한 모임이 각 D의 측도가 고정된 수 $g>0$ 보다 크다는 성질을 가지면, $\bigcap_{n=1}^{\infty} D_n$이 임의의 $\epsilon>0$에 대해 $g-\epsilon$ 보다 큰 측도를 갖는 닫힌 부분집합들을 포함하는 열 $D_1, D_2, D_3, \cdots$이 존재한다.

이 정리의 증명은 그의 정리 3에 기초한다: $D_1, D_2, D_3, \cdots$이 D_{n+1}이 D_n의 부분집합인 위의 모임의 집합들의 열이면, $\bigcap_{n=1}^{\infty} D_n$은 임의의 ϵ에 대해 $g-\epsilon$ 보다 큰 측

도를 갖는 닫힌 부분집합을 포함한다.

영은 D_n들이 닫힌집합일 때에도 정리 3이 성립한다는 것을 보일 수 있었는데, 그 결과를 그는 "매우 교육적이고 용량론을 열린집합 [즉, 닫힌집합이 아닌] 까지 확장할 수 있는 가능성을 즉각 제시하는 것"으로 묘사하였다 [1904b: 23]; 정리 3이 닫힌집합들에 대해 확립되면, 다음 정리로 쉽게 확장될 수 있다.

정리 3'

$G_1, G_2, G_3, \cdots$이 $G_{n+1} \subset G_n$인 집합열이고 G_n의 모든 닫힌 부분집합들의 측도의 최소상계가 모든 n에 대해 고정된 수 $g > 0$ 보다 크다면, $\bigcap_{n=1}^{\infty} G_n$ 또 한 임의의 $\epsilon > 0$에 대해 $g - \epsilon$ 보다 큰 측도를 갖는 닫힌 부분집합들을 포함한다.

정리 3′은 정리 4의 일반화를 얻게 하는데, 정리 4에서 집합들 D가 임의의 집합들 G로 대치된다. 물론 "D_n의 측도"는 "G의 모든 닫힌 부분집합들의 측도의 최소상계"로 바꿔져야 한다. 바꿔 말하면, "열린집합 [즉 닫힌집합이 아닌]의 경우에, 그것의 닫힌성분의 용량의 위 한계가 가장 중요한 역할을 한다. 열린집합 [즉 닫힌집합이 아닌]과 관련된 보조정리들과 정리들에서 … 이 개념과 그들은 정확히 용량 자신이 닫힌집합과 가지는 관계를 갖는다" [1904b]. 그래서 영은 집합 G의 내측도를 그것의 닫힌성분들의 측도의 최소상계로 정의하였다.

측도의 정의 (내측도의 의미에서)를 일반적인 집합으로 확장한 후에, 영은 가법성(additivity)에 대한 문제를 생각하였다. 그의 접근방법은 이 문제가 직접 그들의 측정가능성 정의로 이끌었던 르베그와 비탈리의 방법과는 매우 다르다. G_1과 G_2가 하나는 닫힌집합인 두 개의 서로 소인 집합이면, $m_i(G_1 \cup G_2) = m_i(G_1) + m_i(G_2)$라는 것을 알아내는 것으로부터 시작하여, 영은 다음과 같이 요약될 수 있는 여러 흥미로운 결과들을 끌어냈다: $\mathscr{Y}_i$가 G와 공통부분이 없는 모든 집합 S에 대해 $m_i(G \cup S) = m_i(G) + m_i(S)$인 모든 집합 G들의 모임을 나타낸다고 하자. 그러면 $\mathscr{Y}_i$는 모든 닫힌집합들을 포함하고, $\mathscr{Y}_i$와 m_i는 (6), (7), (8) 그리고 르베그가 측정가능 집합들에 대해 확립했던 성질들을 만족시킨다.

집합의 내측도의 정의는 닫힌집합의 측도, 또는 외측도에 기초를 둔다. 하이네-보렐 정리를 적용하면서, 영은 닫힌집합 G의 측도가 G에 있는 각 g를 구간에 포함시킴으로써 형성되는 모든 집합의 측도의 최대하계로 정의될 수 있는 것을 알아보았다. 이 형태에서 정의는 임의의 집합 G로 확장될 수 있고, 그는 G의 외측도를 위의 최대하계로 정의하였다. 닫힌집합에 대하여 $m_i(G)=m_e(G)$이며, 영은 따라서 이것이 성립할 때 집합을 측정가능이라고 부를 것을 제안하였다.

다음에 영은 $\mathscr{Y}_i$와 비슷하게 정의된 모임 $\mathscr{Y}_e$를 소개하고, 그것이 또한 성질 (6), (7), 그리고 (8)을 가짐을 보였다. 가법적 모임 (additive class) $\mathscr{Y}$는 그러면 $\mathscr{Y}_i \cap \mathscr{Y}_e$로 정의된다. 모든 측정가능집합은 $\mathscr{Y}_i$와 $\mathscr{Y}_e$에 포함되고 따라서 $\mathscr{Y}$에 포함된다. 가법적 모임 $\mathscr{Y}$는 특히 "측정가능집합 외에 무엇이 있다면, 그것은 전체 측정가능집합들의 모임 보다 다른 이점을 갖기" 때문에 그의 흥미를 끌었다. "정의에 구체적으로 표현된 가법적 집합들의 기본성질은 용량에 대한 이론을 가법적 모임의 모든 집합들에 거리낌없이 확장할 수 있게 해준다" [1904b: 49-50]. 측도론에서 영의 관심은 본질적으로 르베그의 것과 대조된다: 르베그에게 측도론은 단지 적분을 일반화하는 목적을 위한 도구였다; 따라서 측정가능집합들의 모임이 르베그의 주된 관심이었다.

다른 논문 [1904d]에서, 영은 유계함수의 상적분과 하적분을 탐구하는 것을 제안하였다. 이것들은 주로 리만적분의 존재에 대한 필요충분조건을 기술하기 위하여 고려된다고 말하였다. 그러나 그것이 "리만의 의미에서 적분을 받아들이는 제한된 함수들의 모임 …"이기 때문에, 그는 그것들 자체를 위하여 탐구할 것을 제안하였다 [1904d: 52]. 영의 주된 결과는 상적분과 하적분을 어떤 보통의 적분과 같게 놓을 수 있다는 것이었다. 이것을 증명하는 첫 단계는 임의의 유계함수 f에 대응하여

$$\overline{\int_a^b} f = \overline{\int_a^b} \bar{f} \quad \text{이고} \quad \underline{\int_a^b} f = \underline{\int_a^b} \underline{f}$$

인 위 반연속(upper semi-continuous) 함수 $\bar{f}$[15]와 아래 반연속(lower semi-con-

15) 베어(Baire)는 그의 논문에서 이 개념들을 소개하였는데, 그것은 4.4에서 언급되었다. 영은 $\bar{f}(x)$를 다음과 같이 정의하였다: $M(d)$가 $|t-x|<d$에 대해 $f(t)$들의 최소상계라고 하자. 그러면 $\bar{f}(x)=\lim_{d\to 0} M(d)$; $\underline{f}(x)$는 최대하계를 이용

tinuous) 함수 $\underline{f}$가 있다는 것을 보이는 것이다. 그러므로 문제는 반연속함수의 문제로 축소된다. $\overline{f}$가 위 반연속이면, 임의의 실수 k에 대해 $\overline{f}(x) \geq k$인 x의 집합은 닫힌집합이다. $I(k)$가 이 집합의 측도를 나타낸다고 하자. 그러면 I는 증가함수이고 따라서 리만적분가능하다. 비슷하게, $\underline{f}$가 아래 반연속이면 $\underline{f}(x) \leq k$인 x의 집합은 닫힌집합이다. $J(k)$가 그것의 측도를 나타내면, J도 마찬가지로 리만적분가능하다. 영의 결과는

(32)
$$\overline{\int_a^b} \overline{f} = m(b-a) + \int_m^M I(k)\,dk \text{ 이고}$$
$$\underline{\int_a^b} \underline{f} = M(b-a) - \int_m^M J(k)\,dk$$

이다. 여기서 $\underline{f}(x)$와 $\overline{f}(x)$는 $[a, b]$의 모든 x에 대해 m과 M 사이에 놓인다.

이 결과에 대해 특히 흥미로운 것은 이 리만적분들이 실제로 $\overline{f}$와 $\underline{f}$의 르베그적분이라는 것이다. 예를 들어 $\overline{f}$를 생각하자:

P를 (m, M)의 분할, $m = a_0 < a_1 < \cdots < a_n = M$이라 하자. 그러면, e_i가 $a_{i-1} \leq \overline{f}(x) < a_i$인 x의 집합일 때, 정의에 의해 $\int_m^M I(k)\,dk$는 $\| P \|$가 0으로 수렴할 때 다음 합들의 극한이다:

$$\sum_{i=1}^{n} I(a_{i-1})(a_i - a_{i-1}) = -a_0 I(a_0) + \sum_{i=1}^{n-1} a_i [I(a_{i-1}) - I(a_i)] + a_n I(a_{n-1})$$
$$= -(b-a)m + \sum_{i=1}^{n} a_i m(e_i)\,.$$

따라서, $(b-a)m + \int_m^M I(k)\,dk$는 $\sum_{i=1}^{n} a_i m(e_i)$의 극한, 즉 $\overline{f}$의 르베그적분이다.

식 $(b-a)m + \int_m^M I(k)\,dk$와 $(b-a)M - \int_m^M J(k)\,dk$는 물론 I와 J를 정의한 집합들이 측정가능인 한, 즉 f가 측정가능인 한 계속 의미를 갖는다. 그 경우에 그 식들은 일치할 것이고 따라서 적분을 일반화한 것이 된다. 그러나 영은 이 방향을 따라

하여 비슷하게 정의된다. 드 라 발레-푸생은 푸비니의 정리를 다루기 위하여 이변수함수에 대해 $\underline{f}$와 비슷한 것을 소개하였다 (5.3).

생각하지 않았다. 대신에 그는 이 식들이 $[a, b]$가 임의의 닫힌집합 S로 대치될 때 계속 의미를 갖고, 그래서 그는 $\overline{\int}_S f$와 $\underline{\int}_S f$를 이 식들과 같게 놓고, $I(k)$는 $\bar{f}$와 대응되게 하고, $J(k)$는 $\underline{f}$와 대응되게 하여 정의할 것을 제안하였다.

영이 적분을 일반화하게 이끈 것은 다른 추론과정이었다. 상적분과 하적분에 대한 그의 관심은 "기본 선분 (fundamental segment) 위에서 함수의 적분 (상적분, 하적분)을 극한으로 정의하며, 합 (상합, 하합)을 생각할 때, 리만, 다부, 그리고 다른 저자들이 사용했던 것 보다 더 일반적인 기본 선분을 분할하는 방식을 채택하는 것이 받아들일만한 것인가"를 탐구하게 하였다 [1904c: 445]. 이 문제는 아마도 리만적분에 대한 죠르단의 정의의 형태에 의해서 뿐만 아니라 적분의 정의를 구간 보다 더 일반적인 집합으로 확장하는데 그가 관심을 가진 것에 동기부여가 되었을 것이다.

위의 인용문은 영 [1905]이 *Philosophical Transactions*에 발표한 긴 논문의 초록으로부터 따온 것이다. 다른 것이 조금 나온 후에, 영 [1905]은 다음의 상적분과 하적분의 정의에 대한 잠정적 일반화를 소개하며 시작하였다: $e_1, e_2, e_3, \cdots$은 상호 서로 소인 측정가능집합들로 $[a, b]$를 분할한 것을 나타낸다고 하자. 그러면, m_i와 M_i가 각각 e_i에서 f의 최대하계와 최소상계를 나타낼 때, $(Y)\overline{\int_a^b} f$는 합 $\sum M_i m(e_i)$들의 최대하계로 정의되고, $(Y)\underline{\int_a^b} f$는 합 $\sum m_i m(e_i)$들의 최소상계로 정의된다. (표기법 (Y)는 영의 것이 아니다.) 이 수들에 대한 상적분과 하적분이란 용어는

(33) $$(Y)\underline{\int_a^b} f \leq (Y)\overline{\int_a^b} f$$

가 아닌 한, 또 이 수들이 상적분과 하적분의 관례적 정의에서 얻어진 수들과 일치하지 않는 한, 정당화되지 않는다고 그는 덧붙였다. 그가 보인 것처럼,

(34) $$\underline{\int_a^b} f \leq (Y)\underline{\int_a^b} f \leq (Y)\overline{\int_a^b} f \leq \overline{\int_a^b} f$$

이기 때문에 (33)이 사실이지만, 두 번째 조건은 일반적으로 성립하지 않는다: 왜냐하면, f가 디리클레 함수이면 – 즉 Q가 유리수들의 집합을 나타낼 때, $f(x) = x_Q(x)$ – $(Y)\underline{\int_0^1} f = (Y)\overline{\int_0^1} f = 0$ 이지만 $\underline{\int_0^1} f = 0$이고 $\overline{\int_0^1} f = 1$이기 때문이다.

(34)의 부등식들은 영의 결과가 통상의 적분가능성 개념을 일반화하기 위하여 쓰일 수 있음을 보여준다; 디리클레함수는 그렇게 얻은 적분개념이 더 넓은 영역을 얻게함을 설명해 준다. 그러나 영은 아직 이 결론들을 끌어낼 준비가 되지 않았다. 대신 그는 상적분과 하적분에 대한 그의 논문에서 취한 것과 비슷한 길을 택하였다. 그래서 그는

$$\underline{\int_a^b} f = (Y)\underline{\int_a^b} \underline{f}; \ \overline{\int_a^b} f = (Y)\overline{\int_a^b} \overline{f}$$

를 보였다. 이 관계는 그의 적분들이 임의의 측정가능집합에 대해 정의되기 때문에, $\underline{\int_S} f$를 $(Y)\underline{\int_S} \underline{f}$로, 그리고 $\overline{\int_S} f$를 $(Y)\overline{\int_S} \overline{f}$로 정의함으로써 그가 통상의 상적분과 하적분을 임의의 측정가능집합으로 – 그의 이전의 논문에서와 같이 닫힌 집합으로 만이 아니라 – 확장할 수 있게 하였다. 그러나 영은 관례적 정의를 이렇게 확장하는 데에 결점이 있음을 발견하였다: 왜냐하면 R과 Q가 각각 $[0, 1]$에서 무리수들과 유리수들의 집합을 나타내고 $f = x_Q$가 디리클레함수이면, $\underline{\int_R} f = \overline{\int_R} f = 0$이고 $\underline{\int_Q} f = \overline{\int_Q} f = 0$인 의미에서 R과 Q 모두에서 적분가능하다; 그렇지만 f는 R과 Q의 합집합에서 적분가능하지 않다. 짧게 말하면, 영의 새 아이디어는 옛것들과 맞지 않았다.

그래서 이것을 본 후에, 영은 $(Y)\underline{\int_S} f$와 $(Y)\overline{\int_S} f$에 대한 그의 정의로 돌아왔는데, "우리는 그것이 통상의 정의들과 일치하지 않는 것을 보았다. 반면에 여태까지 만들어진 정의들이 이것들 보다 더 인위적인 것 같다. 따라서 그것은 가장 논리적인 계획이 리만의 정의와 다부의 정의를 다함께 포기하는 것이라는 것을 그 자신에게 제시한다 …" [1905 : 243]. 수 $(Y)\underline{\int_S} f$와 $(Y)\overline{\int_S} f$는 적분의 내측도와 외측

도로 이름붙여졌다. 그들이 같을 때, 그들의 공통인 값이 f의 적분으로 취해진다.

그가 이 아이디어를 출판하기 위하여 쓰는 것을 마쳤을 때, 영은 르베그의 연구 결과를 알게 되었다. 그는 (29)와 비슷한 (그러나 $(Y)\overline{\int_S}\bar{f}$와 $(Y)\underline{\int_S}\underline{f}$를 포함하는) 등식들을 사용하여 f가 유계이고 측정가능할 때, 르베그의 정의와 그 자신의 것이 일치한다는 것을 보이며 그의 논문을 끝맺었다.

영의 논문과 르베그의 논문 사이에는 주목할 만한 유사점과 차이점들이 있다. 둘 다 집합의 측도에 대한 죠르단과 보렐의 아이디어에서 영감을 받았고, 둘 다 근본적으로 같은 적분의 일반화를 내놓았다. 그러나 영의 논문은 적분에 대한 그의 일반화된 정의로 이끌었고 거기에서 정점에 이르렀다. 르베그의 논문에서, 적분의 일반화는 단지 출발점이었고, 그것을 바탕으로 견고한 이론이 구축되었다. 영의 논문에서 적분의 새 정의는 리만의 정의의 죠르단 형태를 그대로 일반화하여 얻어졌다. 좀 더 미묘한 일반화가 르베그의 논문에 보여졌고, 그것은 피적분함수의 치역을 분할한 것에 기초한다. 우리는 이 분할들이 르베그가 일반화된 적분론을 성공적으로 전개시키는데 중요한 역할을 한 것을 이미 지적하였다.

5.3 푸비니정리

우리는 "푸비니정리"를 중적분과 반복적분이 같다고 놓는 모든 정리를 말하는 총괄적 명칭으로 사용하는 관례를 채택하였다. 이 정리가 리만적분가능한 함수들의 모임으로 확장되었을 때 (4.1), 이변수함수로서 $f(x,y)$의 적분가능성이 함수 $x \to f(x,y)$와 $y \to f(x,y)$의 적분가능성을 주지 않는다는 사실을 설명하기 위하여, 그것을 표현하는 데에 어떤 수정이 필요해졌다. 푸비니정리를 유계가 아닌 함수들로 확장하기 위한 시도를 하였을 때 또 다른 어려움을 만났다. 결과적으로 그것의 표현은 복잡해졌고, 르베그가 그 문제를 다룬 것을 기초로 하여 쌓아가면서, 푸비니가 르베그의 적분론과 관련하여 정리를 다시 확립하고 그것의 간단한 고전적 표현을 본질적으로 회복할 수 있을 때까지 사실 거의 알아 볼 수 없었다.

유계가 아닌 함수에 대해 푸비니정리를 만족할만하게 표현하는 것이 만만치 않은 문제일 것이라는 것은 드 라 발레–푸생 [1892]이 적분에 대한 리만의 정의를 비유계함수까지 확장하였을 때 처음 지적되었다. 일변수함수에 대하여, 정의는 다음과 같이 확장된다: f가 $[a, b]$에서 정의되고, $w_f(x) = \infty$인 x의 집합 U가 0용량을 갖는다고 가정하자. x가 U에 속하면, $f(x)$는 무한이 될 수 있거나 f는 x의 근방에서 비유계가 될 수 있다. f가 U와 만나지 않는 임의의 부분구간에서 리만적분가능하다고 가정하자. $N_1(n)$과 $N_2(n)$은 $\lim_{n\to\infty} N_1(n) = \lim_{n\to\infty} N_2(n) = \infty$인 두 양수들의 수열을 나타낸다고 하자; $f(x) < -N_1(n)$이면 $f_n(x) = -N_1(n)$; $-N_1(n) \le f(x) \le N_2(n)$이면 $f_n(x) = f(x)$; 그리고 $f(x) > N_2(n)$이면 $f_n(x) = N_2(n)$이라 하자. 그러면 적분 $\int_a^b f_n$이 수열 $N_1(n)$과 $N_2(n)$의 선택에 상관없이 유한극한으로 수렴하면, f는 $[a, b]$에서 적분가능하다고 정의된다. 이 극한이 존재하면, 정의에 의해 그것이 $\int_a^b f$이다. 드 라 발레–푸생의 적분은 $|f|$가 적분가능할 때 또 그때에 한해 f가 적분가능하다는 의미에서 절대수렴하는 적분이다.

푸비니정리를 논하는 데 있어, 간단하게 하기 위하여, 드 라 발레–푸생은 T가 좌표축과 평행한 직선이 T와 구간에서 만나는 평면의 부분집합이라고 가정하였다. 그는 또한 $[x_1, x_2]$가 T와 직선 $Y = y$의 교집합을 나타내면

$$I(y) = \int_{x_1}^{x_2} f(x, y)\, dx$$

가 각 y에 대해 유한한 수로 존재하거나 $+\infty$이거나 $-\infty$라고 가정하였다. 푸비니정리의 죠르단 형태로부터, f가 유계이고 $I(y)$가 존재할 때 $I(y)$가 적분가능이고 $\int_c^d I(y) = \int_T f(x, y)\, dT$인 것이 나온다. 그러나 f가 비유계일 때, 드 라 발레–푸생이 발견한 것처럼 $I(y)$는 적분가능일 필요가 없다.

이 어려움은 $I(y)$의 “정규수렴(regular convergence)”이라고 그가 말한 것과 관계가 있다. 명확히 하면, 임의의 양수 ϵ에 대하여, 모든 $E(\epsilon)$에 속하지 않는 y에 대하여

$$\left| \int_{x_1}^{x_2} |f(x, y| \, dx - \int_{x_1}^{x_2} |f_n(x, y)| \, dx \right| < \epsilon$$

인 0 용량을 갖는 집합 $E(\epsilon)$과 정수 n이 존재하면 $I(y)$는 정규수렴한다고 말한다. 정규수렴의 중요성은 다음 정리에 나타내진다:

> **$f(x, y) \geq 0$가 T에서 적분가능하다고 하자. 그러면 $I(y)$가 정규수렴할 때 또 그 때에 한해 $I(y)$가 적분가능하고 $\int_c^d I(y) \, dy = \int_T f(x, y) \, dT$이다.**

드 라 발레-푸생의 정의로부터 생기는 어려움들을 설명하는 간단한 예가 슈톨츠(Stolz, O.)의 *Grundzüge der Differential-und Integralrechnung* [1893-99: III, 139-40]의 3권에서 주어졌는데, 그 책은 다변수함수의 적분을 전적으로 다루었고 드 라 발레-푸생의 논문에 상당히 의존한다. T를 단위 정사각형 $0 \leq x \leq 1$, $0 \leq y \leq 1$이라 하자; $x = \frac{2m+1}{2^n}$ 일 때 $t(x) = \frac{1}{2^n}$이고 그렇지 않으면 $t(x) = 0$이고, g는 $(0, 1)$에서 음이 아닌 연속함수이지만 $\int_0^1 g = \infty$와 같은 방식으로 0 또는 1의 근방에서 비유계일 때, $f(x, y) = t(x) g(y)$를 생각하자. 그러면 f는 T에서 적분가능하고 그것의 적분은 0이지만, $x = \frac{2m+1}{2^n}$에서 $I(x) = +\infty$이고, 그렇지 않으면 $I(x) = 0$이기 때문에 $I(x) = \int_0^1 f(x, y) \, dy$는 적분가능하지 않다. $I(x)$는 디리클레의 적분불가능함수의 예와 비슷하다.

사실, 드 라 발레-푸생은 위 정리의 "그때에 한해" 부분과 추가조건을 만족시키는 함수에 대해서만 증명할 수 있었다. 후에 홉슨(Hobson, E. W. 1856-1933)이 적어도 음이 아닌 함수들에 대해 그 조건을 제거하는데 성공하였다 [1906]. 홉슨은 $I(y)$의 존재성도 가정하지 않아서, 정규수렴의 정의가 적절히 일반화 되어야 했다. 그래서, 그는 음이 아닌 함수들에 대해, 푸비니정리의 타당성을 위해 일반화된 정규수렴의 조건이 필요하고 충분함을 확립할 수 있었다. 푸비니정리의 홉슨

형태는 다음과 같다:

$$\overline{I_n}(y) = \overline{\int_{x_1}^{x_2}} f_n(x, y)\,dx,\ \ \underline{I_n}(y) = \underline{\int_{x_1}^{x_2}} f_n(x, y)\,dx,\ \ \bar{I}(y) = \limsup_{n\to\infty} \overline{I_n}(y)$$

그리고 $\underline{I}(y) = \liminf_{n\to\infty} \underline{I_n}(y)$이면, $\bar{I}(y)$와 $\underline{I}(y)$는 적분가능하고

$$\overline{\int_c^d} \bar{I}(y)\,dy = \underline{\int_c^d} \underline{I}(y)\,dy = \int_T f(x, y)\,dT.$$

드 라 발레-푸생도 똑같이 복잡한 푸비니정리의 형태를 얻었었다 [1899]. 여기서 그는 $f(x, y)$로부터 다음과 같이 만들어지는 아래 반연속 함수 $mf(x, y)$를 소개하였다: $m(d)$를 $\left[(s-x)^2+(t-y)^2\right]^{\frac{1}{2}}$ 이 d 보다 작은 수 $f(s, t)$들의 최대하계를 나타내는 것으로 하자. 그러면 $mf(x, y) = \lim_{d\to 0} m(d)$이다. $mf(x, y)$를 사용하면서 그는 다음과 같은 푸비니정리의 표현을 증명할 수 있었다:

$f(x, y) \geq 0$가 적분가능하면,

$$\int_T f(x, y)\,dT = \underline{\int_a^b} dx\left[\underline{\int_c^d} mf(x, y)\,dy\right] = \underline{\int_c^d} dy\left[\underline{\int_a^b} mf(x, y)\,dx\right].$$

부호가 달라지는 함수에 대해, 정리는 $f^+(x, y) = \max[f(x, y), 0]$와 $f^-(x, y) = \max[-f(x, y), 0]$에 각각 적용되어야 하고, 그래서 표현을 더 복잡하게 한다.

르베그도 그의 논문에서 이중적분과 반복적분 사이의 관계를 다루었으며 선배들과 마찬가지로 같은 형태의 어려움과 만났다: $f(x, y)$가 측정가능집합 E에서 합가능이면, 함수 $x\to f(x, y)$와 $y\to f(x, y)$는 측정가능할 필요는 없다 [1902a:276ff]. 선배들과 마찬가지로 그는 이 비측정가능함수들을 다루기 위해 상적분과 하적분을 소개하였다. $f(x)$가 측정가능집합 E에서 정의되고 유계라고 가정하자. Ω이 모든

x에 대해 $\varphi(x) < f(x)$인 유계이고 합가능인 함수들 φ의 모임을 나타낸다고 하자. $\mathfrak{L}$에 속하는 φ에 대해 모든 수들 $\int_E \varphi$의 최소상계 L은 정의에 의해 f의 하적분이다: $\underline{\int}_E f = L$. 상적분 $\overline{\int}_E f$도 비슷하게 정의된다. (이 정의들에 대한 르베그의 말들로부터 $\underline{\int}_E f \le \overline{\int}_E f$ 이고, $\underline{\int}_E f = \overline{\int}_E f$ 일 때 또 그때에 한해 f가 E에서 합가능이라는 것이 쉽게 나온다.) 르베그는 다음 결과를 증명하였다:

정리 5.16

$f(x, y)$가 $a \le x \le b$, $c \le y \le d$에 의해 정의되는 사각형 R에서 유계 이고 측정가능하면,

$$\int_R f(x, y)\,dR = \underline{\int_c^d} dy \left[\underline{\int_a^b} f(x, y)\,dx \right] = \underline{\int_a^b} dx \left[\underline{\int_c^d} f(x, y)\,dy \right]$$
$$= \overline{\int_c^d} dy \left[\overline{\int_a^b} f(x, y)\,dx \right] = \overline{\int_a^b} dx \left[\overline{\int_c^d} f(x, y)\,dy \right].$$

르베그가 말한 것과 같이, R에 포함되는 측정가능집합 E에서 정의되는 함수 g에 대하여 E에 속하는 (x, y)에 대해 $f(x, y)$는 $g(x, y)$와 같고 $R-E$에 속하는 (x, y)에 대해 $f(x, y)$는 0과 같은 함수 $f(x, y)$에 정리 5.16을 적용함으로써, 정리 5.16이 g로 곧장 확장될 수 있다. 이 사실을 고려하여, 우리는 다음의 푸비니정리에 대한 논의를 사각형 위에서의 이중적분으로 제한할 것이다.

리만적분에 대한 푸비니정리의 형태와 대조적으로 정리 5.16에서 두 반복적분이 하 (또는 상)적분이어야 한다는 것을 주목해야 한다. 그러나 르베그는 푸비니에게 정리 5.16을 개선시킬 가능성이 있음을 보여 주었던 다음을 알아보았다: 정리 5.16의 함수 f가 보렐-측정가능이면 – 즉 모든 실수 α에 대해 $f(x, y) > \alpha$인 (x, y)들의 집합이 보렐-측정가능이면 – 함수 $x \to f(x, y)$와 $y \to f(x, y)$ 또한 보렐-측정가능이다. (여기서 르베그는 평면상의 보렐-측정가능집합과 좌표축에 평행

한 직선과의 교집합이 직선상의 보렐-측정가능집합이라는 사실을 사용하였다.) 따라서 보렐-측정가능함수에 대하여, 정리 5.16의 상적분과 하적분은 통상의 르베그적분으로 대치될 수 있다.

홉슨도 드 라 발레-푸생의 정규수렴 개념을 다룬 논문 [1906]에서, 드 라 발레-푸생이 만났던 어려움에 새 길을 보여 주었다. (푸비니정리의 홉슨 형태 표기법으로) $\underline{I_n} = \overline{I_n}$ 이고 $\underline{I} = \overline{I}$ 이면, 정규수렴의 일반화된 정의는 $I(y) = \lim_{n\to\infty} I_n(y)$가 리만의 적분가능성 조건 (R_2) ($I(y)$가 유한값이거나 유계라는 추가 조건 없이)를 만족시킨다는 아젤라의 필요충분조건이 된다. 달리 말하면, 이것은 정확히 적분가능조건이 드 라 발레-푸생이 만났던 어려움 뒤에 있는 극한에서 항상 보존되는 것은 아니라는 사실이다.

뒤이은 논문 [1907]에서, 홉슨은 더 나아가서 푸비니정리에 대한 특정한 예외로 만들어졌던 것들 대부분은 르베그적분을 도입할 때 더 이상 예외가 되지 않는다는 것을 강조하였다. 토매 [1878]는 다음과 같이 단위 정사각형 R $(0 \le x \le 1,\ 0 \le y \le 1)$에서 정의된 함수 $f(x, y)$를 소개하였다: x가 무리수이면 $f(x, y) = 2y$이고; x가 유리수이면 $f(x, y) = 1$. 그러면 리만의 정의에 의해 $\int_0^1 dx\left[\int_0^1 f(x, y)\,dy\right] = 1$ 이다. 그러나 f는 직선 $y = \frac{1}{2}$ 위에 있는 점들을 제외한 R의 모든 점에서 불연속이고, $x \to f(x,\ y)$는 $y \ne \frac{1}{2}$에 대해 완전불연속이다. 그래서 적분 $\int_R f(x,\ y)\,dR$과 $\int_0^1 dy\left[\int_0^1 f(x, y)\,dx\right]$는 리만의 의미에서 존재하지 않는다. 홉슨은 그러나 이 두 적분 모두 르베그의 의미에서는 존재하고 둘 다 값 1을 갖는다는 것을 지적하였다.

다음에 홉슨은 프링스하임(A. Pringsheim) [1900 : 48 – 51]이 만든 예를 생각하였다: R이 단위 정사각형을 나타낸다고 하자. R의 점 (x, y)로서 x와 y가 같은 길이의 유한한 10진법전개를 갖는, 즉 어떤 정수 k에 대해 $x = .n_1 n_2 \cdots n_k$, $y = .m_1 m_2 \cdots m_k$ 그리고 $n_k m_k \ne 0$인 (x, y)들의 집합을 생각하자. 그것을 E라고 부르자. 이 집합은 유리좌표를 갖는 R의 점들의 집합의 부분집합이다. E가 R에서 조밀하지만 좌표축과 평행한 직선이 E와 많아야 유한개의 점에서 만난다는 것을 보는 것은 어렵지 않다. $c \ne c'$라고 하고, R에서 f를 (x, y)가 E에 속하면

$f(x, y)=c'$이고 (x, y)가 $R-E$에 속하면 $f(x, y)=c$로 정의하자. E가 조밀하므로, $\int_R f(x,\ y)\,dR$은 리만의 의미에서는 존재하지 않지만, 함수 $x \to f(x,\ y)$와 $y \to f(x, y)$는 아마도 유한개의 점을 제외하고 값 c를 갖기 때문에 리만적분가능하다. 따라서 $\int_0^1 dy\left[\int_0^1 f(x, y)\,dx\right]=\int_0^1 dx\left[\int_0^1 f(x, y)dy\right]=c$. 홉슨은 다시 또 가산집합, 즉 측도 0인 집합에서 $f(x, y)=c'$ 이기 때문에, $\int_R f(x, y)\,dR$이 르베그적분으로서 존재하고 값 c를 갖는다는 것을 보았다.

유계가 아닌 함수를 포함하는 예로 방향을 바꾸며, 홉슨은 이전에 논의된 슈톨츠의 함수 $f(x, y)=t(x)g(y)$를 생각하였다. 단위 정사각형 R에서 f의 리만적분은 1이다; $\int_0^1 f(x, y)\,dx=g(y)\int_0^1 t(x)\,dx=0$이고 그래서 $\int_0^1 dy\left[\int_0^1 f(x, y)\,dx\right]=0$이다. 그러나 $\int_0^1 dx\left[\int_0^1 f(x, y)\,dy\right]$는 $\dfrac{2m+1}{2^n}$ 형태의 점들의 조밀한 집합에 있는 x에 대해 $\int_0^1 f(x, y)\,dy=+\infty$ 이기 때문에 드 라 발레-푸생의 정의에 따라 존재하지 않는다. 이 집합은 그러나 르베그 측도 0을 갖는다. "따라서 르베그적분이 0 측도를 갖는 점집합에서 함수값들과 무관하기 때문에, $\cdots$ $\left[\int_0^1 f(x, y)\,dy\right]$는 구간 $(0, 1)$에서 x에 대해 적분가능하고 값 0을 갖는다" [1907 : 331].

홉슨이 한 이 말을 약간 명백히 할 필요가 있다. g가 $[0, 1]$에서 정의되고 합가능하다고 하자. $E \subset [0, 1]$이 측도 0을 갖는다고 하자. g가 E에서 취하는 값들이 새로운 함수 g^*가 $[0, 1]$에서 정의되도록 변경되면, 적분에 대한 르베그의 해석적 정의로부터 g^*는 합가능하고, $\int_0^1 g^*=\int_0^1 g$이다. 따라서 다음의 르베그 정의의 확장이 제시된다: g가 0 측도를 갖는 E를 제외하고 $[0, 1]$에서 정의되고 $[0, 1]-E$에서 g가 르베그의 의미에서 합가능하면, $\int_0^1 g$를 르베그적분 $\int_{E^c} g$로 정의한다. 여기서 $E^c=[0, 1]-E$. 르베그 자신은 E가 유한일 때만 그러한 확장을 허용하였다. 그래서, 예를 들면, 르베그는 그의 적분의 정의를 확장하는 대신에 곡선의 길이 공식을 정리 5.12에서 표기법 $s=\int_{\varepsilon}\left[(x')^2+(y')^2+(z')^2\right]^{\frac{1}{2}}$ 로 나타냈다. 여기서 $\varepsilon=[0,1]-E$ 이고 $m(E)=0$ 이다. 홉슨은 그러나 르베그적분의 확장된 형태를 암암리에 받아들여서 슈톨츠 함수에 대해 $\int_R f(x,y)\,dR = \int_0^1 dx\left[\int_0^1 f(x,y)\,dy\right]$라고 말할 수 있었다.

그러나 홉슨은 슈톨츠 함수에 대한 푸비니정리의 타당성에 대해 그가 관찰한 것이 일반적으로 사실이라는 것을 알아차리지 못하였다. 이 발견은 두 명의 이탈리아 수학자 레비(Beppo Levi)와 푸비니(Fubini, G. 1879–1943)에 의해 이루어졌다. 디리클레의 원리에 대한 논문[1906e]의 주석에서, 레비는 f가 단위 정사각형에서 유계이고 합가능이면, "많아야 측도 0인 집합의 직선들을 제외하고 모든 $y=$ 상수에서 선형적분(linear integral)이 존재한다고 확실히 결론내릴 수 있을 것이다 … 이 직선들의 집합으로부터 추상화하면서 (그것이 표면상 측도 0을 갖기 때문에 가능한), 면(area)에서의 르베그적분은 그러면 항상 두 연이은 적분에 의해 얻어질 수 있다" 고 말하였다 [1906e: 322n]. 그러나 그는 그의 말에 대한 어떤 증명도 주지 않았고 유계가 아닌 함수의 경우를 생각하지 않았다. 레비와 독립적으로, 푸비니 [1907]는 다음 결과를 알아냈다:

정리 5.17

$f(x,y)$가 $a\le x\le b$, $c\le y\le d$에 의해 정의된 사각형 R에서 합가능이면, 함수 $x\to f(x,y)$와 $y\to f(x,y)$는 각각 y와 x의 거의 모든 값에 대해 합가능하다. 또, 함수 $y\to\int_a^b f(x,y)\,dx$와 $x\to\int_c^d f(x,y)\,dy$는 [확장된 의미 에서] 합가능하고

$$\int_R f(x,y)\,dR=\int_c^d dy\left[\int_a^b f(x,y)\,dx\right]=\int_a^b dx\left[\int_c^d f(x,y)\,dy\right]$$

이다.

푸비니는 0 측도를 갖는 집합을 무시할 수 있는 것에 대한 홉슨의 관찰 – 푸비니에 의해 독립적으로 이루어진 – 과 보렐–측정가능함수에 대한 정리 5.16에 대

해 르베그가 말한 것에 의해 유계함수에 대한 정리 5.17로 이끌어졌다. 이 함수들을 생각하며, 푸비니는 함수 $f(x,y)$를 함수 $x \to f(x,y)$와 $y \to f(x,y)$가 측정가능하면 $f(x,y)$가 선형 측정가능한(linearly measurable) 것으로 정의하였다. 르베그의 정리 5.16은 물론 측정가능하고 또한 선형 측정가능한 유계함수에 대해 정리 5.17이 나오게 한다. 더욱이 르베그의 정리 5.1은 임의의 측정가능 집합 E를 $E = B \cup N$으로 표현할 수 있다는 것을 나오게 한다. 여기서 B는 보렐집합이고 $m(N)=0$ 이다. 푸비니의 아이디어는 유계이고, 측정가능하고, 선형 측정가능한 함수 φ로서, 주어진 함수 f와 거의 모든 곳에서 같고, 거의 모든 y에 대해, 함수 $x \to f(x,y)$와 $x \to \varphi(x,y)$가 또한 거의 모든 곳에서 같은 함수 φ가 존재함을 밝히기 위하여 측정가능집합의 이 성질을 사용하는 것이었다. φ에 대한 정리 5.17의 타당성은 그러면 f에 대한 타당성이 나오게 한다 (확장된 의미에서 르베그적분을 사용하며).[16)]

정리 5.17을 유계가 아닌 함수에까지 확장하기 위하여, 푸비니는 레비 [1906d]가 증명한 정리를 적용하였다. 레비는 f_n이 측정가능집합 E에서 정의되고 $\lim_{n\to\infty}\int_E f_n$ 이 유한인 합가능 함수들의 감소하지 않는 열이면, $f(x)=\lim_{n\to\infty} f_n(x)$가 거의 모든 곳에서 유한이고 합가능하고 $\int_E f = \lim_{n\to\infty}\int_E f_n$ 이라는 것을 알아냈다. 푸비니는 그 결과를 다음과 같이 응용하였다: $K_n \nearrow \infty$ 라 하고 일반성을 잃지 않으면서 f가 음이 아니라고 가정하자. (x,y)에 대해 $f(x,y) \le K_n$ 이면 $f_n(x,y)$는 $f(x,y)$와 같고 그렇지 않으면 $f_n(x,y)=0$ 이라고 정의하면, $\lim_{n\to\infty}\int_R f_n = \int_R f$ 이다. 또한 f_n이 이미 증명된 경우의 정리 5.17의 조건들을 만족시키므로

$$v_n(x) = \int_c^d f_n(x,y)\,dy$$

가 거의 모든 곳에서 존재한다. 열 v_n은 증가하고

16) 정리 5.17에 대한 푸비니의 증명은 불완전하였다: 그가 정의한 함수 φ [1907 : 610]는 선형 측정가능일 필요가 없었다. 전혀 다른 증명들이 홉슨 [1910]과 드 라 발레-푸생 [1910]에 의해 주어졌다.

$$\lim_{n\to\infty}\int_a^b v_n(x)\,dx = \lim_{n\to\infty}\int_a^b dx\left[\int_c^d f_n(x,y)\,dy\right] = \lim_{n\to\infty}\int_R f_n = \int_R f$$

이기 때문에, 레비의 정리의 조건들을 만족시킨다. 그래서 $v(x) = \lim_{n\to\infty} v_n(x)$는 거의 모든 곳에서 유한이고 합가능하고

$$\int_R f = \lim_{n\to\infty}\int_a^b v_n = \int_a^b v = \int_a^b dx\left[\lim_{n\to\infty}\int_c^d f_n(x,y)\,dy\right]$$
$$= \int_a^b dx\left[\int_c^d f(x,y)\,dy\right]$$

이다.

푸비니의 논문이 등장한 것은 르베그의 아이디어가 정말로 승리한 것을 보여주었다. 푸비니가 말한 것처럼, 르베그적분은 "이 형태의 연구에 이제 꼭 필요하다" [1907 : 608].

후에 드 라 발레-푸생 [1910 : 769 − 770]은 유계함수에 대해 정리 5.17이 르베그의 정리 5.16으로부터 매우 간단하게 나온다는 흥미로운 관찰을 하였다. 정리 5.16은

$$0 \le \overline{\int_a^b} dx\left[\overline{\int_c^d} f(x,y)\,dy\right] - \underline{\int_a^b} dx\left[\overline{\int_c^d} f(x,y)\,dy\right]$$
$$\le \overline{\int_a^b} dx\left[\overline{\int_c^d} f(x,y)\,dy\right] - \underline{\int_a^b} dx\left[\underline{\int_c^d} f(x,y)\,dy\right] = 0$$

이 나오게 한다. 따라서 $\overline{\int_c^d} f(x,y)\,dy$는 x의 함수로서 합가능하다. 마찬가지로 $\underline{\int_c^d} f(x,y)\,dy$도 합가능하다. 따라서 정리 5.16은

$$0 = \int_a^b dx\left[\overline{\int_c^d} f(x,y)\,dy\right] - \int_a^b dx\left[\underline{\int_c^d} f(x,y)\,dy\right]$$
$$= \int_a^b dx\left[\overline{\int_c^d} f(x,y)\,dy - \underline{\int_c^d} f(x,y)\,dy\right].$$

를 말해준다. 그래서 음이 아닌 함수 $\overline{\int_c^d} f(x,y)\,dy - \underline{\int_c^d} f(x,y)\,dy$ 는 거의 모든 곳에서 0 이다. 즉 거의 모든 x에 대해 $y \to f(x,y)$가 합가능하다. 결과적으로 $\int_a^b dx \left[\underline{\int_c^d} f(x,y)\,dy \right] = \int_a^b dx \left[\int_c^d f(x,y)\,dy \right]$ 이다. 여기서 오른편은 확장된 의미에서 르베그적분이다: 정리 5.16은 그래서 정리 5.17로 변형된다. 물론 르베그 자신은 그의 정의를 그렇게 확장하는 것은 생각하지 않았다.

❖ 메모

제6장
르베그적분의 개척적 응용

1902–07년 사이에 르베그, 파투(Fatou, P.), 리슈(Riesz, F.), 그리고 피셔(Fischer, E.)에 의해 르베그적분이 수학의 다른 분야에 훌륭하게 응용되는 것을 보여주는 중요한 논문들이 등장하였다. 르베그는 삼각급수에 대한 연구를 통하여, 특히 항별적분에 대한 그의 정리와 거의 모든 곳에서 $\left(\int_a^x f\right)' = f(x)$라는 그의 정리의 유용성을 보여주었다. 삼각급수와 해석함수에 대한 파투의 연구는 르베그의 연구의 발자취를 따른다. 그러나 파투는 유계변동을 갖는 연속함수의 미분에 대한 르베그의 정리들이 유용함을 처음으로 보인 사람이다. 이 정리들은 나중에 리슈와 피셔가 서로 독립적으로 리슈–피셔정리를 얻는데 적용되었다. 사실, 이 정리에 대한 리슈의 증명은 단순히 파투의 증명 중 하나를 약간 변경한 것이다. 리슈–피셔 정리와 L^p 공간에 대한 리슈의 뒤 이은 연구 (1910)는 적분방정식과 함수공간에 대한 이론에서 르베그의 이론이 영구적 위치를 확보하는 것을 도왔다.

리만의 적분론은 그 기원과 잇따른 발전에서, 삼각급수론에서의 연구와 밀접한 관계를 갖는다. 따라서 르베그가 그의 적분을 이 분야에 처음 적용한 것은 놀라운 것이 아니다. 르베그는 이 주제에 대한 그의 첫 상세한 논문에서, "삼각급수에 대한 내 자신의 주된 목적은 학위논문에서 소개한 적분개념이 실변수의 불연속함수에 대한 연구에서 가질 수 있는 효용성을 보여주는 것이었다" [1903a: 453] 라고 썼다. 그리고 그가 이 효용성을 가장 성공적으로 보여준 것은 삼각급수에 대한 이론에서였다.

르베그 [1902b]가 다룬 첫 번째 문제[1]는 유계함수 f의 삼각급수 표현, 즉

$$(1) \qquad f(x) = \frac{1}{2}a_0 + \sum_{n=1}^{\infty}(a_n \cos nx + b_n \sin nx)$$

에서 계수 a_n과 b_n의 본질에 대한 뒤 보아-레이몽의 정리를 확장하는 문제였다. 푸리에는 (1)의 오른편을 항별적분함으로써 a_n과 b_n이 f의 푸리에계수여야 한다는 것을 "증명"하였다; 뒤 보아-레이몽은 항별적분을 할 수 있다고 가정하는 것을 피하는 좀 복잡한 논법을 사용하여 f가 리만적분가능할 때 푸리에의 결론을 증명할 수 있었다 (1.1과 2.1 보기).

사실상, 르베그가 발견한 것은 그것을 증명하기 위하여 푸리에가 가정한 것과 그의 방법이 르베그의 적분정의와 관련해서는 근본적으로 맞다는 것이었다. 우선 (1)로 주어진 함수는 연속함수의 극한이기 때문에, 측정가능하다. f가 유계이므로, f는 합가능하다. a_n과 b_n이 f의 푸리에계수라는 것의 증명은 다음 보조정리에 기초를 둔다:

보조정리 6.1

$F(x)$가 (1)의 급수에 대응되는 리만함수 (1.4의 (4)에 의해 정의 된)이면,

$$\frac{\triangle^2 F(x)}{\alpha^2} = \frac{F(x+\alpha)+F(x-\alpha)-2F(x)}{\alpha^2}$$

은 $[x-\alpha,\ x+\alpha]$ 에 속하는 t에 대한 $f(t)$의 최대하계와 최소상계 사이에 놓인다.

그래서, f가 유계이면, $\dfrac{\triangle^2 F(x)}{\alpha^2}$는 x와 α에 대해 균등하게 유계이다. 이 성질은 a_n과 b_n이 푸리에계수라는 것을 증명하기 위하여 항별적분하는 것에 대한 르베그 정리 5.3과 함께 두 가지 방법으로 사용될 수 있다.

1) 증명은 좀 더 자세히 [Lebesgue 1903a]에 주어진다.

원래 르베그가 정리를 얻었던 방법인, 첫 번째 방법은 함수

$$f(r,u)=\frac{1}{2}a_0+\sum_{n=1}^{\infty}(a_n\cos nu+b_n\sin nu)r^n \tag{2}$$

을 생각하는 데에 기초를 둔다. 여기서 $0 \le u \le 2\pi$ 이고 $0 \le r \le 1$ 이다. 잘 알려진 대로, 이 함수는 1 보다 작은 r에 대해 조화함수이고 아벨의 정리에 의해, $f(u)=\lim_{r\to 1}f(r,u)$ 이다. 1 보다 작은 임의의 r에 대해 (2)의 급수는 균등수렴한다; 항별적분을 하면

$$\begin{aligned}&\frac{1}{\pi}\int_0^{2\pi}f(r,u)\cos nu\,du=a_nr^n;\\&\frac{1}{\pi}\int_0^{2\pi}f(r,u)\sin nu\,du=b_nr^n\end{aligned} \tag{3}$$

을 얻는다. 보조정리 6.1과 조화함수의 성질을 사용하면서, 르베그는 $f(r,u)$가 r에 대해 균등유계라는 것을 보였다. 그래서 (3)에서 $r \nearrow 1$ 되게 하고 정리 5.3을 사용하면서, 르베그는

$$\frac{1}{\pi}\int_0^{2\pi}f(u)\cos nu\,du=a_n;$$

$$\frac{1}{\pi}\int_0^{2\pi}f(u)\sin nu\,du=b_n$$

을 얻었다.

증명의 두 번째 방법은 뒤 보아-레이몽이 사용한 것이며 리만함수 F가

$$F(u)=\int_0^u dv\left[\int_0^v f(t)\,dt\right]+Au+B \tag{4}$$

형태로 표현될 수 있음을 보이는 것을 포함한다. 보조정리 6.1에 의해, $\dfrac{\Delta^2F(u)}{\alpha^2}$은 α에 대해 균등 유계이다. 또한 리만이 $f(u)=\lim_{\alpha\to 0}\dfrac{\Delta^2F(u)}{\alpha^2}$ (1.4의 식 (5)) 임을 보였었다. 그래서 정리 5.3이 적용되어

$$\int_0^u dv\left[\int_0^v f(t)\,dt\right]=\lim_{\alpha\to 0}\int_0^u dv\left[\int_0^v \frac{\Delta^2 F(t)}{\alpha^2}\,dt\right]$$

를 얻고 오른편을 계산하면 $F(u)+Au+B$ 형태의 표현을 얻는다. 그러므로 (4)가 증명된다. 멋지게 간단한 르베그의 증명은 덜 일반적인 결과를 확립하는 뒤 보아-레이몽의 복잡한 증명과 비교되어야 한다.

르베그 [1905a; 1905b]는 그의 적분론을 함수 f의 푸리에급수의 부분합 $S_n(x)$에 대응되는 산술평균 $\sigma_n(x)$, 즉

$$\sigma_n(x)=\frac{S_0(x)+S_1(x)+\cdots S_{n-1}(x)}{n}$$

의 열을 연구하는데 적용하였다. 산술평균은 1890년에 세자로(Cesàro, E.)에 의해 소개되었고 헝가리 수학자 페저(Fejér, L. 1880–1959)에 의해 푸리에급수 이론에 적용되었다. 페저 [1900; 1904]는 f가 리만적분가능하면, $g_x(t)=f(x+2t)+f(x-2t)-2f(x)$일 때,

$$\sigma_n(x)-f(x)=\frac{1}{n\pi}\int_0^{\frac{\pi}{2}} g_x(t)\frac{\sin^2 nt}{\sin t}\,dt$$

임을 보였다. $\dfrac{\sin^2 nt}{\sin t}$가 양이라는 것을 사용하면서, 그는 $\lim_{t\to 0} g_x(t)=g_x(0)=0$인 모든 x에 대해 $\lim_{n\to\infty}\sigma_n(x)=f(x)$임을 보이는데 성공하였다. 그래서 $\sigma_n(x)$는 f의 모든 연속점에서 – 즉 르베그의 용어로 (페저가 사용하지 않은) 거의 모든 곳에서 – $f(x)$로 수렴한다. 이 결과는 리만의 이론에 있는 기본정리 I 처럼 리만적분가능한 함수가 거의 모든 곳에서 연속이라는 사실에 의존하는 것으로 보인다; 그러나 또다시 르베그는 페저의 결과를 합가능함수로 확장할 수 있었다. 르베그는 $F_x(u)=\int_0^u |g_x(t)|\,dt$ 일 때 $F_x{}'(0)=0$인 모든 x에 대해 $\sigma_n(x)$가 $f(x)$로 수렴한다는 것을 알아내서, 페저의 결과를 르베그적분에 대한 기본정리 I (정리 5.10)과 연관지을 수 있었다. 그래서 거의 모든 곳에서 $F_x{}'(0)=0$이면 거의 모든 곳에서 $\sigma_n(x)$는 $f(x)$로 수렴한다. 분명히 거의 모든 x에 대해 $\int_0^u |f(x+t)-f(x)|\,dt$와

$\int_0^u |f(x-t)-f(x)|\,dt$가 $u=0$에서 도함수 0을 갖는 것을 보이면 충분하다.

이 적분들에서 적절한 변수변환을 하고 $f(x)$를 a로 대치하면서, 르베그는 원하는 결과가 다음으로부터 나온다는 것을 알아냈다:

정리 6.2

f가 $[0, 2\pi]$에서 합가능하면, 거의 모든 x의 값에 대해

$$\left(\int_0^x |f(t)-a|\,dt\right)' = |f(x)-a|$$

이 모든 실수 a에 대해 성립한다.

정리 6.2는 측도 0인 집합 $E(a)$의 x를 제외하고, 임의의 a의 고정된 값에 대해 $\left(\int_0^x |f(t)-a|\,dt\right)' = |f(x)-a|$ 라는 것을 말하는, 기본정리 I의 일반화이다. 그러나 $E(a)$의 합집합이 마찬가지로 측도 0을 갖는다는 사실은 즉각적으로 나오지 않는다. 왜냐하면 비가산개의 $E(a)$가 있기 때문이다. 반면에, a가 유리수인 모든 $E(a)$의 합집합인 집합 E는 측도 0인 집합들의 가산 합집합이므로 측도 0을 갖는다. 그러므로 정리 6.2는 a가 유리수인 경우에 성립한다. 정리를 무리수 a까지 확장하기 위하여, 르베그는 임의의 a와 b에 대해 성립하는 부등식

$$||f(t)-a|-|f(t)-b|| \leq |a-b|$$

로부터

$$\left|\frac{1}{h}\int_x^{x+h} |f(t)-a|\,dt - \frac{1}{h}\int_x^{x+h} |f(t)-b|\,dt\right| \leq |a-b|$$

가 나온다는 것을 보았다. 이 부등식은 유리수 a에 대해 정리 6.2가 성립하면 무리수 b에 대해 그것이 성립한다는 것을 보장하므로 정리 6.2의 증명이 끝난다.

르베그가 페저의 정리를 확장한 것은 유계 합가능함수에 대한 파시발(Parseval)

등식의 증명을 간결하게 할 수 있게 해준다. 르베그의 증명은 1904-05 학년도에 College de France에서 한 Cours Peccot 강의에 기초한 두 번째 책, *Leçons sur les séries trigonométriques* [1906a]에 포함되어 있다. 푸리에급수에 대한 파시발등식은 a_n과 b_n이 f의 푸리에급수일 때,

$$(5) \qquad \int_0^{2\pi} f^2 = \frac{1}{2}a_0 + \sum_{n=1}^{\infty}(a_n^2 + b_n^2)$$

이다. 오른편이 왼편보다 작거나 같은 극한으로 수렴한다는 것은 잘 알려졌었다. 하낵은 등식이 성립함을 증명하는 것을 시도하였으나, 그의 증명은 맞지 않았다. 여러 개의 증명이 마침내 1890년대 말과 1900년대 초에 주어졌다.2) (5)의 타당성을 수학자들이 알게 하는 데에 주된 역할을 한 후르비츠(Hurwitz, A.)는 리만의 적분론 범위 안에 있는 일반적인 함수들에 대해 (5)가 사실일 수 있다는 것을 처음에는 사실 의심하였다. 그의 두 증명은 f의 진폭이 임의의 $k>0$를 넘는 점들의 집합이 0 용량을 갖는다는 사실을 결정적으로 사용하였다.

그러나, 또 다시 르베그는 리만적분가능성이 필요조건이 아니라는 사실뿐만 아니라 항별적분에 대한 그의 정리의 중요성을 보여주는데 성공하였다. f가 유계이면, 함수열 $\sigma_n(x)^2$가 균등유계이고 거의 모든 곳에서 $f(x)^2$으로 수렴한다. 따라서 정리 5.3이 적용될 수 있고,

$$\int_0^{2\pi} f^2 = \lim_{n\to\infty}\int_0^{2\pi}\sigma_n^2 = \lim_{n\to\infty}\left[\frac{1}{2}a_0^2 + \sum_{k=1}^{n}(a_k^2+b_k^2)(1-\frac{k}{n})^2\right].$$

그러면 방정식의 오른편이 $\frac{1}{2}a_0^2 + \sum_{n=1}^{\infty}(a_n^2+b_n^2)$과 같다는 것이 쉽게 보여 질 수 있기 때문에 파시발의 등식이 성립한다.

유계이던 아니던, 임의의 합가능함수에 대한 파시발의 등식이 그 이후 곧 파투(Pierre Fatou, 1878-1929)에 의해 얻어졌다. 박사학위 논문으로 파투 [1906]는 "이 문제들에서 집합의 측도와 일반화된 정적분의 새로운 개념들로부터 얻어질 수 있는 이점들을 보이는" 주된 목적을 갖고 "삼각급수와 테일러급수"에 대한 논문을 제출하였다 [1906 : 335]. 그는 이 일을 하는 데에 있어 특히 "나의 연구에 끊임없

2) [Hurwitz 1903] 보기. Hurwitz는 [de la Vallée-Poussin 1893]의 증명을 간과하였다.

이 관심을 가졌고 그의 조언이 나에게 매우 유익했던" [1906 : 338] 친구 르베그로부터 격려를 받았다.

제목이 나타내듯이, 파투의 목적은 합가능함수 f와 관련된 조화함수

$$u(r,t)=\frac{1}{2}a_0+\sum_{n=1}^{\infty}(a_n\cos nt+b_n\sin nt)r^n$$

사이의 관계를 탐구하는 것이었다. 여기서 a_n과 b_n은 f의 푸리에계수이다. 이것에 관한 그의 흥미는, 르베그가 $u(r,t)$에 대한 고전적 결과들이 좀 더 일반적인 함수 f로 확장될 수 있다는 것을 제시했었기 때문에, 뒤 보아-레이몽의 정리를 르베그가 확장한 것에 의해 촉진되었을 수 있다. 파투의 주된 결과는 다음이다:

정리 6.3

f가 $[-\pi,\pi]$에서 합가능하고 제곱-합가능(square-summable)한 주기 2π인 임의의 함수이면, 거의 모든 t에 대해 $\lim_{r\nearrow 1}u(r,t)=f(t)$이다.[3)]

이 정리는 f가 연속인 경우에 대한 슈바르츠(Schwarz, H.A.) [1872]의 결과를 일반화한다. 사실 슈바르츠의 증명은 f가 단순히 리만적분가능할 때, $u(r,t)$가 f의 모든 연속점 t에서, 따라서 거의 모든 곳에서 $f(t)$로 수렴한다는 것을 분명하게 해준다. 1883년에 하낵은 f가 유계가 아닐 수도 있지만 3.3에서 본 그의 정의에 따라 적분을 갖는 경우를 생각하였다. 사실 하낵 [1883: 320ff]이 리만적분에 대한 그의 확장을 소개한 것은 유계가 아닌 f를 다루기 위해서였다. 그가 증명하려고 했던 것은 $u(r,t)$가 "일반적으로" $f(t)$에 수렴한다는 것이었지만, 그의 증명은 f가 유계가 아닐 때 맞다고 할 수 없다.

그 자신이 중요한 여러 보조정리들을 포함하는 정리 6.3에 대한 파투의 증명과 그것으로부터 나오는 따름정리의 증명은 파투가 수학자로서 재능이 있음을 보여주

3) 파투는 사실 $re^{it'}$이 e^{it}에서 원에 접하지 않게 되는 임의의 경로(path)를 따라 e^{it}에 접근하면 그의 결과들이 성립한다는 것을 보였다.

었을 뿐만 아니라 새로운 적분론에 대한 강력한 방법들을 보여주었다. 정리 6.3을 증명하는 내내, 파투는 $u(r,t)$가 푸아송(Poisson) 적분표현

$$u(r,t)=\frac{1}{2\pi}\int_{-\pi}^{\pi}P_r(u-t)f(u)\,du$$

를 갖는다는 잘 알려진 사실을 사용하였다. 여기서

$$P_r(x)=\frac{1-r^2}{1+r^2-2r\cos x}$$

이다. 첫 단계는 정리 6.3을 유계이고 합가능한 함수에 대해 증명하는 것이었다. 이것을 그는 고전적 방법에 의해 유도된 다음 정리의 도움으로 하였다 [1906: 345ff]:

정리 6.4

$U(r,t)=\frac{1}{2\pi}\int_{-\pi}^{\pi}P_r(u-t)F(u)\,du$이면, $F'(t)$가 존재하는 모든 t에 대해 $\lim_{r\nearrow 1}\frac{\partial U}{\partial t}=F'(t)$이다.

이제 f가 유계이고 합가능이라고 가정하자. 그러면 르베그의 정리 5.10에 의해, 거의 모든 곳에서 $F'(t)=\left(\int_{-\pi}^{t}f\right)'=f(t)$이다. 또한 일반성을 잃지 않으면서 F가 주기함수라고 가정할 수 있다. $u(r,t)$의 푸아송 적분표현이 부분적분법에 의해 적분되고, 그리고는 정리 6.4가 적용되면, 거의 모든 곳에서

$$\lim_{r\nearrow 1}u(r,t)=\lim_{r\nearrow 1}\frac{\partial U}{\partial t}=F'(t)=f(t) \tag{6}$$

이고, 따라서 유계함수에 대해 정리 6.3이 증명된다.

파투가 그의 결과를 유계가 아닌 함수로 확장하기 위하여 선택한 방법은, 그가 지적한대로, 가장 직접적인 것은 아니지만, 어떤 중요한 부수적 결과들을 밝혀내

는 이점을 갖고 있다. 그는 f가 합가능이고 제곱-합가능이고 음이 아니라고 가정하며 시작하였다. 관련된 함수 $u(r,t)$는 $r<1$에 대해 여전히 존재하고 조화함수이어서, u는 원판(disk) $|z|<1$에서 해석적 함수 $g=u+iv$의 실수부분이다.

$$\frac{1}{2\pi}\int_{-\pi}^{\pi}|g(re^{it})|^2\,dt=\frac{1}{2}a_0^2+\sum_{n=1}^{\infty}(a_n^2+b_n^2)\,r^{2n}$$

이고 방정식의 오른편에 있는 급수가 $r=1$에 대해서도 수렴하기 때문에, 방정식의 왼편이 $r\nearrow 1$일 때 $\frac{1}{2}a_0^2+\sum_{n=1}^{\infty}(a_n^2+b_n^2)$으로 수렴한다는 것이 나온다. 그러므로, $\limsup_{r\nearrow 1}|g(re^{it})|=\infty$ 인 t의 집합은 0 측도를 갖는다.[4] 다음에 그는 $|z|<1$에서 유계인 함수 $g_1=\frac{1}{g+1}=\frac{1}{[(u+1)+iv]}$을 생각하였다. $\lim_{r\nearrow 1}g_1(re^{it})$가 거의 모든 곳에서 존재하는 것을 보이기 위하여, 그는 정리 6.4를 사용하여 다음의 중요한 결과를 증명하였다 [1906: 366ff]:

정리 6.5 파투의 정리

f가 $|z|<1$에서 유계이고 해석적이면, $\lim_{r\nearrow 1}f(re^{it})$가 거의 모든 곳에서 존재한다.

집합 e가 측도 0을 갖는다는 사실과 함께, 파투의 정리는 $f_1(t)=\lim_{r\nearrow 1}u(r,t)$가

---

4) 파투는 르베그가 그의 항별적분에 대한 정리 5.3을 증명하기 위해 사용한 추론과 비슷한 추론을 따르면 이것이 나온다고 간단하게 말하였다. 아마도 그는 다음과 비슷한 어떤 것을 마음 속에 두었을 것이다: M이 양수를 나타내고, E_r은 $|g(re)|^2\ge M$인 모든 t들의 집합을 나타낸다고 하자. $r_n\nearrow 1$이고 $E_n=E_{r_n}$이면, $e\subset\bigcup_{k=1}^{\infty}\bigcap_{n=k}^{\infty}E_n$이다. $\bigcup_{k=1}^{\infty}\bigcap_{n=k}^{\infty}E_n$은 흔히 $\lim\infty_{n\to\infty}E_n$으로 나타내진다. 이제 $m(e)\le m(\liminf_{n\to\infty}E_n)\le\liminf_{n\to\infty}m(E_n)$이고, $m(E_n)\le\frac{1}{M}\int_0^{2\pi}|g(r_ne^{it})|^2\,dt\le\frac{1}{M}\left[\frac{1}{2}a_0^2+\sum_{n=1}^{\infty}(a_n^2+b_n^2)\right]$. $M\nearrow\infty$ 되게 하면, $m(e)=0$ 임을 본다. 집합 $\liminf_{n\to\infty}E_n$과 $\limsup_{n\to\infty}E_n$은 – 후자는 정의에 의해 $\bigcap_{k=1}^{\infty}\bigcup_{n=k}^{\infty}E_n$과 같다 – 보렐[1905: 18]에 의해 소개되었는데, 보렐은 부등식 $m(\liminf_{n\to\infty}E_n)\le\liminf_{n\to\infty}m(E_n)\le\limsup_{n\to\infty}m(E_n)\le m(\limsup_{n\to\infty}E_n)$을 증명하였다.

거의 모든 곳에서 유한한 수로 존재한다는 것을 보인다; 거의 모든 곳에서 $f_1(t)=f(t)$ 임을 보이는 것이 남았다. 직접적 계산으로 거의 모든 곳에서 $f_1(t) \geq f(t)$임이 보여 지므로 f_1이 합가능이고 $\int_{-\pi}^{\pi}(f_1-f) \leq 0$ 임을 보이면 충분하다. 파투는 그래서 본질적 흥미가 있는 또 다른 결과를 증명하게 되었다 [1906 : 375] :

정리 6.6 파투의 보조정리

$\{f_n\}$이 $[a, b]$에서 합가능인 양의 유계 함수열이고 $f(x)=\lim_{n\to\infty} f_n(x)$가 거의 모든 곳에서 존재하면, f는 $[a, b]$에서 합가능이고,

$$\int_a^b f \leq \operatorname{liminf}_{n\to\infty} \int_a^b f_n$$

이다. 단, $\int_a^b f_n$, $n=1, 2, 3, \cdots$이 유한한 유계를 갖는 경우.

정리 6.6은 위의 문제에 다음과 같이 적용되었다: $u(r,t)$는 t에 관한 양의 함수이고 거의 모든 곳에서 $r \nearrow 1$ 일 때 $f_1(t)$로 수렴한다; 또한 $\int_{-\pi}^{\pi} u(r,t)\,dt = a_0\pi$는 r에 대해 유계이다. 그러므로 정리 6.6에 의해, f_1은 합가능이고 $\int_{-\pi}^{\pi} f_1 \leq a_0\pi = \int_{-\pi}^{\pi} f$ 이므로 $\int_{-\pi}^{\pi}(f_1-f) \leq 0$ 이다.

정리 6.6은 5.3에서 언급된 베포 레비(Beppo Levi)의 정리와 비슷하다. 파투는 그의 정리를 다음과 같이 증명하였다: L이 양수를 나타낸다고 하고, $f(x) \leq L$인 모든 x들의 집합 E를 생각하자. $f_n(x) \leq L$이면 $g_n(x)=f_n(x)$라 놓고 그렇지 않으면 $g_n(x)=f(x)$라 놓아서 함수열 g_n을 만든다. 그러면 E에 있는 x에 대해 $0 \leq g_n(x) \leq L$이고 $g_n(x)$는 $f(x)$로 수렴한다. 르베그의 정리 5.3이 적용되어

$\int_E f = \lim_{n\to\infty}\int_E g_n \le \liminf_{n\to\infty}\int_a^b f$를 보여준다. 그러면 부등식의 오른편이 L과 무관하기 때문에 보조정리가 성립한다.5)

그래서 정리 6.3이 임의의 음이 아닌 함수에 대해 증명된다. 파투는 그리고는 완전히 일반적인 경우를 아무 어려움 없이 증명할 수 있었다.

즉각적인 따름정리로, 파투는 유계함수로 제한한 르베그의 제한 없이 파시발 등식을 얻었다. f가 제곱-합가능하면, 정리 6.3은 거의 모든 곳에서 $f(t)^2 = \lim_{r\nearrow 1} u(r,t)^2$가 나오게 한다. 나아가서, 매개변수 r을 가진 t의 함수로서, $u(r,t)^2$은 파투의 보조정리 (정리 6.6)의 조건들을 만족시켜서,

$$\int_{-\pi}^{\pi} f^2 \le \liminf_{r\nearrow 1}\int_{-\pi}^{\pi} u(r,t)^2\,dt = \frac{1}{2}a_0^2 + \sum_{n=1}^{\infty}(a_n^2 + b_n^2)$$

이다. 이것은 알고 있는 반대의 부등식과 함께 등식이 나오게 한다.

파투는 기본정리 I과 항별적분의 르베그 형태에 기초한 테크닉을 활용했을 뿐만 아니라 르베그의 정리 5.13이 유용함을 본 첫 번째 사람이다. 유계변동을 갖는 연속함수는 거의 모든 곳에서 미분가능하다는 것을 말하는 이 정리를 갖고, 파투 [1906: 379ff]는 다음을 증명하였다:

정리 6.7

$\frac{1}{2}a_0 + \sum_{n=1}^{\infty}(a_n\cos nt + b_n\sin nt)$가 $\lim_{n\to\infty} na_n = \lim_{n\to\infty} nb_n = 0$ 인 임의의 삼각급수이면, 그것은 거의 모든 곳에서 수렴한다.

파투는 프링스하임(Pringsheim, A.)의 정리가 계수 a_n, b_n이 위의 조건을 만족시키면, 급수가 t의 특정한 값에서 수렴하기 위한 필요충분조건이 $\lim_{r\nearrow 1} u(r,t)$가 존

5) 이 증명은 단지 f_n이 합가능이고 (유계가 아님) $\liminf_{n\to\infty}\int_a^b f_n$ 이 유한인 것만을 필요로 하는 것을 주목해야 한다.

재하는 것임을 보인다는 것을 알아냈다. 여기서

$$u(r,t)=\frac{1}{2}a_0+\sum_{n=1}^{\infty}(a_n\cos nt+b_n\sin nt)r^n \tag{7}$$

이다. $u(r,t)$가 어떤 제곱-합가능 함수에 대응되는 푸리에급수로 정의되지 않기 때문에 파투의 정리 6.3은 여기서 적용될 수 없다. 파투의 아이디어는 사실 그러한 함수의 존재를 증명하기 위하여 르베그의 정리 5.13을 사용하는 것이었다. (F. 리슈는 이 아이디어를 리슈-피셔(Riesz-Fischer) 정리를 증명하는데 사용할 수 있었다.)

이 목적을 마음에 두고, 파투는 (7)을 항별적분하여 얻어진 함수

$$U(r,t)=\sum_{n=1}^{\infty}\frac{1}{n}(a_n\sin nt-b_n\cos nt)r^n \tag{8}$$

을 생각하였다. a_n과 b_n에 대한 조건은 (8)의 오른편에 있는 급수가 균등하게, 그리고 절대수렴한다는 것이 나오게 한다. 그것이 U를 충분히 잘 작용하게 만들어서 슈바르츠의 결과가 적용되고, $F(u)=U(r,1)$ 일 때,

$$U(r,t)=\frac{1}{2\pi}\int_{-\pi}^{\pi}P_r(u-t)F(u)\,du$$

이다. 함수 F는 연속이고, 파투가 증명한 것처럼, 유계변동을 갖는다. 따라서 르베그의 정리 5.13에 의해, $f(t)=F'(t)$가 거의 모든 곳에서 존재한다. 그러면 파투의 이전 결과들과 정리 6.4와 (6)으로부터, 거의 모든 곳에서 $f(t)=\lim_{r\nearrow 1}u(r,t)$ 인 것이 쉽게 나온다. (간단하게 하기 위하여 파투는 $a_0=0$을 가정하였다.)

르베그 외에, 20세기의 첫 10년 동안 새로운 적분론의 가치를 보여주기 위하여, 또 수학계의 여러 부분에서 새로운 적분론에 관심을 돌리게 하기 위하여 가장 활발히 연구활동을 한 사람은 헝가리 수학자 F. 리슈(Riesz, F. 1880-1956)였다. 이 기간 동안에 그가 택한 연구의 방향은 적분방정식 이론에 대한 힐베르트의 혁신적인 업적과 추상적 위상공간에 대한 프레셰(Fréchet, M.)의 박사학위 논문[6]과 르베그와 파투의 연구결과의 결합된 영향에 의해 주로 형성되었다. 리슈는 1906년에

6) 힐버트와 프레셰의 연구결과에 대한 상세한 논의를 위하여는 [Bernkopf 1966] 보기.

*Leçons sur les séries trigonométriques*를 읽었을 때 처음으로 르베그의 적분에 대한 정의를 알게 되었고, 그리고는 르베그의 학위논문과 *Leçons sur l'intégration*도 또한 읽게 되었다. 같은 해에 그는 또한 파투의 논문도 읽었다. 리슈에 의하면, "이 적분개념을 내가 흥미를 느낀 문제들에 적용하는 것을 시도하는 아이디어와 용기는 파투의 뛰어난 논문을 읽음으로써 생겨났다 …" [1949: 29].

리슈가 르베그의 아이디어를 처음 적용한 것은 합가능 함수들의 공간에 대한 개념과 관련된다. 프레셰는 학위논문 (1906)에서 지금 추상적 거리공간이라고 불리는 개념을 소개하였었다. 프레셰는 이 개념을 확실히 알게 해주는 것으로, 고정된 닫힌구간 I에서 연속이고 두 함수 f와 g의 거리가 I에 있는 x에 대해 $|f(x)-g(x)|$의 최대값으로 정의된 함수들의 집합을 생각하였었다. 리슈 [1906]는 프레셰의 아이디어를 이 연속함수들의 공간에 적용하면, 힐베르트의 학생 중 하나인 슈미트(Schmidt, E.)의 정리를 전적으로 다르게 증명할 수 있게 한다는 것을 깨달았다. 슈미트는 구간에서 연속인 함수들의 직교체계(orthogonal system)는 반드시 가산이라는 것을 증명하였었다.[7] 직교체계 개념은 물론 적분될 수 있는 어떠한 함수체계로도 확장될 수 있다. 리슈는 슈미트의 정리가 프레셰의 아이디어를 사용하여 일반화될 수 있다는 것을 지적하였다; 단순히 그것들을 좀 더 일반적인 함수들의 적절한 거리공간에 적용하면 된다. 설명으로서, 리슈는 두 함수들 사이의 거리가 $\left[\int_E (f-g)^2\right]^{\frac{1}{2}}$으로 정의된 르베그 측정가능 집합 E에서 유계이고 합가능인 함수들의 모임을 생각하였다. 그러면 $\int_E |f|=0$ 인 모든 함수 f가 E의 모든 곳에서 0인 함수와 동일한 것으로 간주되는 관례를 만들면, 거리공간이 얻어진다. 여기에 우리는 나중에 리슈가 소개하고 연구한 L^p 공간 개념의 기원을 갖고 있다.

함수들의 완비직교체계(complete orthogonal system) 개념은 적분방정식에 대한 힐베르트(Hilbert, D. 1862-1943)의 연구에서 소개되었었다. 힐베르트는 φ가 알려지지 않았고 f와 K가 연속인 적분방정식

7) 슈미트는 이 정리를 1905년 괴팅겐 수학회 모임에서 발표하였고, 그것은 나중에 출판되었다 [Schmidt 1906].

(9) $$f(s) = \varphi(s) + \int_a^b K(s, t)\varphi(t)\,dt$$

의 해석은 무한 일차방정식계

(10) $$\alpha_p = x_p + \sum_{q=1}^{\infty} \alpha_{pq} x_q, \quad p = 1, 2, 3, \cdots$$

의 해석으로 된다는 것을 보였다. 여기서 계수 α_{pq}와 α_p는 $[a, b]$에서 연속인 함수들 φ_p의 완비직교체계로 정의된다. φ가 (9)의 연속인 해라면, $\{\varphi_p\}$ 체계에 대한 φ의 "푸리에계수", 즉 $a_p = \int_a^b \varphi\,\varphi_p$는 (10)에 대한 제곱-합가능 해를 나타낸다. 역으로, (10)이 $p = 1, 2, 3, \cdots$에 대해 유일한 제곱-합가능 해를 가지면, (9)에 대한 연속해 φ가 만들어질 수 있다.

힐버트의 연구는 리슈 [1907a; 1907b]에게 다음 문제를 제시하였다: $p = 1, 2, 3, \cdots$에 대해 a_p가 제곱-합가능 수열이면, $p = 1, 2, 3, \cdots$에 대해 $a_p = \int_a^b \varphi\,\varphi_p$인 함수 φ가 존재하는가? 이 문제에 대한 동기는 – 완비 직교체계 개념에 대한 동기도 – 삼각급수론으로부터 온다: φ_p들이 사인(sine)과 코사인(cosine)들 일 때, 파투의 파시발등식(Parseval's equality)은 수열이 제곱-합가능 함수의 푸리에계수가 되기 위한 필요조건이 수열이 제곱-합가능인 것이라는 것을 보인다. 그러므로 자연스럽게 의문이 생긴다: 수열의 제곱-합가능성은 또한 충분조건인가? 긍정적인 답이 나왔었을 것 같지 않기 때문에, 르베그가 적분가능 함수의 개념을 일반화하기 전에 이 문제가 많은 관심을 불러 일으켰었을 지는 의심스럽다. 그러나 리슈는 다음을 증명함으로써 이 문제에 대해 완전히 답할 수 있었다:

정리 6.8 리슈-피셔 정리

$\{\varphi_n\}$이 $[a, b]$에서 정의된 제곱-합가능 함수들의 정규직교체계(orthonormal system)이고 $\{a_n\}$이 실수들의 수열이면, $[a, b]$에서 정의된 제곱-합가능 함수 f로서,

$n = 1, 2, 3, \cdots$에 대해 $a_n = \int_a^b f\varphi_n$인 f가 존재하기 위한 필요충분조건은 $\sum_{n=1}^{\infty} a_n^2$ 이 수렴하는 것이다.

리슈가 채택한 증명 방법은 처음에 $[a, b] = [0, 2\pi]$이고 φ_n들이 사인과 코사인인 특별한 경우에 정리를 증명하는 것을 포함한다; 그리고는 무한히 많은 미지수를 갖는 일차방정식계에 대한 이론에 의하여 일반적인 경우로 정리가 확장된다. 리슈가 르베그와 파투의 연구결과를 결정적으로 사용한 것은 특별한 경우에 정리를 증명하는 데에서였다. $a_0, a_1, b_1, a_2, b_2, \cdots$이 제곱-합가능 수열이라고 하자. 리슈는 함수

$$F(t) = \sum_{n=1}^{\infty} \frac{1}{n}(a_n \sin nt - b_n \cos nt)$$

를 생각하였다. 오른편은 균등수렴한다. ($\sum_{n=1}^{\infty}(a_n^2 + b_n^2)$이 수렴하면 슈바르츠부등식[8]에 의해서 $\frac{|a_n|}{n}$과 $\frac{|b_n|}{n}$을 항으로 갖는 급수가 수렴한다는 것을 얻는다.) 함수 $F(t)$는 물론, $U(r, t)$가 파투가 그의 정리 6.7을 증명하는 데에서 소개했던 함수일 때, $U(1, t)$ 이다. 리슈는 정리 6.8의 증명을 특별히 제시한데 대해 파투의 논문에 공을 돌리지 않았지만, 그것이 그럴듯해 보인다. 사실 파투의 추론을 반복하면서, 리슈는 $F(t)$가 연속이고 유계변동을 갖고, 그래서, 르베그의 정리 5.13에 의해 $F'(t)$가 거의 모든 곳에서 존재함을 알아냈다. 파투의 결과들이 - 특히 여기서 리슈는 그것들을 언급하였다 - 그러면 거의 모든 곳에서 $\lim_{r \nearrow 1} u(r, t) = f(t)$임을 보여준다. 여기서 $F'(t)$가 존재할 때 $f(t) = \frac{1}{2}a_0 + F'(t)$이고 그렇지 않으면 $f(t) = 0$이고, $u(r, t)$는 (5)에서와 같이 정의된다. (파투의 정리 6.7의 증명에서와 같이,

8) 즉, $\left|\sum c_n d_n\right| \le \left(\sum |c_n|^2\right)^{\frac{1}{2}} \left(\sum |d_n|^2\right)^{\frac{1}{2}}$. 적분에 대해서 이것은 $\left|\int_E fg\right| \le \left(\int_E |f|^2\right)^{\frac{1}{2}} \left(\int_E |g|^2\right)^{\frac{1}{2}}$ 이 된다.

관련된 결과들은 정리 6.4와 방정식 (6) 이다.)

증명을 완결짓기 위하여, 리슈는 $u(r,t)$가 $f(t)$로 수렴한다는 사실로부터 $f(t)$가 제곱–합가능이고 a_n과 b_n이 f의 푸리에계수라는 것을 끌어내야 했다. 르베그는 급수 (1)을 다루는 데 있어 비슷한 문제를 갖고 있었다. 그 문제에서와 같이, 방정식 (3)은 항별적분을 사용할 수 있다는 것을 증명하면 충분하다는 것을 보여준다. 리슈의 경우에, $U(r,t)$는 균등유계일 필요는 없다. 그러나 파투가 지적했던 것처럼, 1 보다 작은 모든 r에 대해 $\int_{-\pi}^{\pi} u(r,t)^2\,dt \leq \frac{1}{2}a_0^2 + \sum_{n=1}^{\infty}(a_n^2 + b_n^2)$ 이다. 그래서 리슈는 다음 보조정리를 적용하였다:

> f_n을 측정가능 집합 M에서 제곱 – 합가능 함수라 하자. $f_n(x)$가 거의 모든 곳에서 $f(x)$로 수렴하고 어떤 고정된 상수 K에 대해 $\int_M f_n^2 \leq K^2$이면, f는 제곱 – 합가능이고 $\int_M f = \lim_{n\to\infty}\int_M f_n$이다.

리슈는 이 보조정리의 증명을 보여주지 않았지만, 그가 파투의 보조정리 (정리 6.6)로부터 이것을 얻었다는 데에 거의 의심이 없다. 우선 f^2이 합가능하다는 것이 파투의 보조정리로부터 즉각적으로 나온다; 그러면 슈바르츠부등식이 f가 합가능함을 나오게 한다. (M은 유한측도를 갖는 것으로 가정된다.) 항별적분의 타당성이 또한 슈바르츠부등식으로부터 끌어내지는데, 그것은, $m(n,d)$가 $|f_n(x) - f(x)| > d$인 M에 속하는 x들의 집합의 측도를 나타낼 때, 부등식 $\int_M |f - f_n| \leq d\,m(M) + 2K[m(n,d)]^{\frac{1}{2}}$[9]을 나오게 한다.

리슈와 독립적이고 거의 동시에, 피셔(Fischer, E. 1875–1959) 또한 같은 결과 [1907a]를 얻었다. 피셔는 (리만적분가능 함수에 대해) 파시발등식에 대한 두 개의 새로운 증명을 보여준 해설적 논문 [1904]을 발표하였다. 그 논문은 이 등식에 대한 그의 관심뿐만 아니라 삼각급수에 대한 하낵의 연구결과 (3.1)에 대해 잘 알고

9) 이 부등식은 리슈의 나중 논문 [1910: 463–64]에 나온다.

있는 것을 보여준다.

$$\lim_{m,\, n\to\infty} \int_0^{2\pi} (s_n - s_m)^2 = 0$$

이라는 사실로부터 극한함수 $g(x) = \lim_{n\to\infty} s_n(x)$가 "일반적으로" 존재한다는 것을 끌어내려고 하였으나 성공하지 못하였다는 것을 기억해야 한다. 여기서 s_n은 적분 가능 함수의 푸리에급수의 n번째 부분합을 나타낸다. 르베그의 이론과 관련해서이지만, 피셔가 평균수렴(mean convergence) 개념을 소개하도록 이끈 것은 아마도 하낵의 논문이었을 것이다. 평균수렴은 다음과 같이 정의된다: Ω가 $[a, b]$에서 정의된 제곱-합가능 함수들의 모임을 나타낸다고 하고, $n = 1, 2, 3, \cdots$에 대해, f_n이 Ω의 원소라고 가정하자. 그러면 함수열 f_n은 $\lim_{m,\, n\to\infty} \int_a^b (f_n - f_m)^2 = 0$ 이면 평균수렴한다고 한다. $\lim_{n\to\infty} \int_a^b (f - f_n)^2 = 0$ 이면 f_n은 Ω의 원소 f로 평균수렴한다고 한다.

피셔의 주된 결과는 다음이다:

정리 6.9

f_n이 평균수렴하면, f_n이 f로 평균수렴하는 Ω의 원소 f가 존재한다.

그러면, 임의의 제곱-합가능 수열 a_n이 주어졌을 때, 함수들 $f_n = \sum_{i=1}^{n} a_i \phi_i$가 평균수렴하기 때문에, 리슈-피셔 정리가 따름정리로 성립한다.

주된 정리를 증명하기 위하여, 피셔는 처음에 슈바르츠부등식이 $F(x) = \lim_{n\to\infty} \int_a^x f_n$과 $\theta(x) = \lim_{n\to\infty} \int_a^x f_n^2$이 존재하고 연속임을 보여주는 것을 알아냈다. θ가 단조함수이기 때문에, 그것은 유계변동을 갖는다. 그리고 슈바르츠부등식을 또 적용하면

$$|F(x+h)-F(x)|^2 \le h[\theta(x+h)-\theta(x)]$$

을 얻는다. 여기서 h는 양수이다. 그래서 h_n이 임의의 양수들의 수열이면, x_n들이 $[a, b]$에 있을 때,

$$\left[\sum|F(x_n+h_n)-F(x_n)|\right]^2 \le \left(\sum h_n\right)^2[\theta(b)]^2$$

이다; 그러므로 F는 절대연속이다. (피셔는 이 용어를 사용하지 않았으며 비탈리의 논문을 읽지 않았었을 것이다.) 피셔는 $D^+F(x)$와 $D^+\theta(x)$가 유한일 때 각각 이 값들을 취하고 그렇지 않으면 0을 취한다고 정의한 함수 f와 ζ를 생각하였다. 둘 다 합가능이고 (르베그의 정리 5.11의 증명으로부터 보여 질 수 있는 것처럼) $\int_a^x f = F(x) = \lim_{n\to\infty}\int_a^x f_n$ (정리 5.15에 의해) 이다. 거의 모든 곳에서 $f^2(x)=\zeta(x)$ 임을 보이면 f가 Ω에 속하고 f_n이 f로 평균수렴하므로 증명이 끝난다.

"M. 르베그의 개념을 사용하는 것이 … 우리의 주제를 위해 필수적이다" 는 것을 강조하기 위하여, 피셔는 잇따른 논문 [1907b: 1151]에서 Ω가 $[a, b]$에서 연속인 함수들의 집합이나 Ω의 어떤 다른 진부분집합으로 대치되면, 그의 주된 정리가 더 이상 성립하지 않는다는 것을 지적하였다. 현대 용어로, 공간 Ω는 거리함수 $d(f_1, f_2)=\left[\int_a^b (f_1-f_2)^2\right]^{\frac{1}{2}}$에 대해 완비이지만 다른 공간들은 그렇지 않다. 거리공간 Ω (즉, $L^2[a, b]$)의 이 성질이 원래 유계변동을 갖는 함수들의 미분에 대한 르베그의 정리로부터 유도되었다는 것은 역사적으로 흥미롭다.

크로넥커(Kronecker), 하낵, 아젤라(Arzelà), 그리고 르베그의 항별적분에 대한 논의에서 기초가 된 것은 리슈 [1909a]가 처음으로 분명하게 정의한 개념인 측도수렴(convergence in measure) 개념이었다. (측정가능 함수들의 열 f_n은 $m(n,\epsilon)$이 $|f(x)-f_n(x)|>\epsilon$인 x의 집합의 측도를 나타낼 때, 모든 $\epsilon>0$에 대해 $\lim_{n\to\infty} m(n,\epsilon)=0$이면 함수 f로 측도수렴한다고 한다.) f_n이 f로 측도수렴하면, 그것은 f로 점별수렴할 필요는 없다; 그러나 리슈는 거의 모든 곳에서 $f(x)=\lim_{k\to\infty} f_{n_k}(x)$인 f_n의 부분열 f_{n_k}가 항상 존재한다는 것을 보였다. 평균수렴에 대한 비슷한 결과가

바일(Weyl, H.) [1909: 243]에 의해 독립적으로 얻어졌다. 리슈는 또한 평균수렴이 측도수렴을 나오게 하기 때문에, 제곱-합가능 함수의 삼각급수는 거의 모든 곳에서 그 함수로 수렴하는 부분급수를 포함한다고 하였다. 어떤 의미로, 피셔의 정리 6.8과 함께 그 결과는 하낵의 직관이 맞다고 설명해 줄 수 있는 방법을 보였다.

리슈가 초기에 적분론에 기여한 것은 $[a, b]$에서 정의된 함수로서 $|f|^p$이 합가능한 모든 측정가능 함수들로 이루어진 $L^p[a, b]$, $1 < p < \infty$, 공간을 소개하고 연구한 훌륭한 논문 [1910]에 수록되었다. $p = 2$ 인 경우는 물론 리슈와 피셔에 의해 이미 논의되었었다. 순수하게 수학적 입장에서, 리슈의 논문의 중요성은 적분방정식과 함수공간에 대한 이론의 발전에 기여한 데 있으며, 이 이유로 여기서 그것을 논하지 않을 것이다.[10] 그러나, 그 논문은 역사적으로 지극히 중요하다. 왜냐하면 그것이 새로운 적분론이 함수공간론의 발전에 영속적 위치를 확보하게 하였기 때문이다. 대응되는 리만적분가능 함수들의 공간이 만족시키지 않는 L^p 공간들의 결정적 성질은 거리함수 $d(f_1, f_2) = \left(\int_a^b |f_1 - f_2|^p\right)^{\frac{1}{p}}$ 에 대한 완비성(completeness)이다.

10) 그것의 내용에 대한 상세한 해석을 위해서는 [Bernkopf 1966] 보기.

❖ 메모

제7장

에필로그: 르베그-스틸테스 적분

비록 르베그의 측도와 적분에 대한 연구가 특히 측도에 대한 그 자신의 정의와 결과로 나오는 적분론에 관한 것이었지만, 그의 아이디어들은 측도와 적분에 대한 현대의 추상적 이론에 담겨졌다. 이 현대의 이론을 향한 첫 걸음은 라돈(Radon, J. 1887-1956)이 내디뎠다. 라돈은 르베그의 것 보다 좀 더 추상적인 측도에 기초한 적분에 대한 탐구와 응용을 시작하였는데, 그것은 르베그와 스틸테스의 정의들이 특별한 경우로 포함되기 때문에 흔히 르베그-스틸테스 적분이라고 불린다. 라돈의 논문은 측도 개념에 대해 좀 더 추상적 접근을 소개했을 뿐만 아니라, 관례적으로 n-차원 유클리드 공간으로 제한했던 것을 제거하는 방향에서 더 추상화할 수 있는 가능성을 다른 사람들에게 제시하였다. (예를 들어 [Fréchet 1915] 보기.)

라돈의 논문으로 이끈 주된 발전 과정이 르베그의 연구결과와 그것의 역사적 상황을 탐구하는데 적절한 에필로그가 된다. 왜냐하면 그것이 1901년에 르베그가 제안한 적분의 일반화와 측도와 적분에 대한 현대의 취급 사이의 연결고리를 형성하기 때문이다. 더욱이 르베그 자신도 이 방향에서 탁월하게 두각을 나타내었다.

적분에 대한 코시의 정의를 스틸테스(Stieltjes, T. J. 1856-94)가 일반화한 것의 계기는 리만 또는 르베그의 것과 전혀 같지 않았다. 스틸테스 [1894]는 양의 계수 a_n을 갖는 연속된 분수에 대한 일반적 연구를 하기로 작정하였다:

$$\frac{1}{a_1 z + \cfrac{1}{a_2 + \cfrac{1}{a_3 z + \cfrac{1}{a_4 + \cfrac{1}{a_5 z + \cfrac{1}{\ddots}}}}}} \tag{1}$$

그는 급수 $\sum a_n$이 발산할 때, 연속된 분수 (1)이 음의 실축과 원점을 제외하고 평면에서 해석적인 극한 $F(z)$로 수렴하는 것을 보이는데 성공하였다. $\sum a_n$이 수렴할 때, (1)의 짝수의 부분합과 홀수의 부분합 – 즉, 각각 계수 a_{2n}과 a_{2n-1}로 끝나는 유한의 연속된 분수 – 이 다음 형태로 표시될 수 있는 서로 다른 극한 $F_1(z)$와 $F_2(z)$로 수렴한다는 것을 그는 증명할 수 있었다:

$$\begin{aligned} F_1(z) &= \frac{\mu_1}{z+\lambda_1} + \frac{\mu_2}{z+\lambda_2} + \cdots + \frac{\mu_i}{z+\lambda_i} + \cdots \ ; \\ F_2(z) &= \frac{\nu_0}{z} + \frac{\nu_1}{z+\theta_1} + \cdots + \frac{\nu_i}{z+\theta_i} + \cdots \ ; \end{aligned} \tag{2}$$

여기서 $\mu_i, \lambda_i, \nu_i, \theta_i$ 는 음이 아니다.

연속된 분수 (1)이 양의 계수를 가진

$$\frac{c_0}{z} - \frac{c_1}{z^2} + \cdots + (-1)^k \frac{c_k}{z^k} + \cdots \tag{3}$$

형태의 급수로 형식적으로 전개될 수 있고 또 역도 된다는 것은 잘 알려져 있다. 스틸테스는 급수 $\sum a_n$이 수렴할 때, 계수 c_k들이 F_1과 F_2와 등식들

$$\begin{aligned} c_k &= \sum_{i=1}^{\infty} \mu_i \lambda_i^k, \qquad k = 1, 2, 3, \cdots \\ c_k &= \sum_{i=0}^{\infty} \nu_i \theta_i^k, \qquad k = 0, 1, 2, \cdots \end{aligned} \tag{4}$$

에 의해 관계를 갖고 있다는 것을 알아냈다.

이 관계들은 다음의 물리적 해석 [Stieltjes 1894: J. 48]을 제시하였다: 양의 x -축에 있는 원점으로부터 거리 d_i 인 곳에 집중된 질량 m_i를 갖는 양의 질량의 분포를 생각하자. 합 $\sum m_i d_i^k$ 는 원점에 대한 체계의 k 차 모멘트(monent of order k)라고 정의된다. 그러면 (4)의 식들은 c_k가 체계 $m_i = \mu_i, d_i = \lambda_i$ 또는 체계 $m_i = \nu_i, d_i = \theta_i$ 의 k차 모멘트라는 것을 뜻하는 것으로 해석될 수 있다. 그래서 "모멘트에 대한 문제" - 스틸테스가 k차 모멘트가 각 k에 대해 지정된 값 c_k를 갖는 양의 질량 m_i, d_i의 분포를 찾는 문제로 정의한 것 - 는 주어진 수 c_k가 급수 (3)과 관련된 연속된 분수 (1)의 계수 a_k들이 수렴하는 급수를 형성한다는 성질을 가질 때 해결할 수 있다. 이 경우에 모멘트에 대한 문제는 2개 그리고 결과적으로 무한히 많은 해를 갖는다.

c_k들과 관련된 a_k들이 발산하는 급수를 형성할 때 모멘트에 대한 문제를 다루기 위하여, 스틸테스는 질량의 연속분포(continuous distribution of mass) 개념을 소개하였다 [1894: J. 68]. 그러한 분포는 0과 x 사이의 전체질량(total mass) $g(x)$가 x의 모든 양의 값에 대해 알려지면 완전히 결정된다. 함수 g는 그러면 x에 대한 양의 증가함수이다. k 차 모멘트는 $P, a = x_0 < \cdots < x_n = b$가 $[a, b]$의 분할이고 t_i가 $[x_{i-1}, x_i]$에 속하고, $\| P \| \to 0$ 일 때 합

$$\sum_{i=1}^{n} t_i^k [g(x_i) - g(x_{i-1})]$$

의 극한으로 비슷하게 정의된다. 스틸테스는 f가 임의의 연속함수이고 g가 반드시 양일 필요는 없을 때, 대응되는

$$\sum_{i=1}^{n} f(t_i) [g(x_i) - g(x_{i-1})]$$

의 극한이 여전히 존재한다는 것을 보였고, 그것을 $\int_a^b f(u)\, dg(u)$로 나타내었다. 스틸테스는 그의 정의가 함수들의 더 큰 모임으로 확장될 수 있다는 것을 알았지만, 그는 "함수 $f(u)$에 완전한 일반성을 주는 것이 흥미있는 것이 아니다" 고 느꼈다 [1894: J. 71].

그래서 모멘트에 대한 문제는 다음과 같이 되었다: 주어진 양수 c_k에 대해, $c_k = \int_a^b u^k dg(u)$ 인 양의 감소하지 않는 함수 g를 찾아라. 문제가 제기된 후 스틸테스는 수 c_k에 대응되는 급수 $\sum a_k$가 발산할 때 (1)의 극한 $F(z)$에 대해

$$F(z) = \int_0^\infty \frac{dg(u)}{z+u}$$

이 되는 유일한 해 g가 존재한다는 것을 보임으로써 그 문제를 완전히 해결할 수 있었다. 마찬가지로, $\sum a_n$이 수렴할 때, 두 개의 다른 해 g_1과 g_2를 구할 수 있고

$$F_1(z) = \int_0^\infty \frac{dg_1(u)}{z+u}, \quad F_2(z) = \int_0^\infty \frac{dg_2(u)}{z+u}$$

를 만족시킨다. 이 경우에 적분은 (2)의 표현으로 된다.

스틸테스의 적분의 정의는 1910년까지 계속 리만의 논문으로부터 나오는 전통 밖에 있었다. 그때에 이르러 여러 수학자들, 주로 이탈리아와 프랑스인들이 오늘날 "범함수(functionals)" 라고 부르는 것, 즉 함수 f와 실수 또는 복소수 $U(f)$ 사이의 대응 $f \to U(f)$의 연구에 흥미를 갖게 되었다. 아다마르(Hadamard, J. 1865-1963)는 U가 $[a, b]$ 에서의 모든 연속함수에 대해 정의된 선형범함수(linear functional) 이고 f_n이 f로 균등수렴할 때마다 $U(f_n) \to U(f)$ 인 의미에서 연속이면 U는 항상

$$U(f) = \lim_{u \to \infty} \int_a^b f(t)\, G(t, u)\, dt$$

형태로 표현될 수 있다는 것을 보였다 [1903]. 여기서 $G(t, u)$는 함수 $x \to \left(\frac{u}{\pi^{\frac{1}{2}}}\right) e^{-u^2(t-x)^2}$에 대한 U의 값이다. 이 표현법은 U를 잘 알려진 식

$$f(x) = \lim_{u \to \infty} \frac{u}{\pi^{\frac{1}{2}}} \int_a^b f(t)\, e^{-u^2(t-x)^2}\, dt$$

에 적용하여 쉽게 얻어졌다. 좀 더 심오하고 만족스러운 U의 표현법은 나중에 리

슈 [1909b]에 의해 얻어졌다. 리슈는 $\int_a^b f(u)\,dg(u)$에 대한 스틸테스의 원래 정의가 $[a, b]$에서 유계변동을 갖는 함수 g로 확장되면 – 이 함수들을 증가함수들의 차로 나타내는 죠르단 표현법에 의해 즉각적으로 나오는 확장 – 유계변동을 갖는 함수 g가 모든 f에 대해

$$U(f) = \int_a^b f(u)\,dg(u)$$

가 되도록 결정될 수 있다는 것을 보였다.

르베그의 관심을 스틸테스적분으로 돌린 것은 리슈의 논문이었다; 간단한 논문 [1910a]에서 르베그는 스틸테스적분과 자신의 정의 사이의 "밀접한 연관"을 나타내는 것을 내놓았다. 선험적 입장에서 자연스러운 관계는 $\int_a^b f(x)\,dg(x) = \int_a^b f(x)g'(x)\,dx$일 것이다. 그리고 비록 g가 연속이거나 절대연속일 필요가 없기 때문에, 르베그는 곡선의 길이를 위한 적분공식에 대한 그의 연구에서 사용되었던 것과 비슷한 변수변환에 의지해야 했지만, 그것이 근본적으로 르베그가 확인한 것이다. 그래서 $v = v(x)$가 $[a, x]$에서 g의 전체변동(total variation)을 나타내면, 아이디어는 치역을 $[a, b]$로 하고 $[0, v(b)]$에서 정의되는 역함수를 만드는 것이다. v가 연속이고 순증가이면, 보통의 의미에서 역함수 $v^{-1}(v) = x(v)$가 존재한다; v가 상수인 구간을 갖고 비약불연속점들을 가지면, 분명한 수정을 통하여, 불연속이 될 수도 있는 역함수가 여전히 정의될 수 있다. g가 연속이면, 함수 $h(v) = g(x(v))$는 연속이고 $[0, v]$에서 v와 같은 전체변동을 갖는다. g가 연속이 아니면, 위의 정의가 적절히 고쳐져서 결과로 나오는 h가 계속 이 성질들을 갖도록 할 수 있다. 따라서 h는 절대연속이고 부정적분 $h(v) = \int_0^v k(t)\,dt$ 이다; 그리고 등식

$$\int_a^b f(x)\,dg(x) = \int_0^{v(b)} f(x(v))\,dh(v) = \int_0^{v(b)} f(x(v))\,k(v)\,dv$$

를 증명하는 것이 가능하다.

연속함수 f의 스틸테스 적분은 따라서 g가 $x(v)$와 $k(v)$를 $[0, v(b)]$의 거의 모든 곳에서 결정한다는 의미에서 유일한 르베그적분과 동일시될 수 있다. 위 등식

의 세 번째 항은, 그것이 르베그적분이기 때문에, f가 연속이 아닐 때도 의미를 갖는다; 그리고 르베그는 $\int_a^b f(x)\,dg(x)$를 $f(x(v))$가 유계이고 합가능할 때 $\int_0^{v(b)} f(x(v))\,k(v)\,dv$로 정의함으로써 스틸테스의 정의를 일반화하였다. 르베그에게 그러한 변수변환을 포함하지 않는 스틸테스적분의 일반화를 얻는 것이 어려울 것으로 보였다. 그러나, 나중에 같은 해에, 르베그는 적분론에 대한 그의 결과를 르베그적분과 스틸테스적분 사이의 "밀접한 연관"을 보여줄 좀 더 자연스러운 방법을 제시하게 되는 관점에 의해서 n–차원 공간으로 확장한 논문 [1910b]을 발표하였다.

르베그의 논문 [1910b]은 비탈리의 논문 [1907–08] 뒤에 나왔고 그것에 영향을 받았다. 르베그의 적분에 대한 정의가 n–차원 공간의 점들에서 정의된 함수로 단순히 1–차원 점을 n–차원 점으로 대치함으로써 확장될 수 있지만, 도함수와 부정적분을 포함하는 정리들과 구간들의 체인 사용과 같은, 그것들을 증명하기 위해 사용된 방법에 대해서는 그렇게 할 수 없다. 비탈리 [1907–08]가 그러한 일에 관심을 가진 첫 번째 사람이었다. 그는 모든 절대연속함수는 부정적분이라는 그 자신의 정리의 뜻과 증명을 확장하는 문제에 특히 관심이 있었다. 비탈리의 논문의 주된 부분은 이 정리를 n–차원 공간으로 확장할 수 있는 방법으로 다시 증명하는 문제에 관한 것이다. 마지막 절에서 비탈리는 다변수함수에 대한 "절대연속"과 "부정적분" 이란 용어에 주어지는 의미를 생각하고, 독자로 하여금 절대연속함수와 부정적분이 같다고 하는 정리를 1–차원에 대한 증명을 모방하여 증명하게끔 하였다. 2–차원에 대하여 그는 다음과 같이 하였다: $F(x, y)$가 $0 \le x \le A,\ 0 \le y \le B$에 의해 결정되는 사각형 R_0에서 정의된다고 가정하자. R_0를 말하기 위해 표기법 $[0, A; 0, B]$를 사용하고 좌표축과 평행한 변을 갖는 다른 사각형에 대해서도 비슷한 표기법을 사용할 것이다. $R = [a, b; c, d]$가 R_0에 포함된다고 하자. 비탈리는 R에서 F의 증분을

$$F(a, c) + F(b, d) - F(a, d) - F(b, c)$$

로 정의하였다. 그러면, $n = 1, 2, 3, \cdots$에 대해 $R_n = [a_n, b_n; c_n, d_n]$이 겹치지 않는

사각형들의 열이면, $\bigcup_{n=1}^{\infty} R_n$에서 F의 증분은 각 R_n에서 F의 증분의 합으로 택한다. $\bigcup_{n=1}^{\infty} R_n$의 면적과 함께 $\bigcup_{n=1}^{\infty} R_n$에서 F의 증분이 0으로 접근하면 F가 절대연속이라고 정의된다. 마지막으로

$$F(x,y)+F(0,0)-F(x,0)-F(0,y)=\int_{R(x,y)} f(x,y)$$

이 되는, R_0에서 정의된 합가능 함수 $f(x,y)$가 존재하면 F는 적분함수라고 불린다. 여기서 $R(x,y)=R[0,x;0,y]$는 R_0에 포함된다. 달리 말하면, $R(x,y)$에서 F의 증분은 $R(x,y)$ 위에서 f의 적분이다.

비탈리의 정의들이 점함수(point function) 개념을 기본적인 것으로 택하지만, 거기에 들어있는 것은 집합함수(set function), 특히 사각형들에서 정의된 함수의 개념이다. 그는 또한 이 방향에서 볼테라의 연구결과에 영향을 받은 것으로 보이는데, 볼테라는 1887년에 이전에 언급한 범함수에 관심을 보이기 시작하였다. 볼테라의 연구의 출발점은 디리클레의 대응관계로서의 함수개념이 변수가 수이거나 공간의 점이 아니고 그 자신 함수인 경우에 즉각적으로 확장될 수 있다는 것을 깨달은 것 이었다. 그의 연구결과의 일부를 요약하는 논문에서 볼테라 [1889]는 다음과 같이 그의 관점을 표현하였다:

> 3개의 독립변수의 함수를 3-차원 공간의 점들의 함수로 표현하는 것은 해석학자들 사이에 널리 퍼져서 쓰고 있는 것이다. 그러나 점들이 공간의 유일한 기하학적 요소인 것은 아니다. 직선과 곡면들도 있고, 같은 방식으로, 변수의 값은 각 점 또는 각 직선 또는 각 곡면과 대응되게 할 수 있다. 이 방식으로 공간의 점들의 함수가 얻어지고 또한 직선들의 함수와 곡면들의 함수라고 불려 질 수 있는 것들도 얻어진다. 이제까지 해석학은 점들의 함수에만 적용되었었지만, 그러나 직선들의 함수와 곡면들의 함수를 연구하는 것도 매우 흥미롭다 [1889: 223].

르베그는 볼테라의 관점을 잘 알았으며 그에 전적으로 동의하여, 부정적분이 매우 자연스럽게 측정가능 집합들의 함수로, 즉 P가 n-차원 공간의 점일 때 $F(E)=\int_E f(P)\,dP$로 생각될 수 있다는 것을 깨달았다 [1910b: 380ff]. 페아노가

이것을 훨씬 전에 알아보았지만 (4.1), 르베그는 이것에 대한 페아노의 아이디어를 알지 못했던 것으로 보인다. 르베그는 이 종류의 집합함수에 대한 두 개의 중요한 성질을 끄집어내었다:

(a) $m(E_n)\to 0$ 이면 $F(E_n)\to 0$;

(b) $E_1, E_2, E_3, \cdots$이 서로 소인 측정가능집합이면, $F(\bigcup_{n=1}^{\infty} E_n) = \sum_{n=1}^{\infty} F(E_n)$.

그러면 측정가능 집합들에서 정의된 임의의 집합함수는 (a)가 성립하면 절대연속이라고 정의되고 (b)가 성립하면 가법적(additive)이라고 정의된다.

절대연속함수에 대한 르베그와 비탈리의 정리와 비슷한 것을 얻기 위하여, 집합함수의 미분에 대한 이론을 전개시키는 것이 필요하였다. 이 이론을 자세하게 논의하는 것은 라돈이 르베그–스틸테스적분에 대한 이론을 만들어내게끔 이끈 사건들을 밟아 나가는 우리의 주된 목적을 너무 멀리 벗어나게 할 것이다. 페아노가 준 미분가능성 정의의 형태가, 예를 들어, 기본정리 I이 $F(E) = \int_E f(P)\,dP$ 에 대해 유효하지 않을 것이기 때문에, 너무 제한적이라는 것을 르베그가 알았다고 말하는 것으로 충분하다고 하자. 그러나 르베그는 몫 $\frac{F(E)}{m(E)}$에 나오는 집합 E를 P를 포함하는 어떤 "집합들의 정규 모임(regular families)" – 예를 들어 P를 중심으로 하는 구(sphere)들의 모임 – 으로 제한하면 일변수함수에 대한 정리들이 여전히 사실인, P에서 F의 도함수 (또는 디니도함수)의 정의를 얻는다는 것을 알았다. 그래서 르베그는 다음을 증명할 수 있었다:

정리 1

$F(E)$가 절대연속이고 가법적이면 F는 거의 모든 곳에서 유한인 도함수를 갖는다. 나아가서, $F(E) = \int_E f(P)\,dP$ 이다. 여기서 $f(P)$는 P에서 F의 도함수가 존재할 때, P에서 F의 도함수와 같고, 그렇지 않으면 임의로 선택된 값과 같다.

부정적분 $F(E)=\int_E f(P)\,dP$ 를 논하면서, 르베그는 F가 E에서 유계변동을 갖는다고 하였는데, 그것은 다음을 의미하였다: E가 서로 소인 측정가능 집합들 $E_1, E_2, E_3, \cdots$ 로 분할되고 $P(E)$와 $N(E)$가 각각 $\sum' F(E_n)$과 $-\sum'' F(E_n)$ 의 최소상계를 나타낸다고 하자. 여기서 $\sum'$과 $\sum''$은 각각 양과 음인 모든 항들 $F(E_n)$에 대한 합을 표시한다. $P(E)$와 $N(E)$는 E에서 F의 양과 음 변동(positive and negative variation)이라고 부르고, $T(E)=P(E)+N(E)$는 전변동(total variation)이라고 정의한다. E에서 F의 전변동이 유한이면 F는 E에서 유계변동을 갖는다. 이 정의들은, 비록 르베그가 부정적분과 관련하여 준 것이지만, 임의의 집합함수 F에 분명하게 적용된다. 그는 또한 $E=\bigcup_{n=1}^{\infty} E_n$에 대응되는 급수 $\sum_{n=1}^{\infty} F(E_n)$ 이 항상 절대수렴해야 하기 때문에 모든 가법적 집합함수 $F(E)$가 자동적으로 유계변동을 갖는다는 것을 우연히 (그리고 증명없이) 알아냈다 .

르베그의 이 결과는 지극히 중요한다. 왜냐하면 그것이 라돈 [1913]에게 가법적 집합함수 개념이 르베그와 스틸테스의 적분 모두를 포함하는 적분의 정의를 내리는데 사용될 수 있다는 것을 가리켜 주었기 때문이다. 그러한 적분의 확장에 대한 라돈의 계기는 힐베르트의 적분방정식으로부터 왔다. 힐베르트는 유계이차형식(bounded quadratic form)의 표준표시법(canonical representation)을 얻기 위하여 스틸테스적분을 사용하였었다. 반면에 리슈의 L^p 공간에 대한 1910년의 논문은 르베그적분을 기본적으로 사용하였었다. 이 적분들을 특별한 경우로 포함하는 적분의 정의를 도입함으로써 일반적 이론에 대한 기초가 다져졌다.

라돈은 n-차원 공간에서 구간을 $i=1, 2, \cdots, n$에 대해 $a_i \le x_i \le b_i$ 형태의 부등식을 만족시키는 점 $P=(x_1, x_2, \cdots, x_n)$들의 집합으로 정의하였다. 모든 집합은 $i=1, 2, \cdots, n$에 대해 부등식 $-M \le x_i \le M$에 의해 정의되는 구간 J의 부분집합으로 이해될 것이다. 라돈은 다음 조건들을 만족시키는 집합 T들의 모임을 생각하였다:

(a) 모든 구간이 T에 속한다;

(b) E_1과 E_2가 T에 속하면, $E_1 \cup E_2$와 $E_1 - E_2$도 그렇다;

(c) $E_1, E_2, E_3, \cdots$ 이 T에 속하고 서로 소이면 $\bigcup_{n=1}^{\infty} E_n$ 도 또한 T에 속한다.

이 조건들은 모든 보렐집합들이 T에 포함되는 것을 나오게 한다. T에서 정의된 집합함수 f는 E_n 들이 서로 소이고 T에 속할 때마다 $f(\bigcup_{n=1}^{\infty} E_n) = \sum_{n=1}^{\infty} f(E_n)$ 이면 가법적이라고 정의된다. f는 추가의 중요한 조건을 만족시킬 수 있다:

(d) 주어진 T의 임의의 집합 E와 임의의 $\epsilon > 0$에 대해, E에 포함되는 닫힌집합 E' 으로서 $|f(E) - f(E')| < \epsilon$ 인 것이 존재한다.

르베그의 결과에 따라, 라돈은 f가 가법적이면, f는 유계변동을 갖고 단조 (즉, 음이 아닌) 가법적 집합함수의 차로 나타내질 수 있다는 것을 보였다; 즉, T에 있는 모든 E에 대해

(5) $$f(E) = \varphi(E) - \psi(E)$$

라돈의 첫 번째 목적은 르베그가 보렐의 측도의 정의를 완전하게 한 것과 비슷한 방법으로 f의 정의역을 "완전하게(complete)" 하는 것이었다. 표현법 (5)는 단조함수 f에 대한 그러한 완전화(completion)를 생각하면 된다는 것을 보여준다. 우선 f가 단조라고 가정하며, 라돈은 내측도와 외측도와 비슷한 것을 도입하였다. 임의의 집합 E가 주어졌을 때, $\overline{f}(E)$는, J_i가 합집합이 E를 포함하는 구간들을 나타낼 때, $\sum_i f(J_i)$ 형태의 수들의 최대하계로 정의된다; 그리고 $\underline{f}(E)$는 $f(J) - \overline{f}(J-E)$로 정의된다. $\underline{f}(E) = \overline{f}(E)$ 이면 E는 f에 대해 측정가능이라고 말한다. 라돈은 모든 f-측정가능 집합들의 모임 T_1이 조건 (a), (b)와 (c)를 만족시킨다는 것을 보였다. 따라서 $f(E)$를 $\underline{f}(E)$와 $\overline{f}(E)$의 공통값과 같게 놓음으로써 T_1에서 f가 정의될 수 있다. 나아가서 원래 f와 T가 (d)를 만족시키면, T가 T_1에 포함되고 T_1에서 정의된 f는 더 큰 집합들의 모임으로 f를 진정으로 확장한 것이다. T_1은 f의 자연스러운 정의역 (natural domain of definition) 이라고 불린다.

f가 단조함수가 아니면, 확장절차가 (5)의 φ와 ψ에 적용되고 f의 자연스러운

정의역은 φ와 ψ의 자연스러운 정의역들의 공통집합으로 정의된다. f와 T가 (d)를 만족시키면 T에 대한 φ와 ψ도 (d)를 만족시키고, 그래서 다시 f의 자연스러운 정의역은 T를 포함한다. 마지막으로, 라돈은 T를 더 큰 자연스러운 정의역 T_1으로 확장하기 위해 사용된 절차를 T_1에 적용하면 아무 새로운 것이 만들어지지 않는다는 것을 보였다 .

이 개념들이 일단 확립되면, 적분의 일반화는 자동적이다. 모든 실수 a에 대해 T_1이 $F(P) > a$인 점들 P의 집합을 포함하면, 함수 F는 f에 대해 측정가능하다; $\cdots < a_{-2} < a_{-1} < a_0 < a_1 < a_2 < \cdots$이 유한한 노름을 가진 $(-\infty, \infty)$의 분할이고 E_k가 $a_k \le F(P) < a_{k+1}$ 인 점 P들의 집합을 나타낼 때, 급수 $\sum_{k=-\infty}^{\infty} a_k f(E_k)$가 절대수렴하면 측정가능 함수 F는 합가능하다. 마지막으로, F가 f에 대해 합가능하면, $\int_J F(P)\,df$는 분할의 노름이 0으로 접근할 때 위 급수의 극한으로 정의된다.

이것들은 정확히 m을 f로 대치한 르베그의 정의들이기 때문에, 라돈의 정의는 르베그의 정의를 특별한 경우로 포함한다. 그것은 또한 스틸테스의 정의도 포함한다. F는 $[a, b]$에서 연속이고 G는 $[a, b]$에서 유계변동을 갖는다고 하자. 일반성을 잃지 않으면서, G가 감소하지 않고 모든 x에 대해 $G(x) = G(x^-)$라고 가정할 수 있다.[1] f가 단조함수일 때 T_1에 대한 라돈의 정의에서, f는 처음에 구간에서 정의되고 J_0가 서로 소인 구간들 J_i의 합집합으로 표현될 때 마다 $f(J_0) = \sum_i f(J_i)$를 만족시키기만 하면 된다. 점함수 G로부터 $f([a, b]) = G(b) - G(a)$라고 놓음으로써 그러한 f가 정의될 수 있다; G가 왼쪽에서 연속이면 f는 구간들에서 가법성을 갖는다.[2] 그러면 집합함수 $\underline{f}$와 $\overline{f}$가 정의될 수 있고 f가 f-측정가능 집합들의 모임 T_1으로 확장될 수 있다. F가 구간 $[-M, M]$에서 연속이면, $\int_{-M}^{M} F\,df$가 정확히 $\int_{-M}^{M} F(x)\,dG(x)$ 라는 것을 보는 것은 어렵지 않다.

적분론의 입장에서, 라돈의 가장 중요한 결과는 절대연속 집합함수에 대한 르베

1) $G^*(x) = G(x^-)$ 이면, $\int_a^b F(u)\,dG(u) = \int_a^b F(u)\,dG^*(u)$.

2) 라돈의 참고말 [1913: 1305ff] 참조.

그의 정리 I을 일반화한 것인데, 추상적 형태의 그것을 공통적으로 라돈-니코딤(Radon-Nikodym) 정리라고 부른다. 우선 절대연속 개념은 르베그측도 개념으로부터 분리된다. 자연스러운 정의역 T_b와 T_f를 가진 두 개의 가법적 집합함수 b와 f가 주어졌을 때, b가 음이 아니고 $T_b \cap T_f$에 있는 임의의 집합 E에 대해 $b(E)=0$이면 $f(E)=0$ 이라는 성질을 가지면 b는 f에 대한 기저(basis) 라고 정의된다. (이것은 근본적으로 코시와 나중에 페아노에 의해 소개된 공존집합함수(coexistent set function)의 개념이다; 4.1 보기.) (d)를 사용하면서, 라돈은 T_b가 T_f에 포함되고 모든 $\epsilon > 0$에 대해 $b(E) < \delta$ 일 때마다 $|f(E)| < \epsilon$이 되는 $\delta > 0$가 존재한다는 것을 증명하였다. 그래서 b가 르베그측도를 의미하면, f가 절대연속일 때 f는 b를 기저로 갖는다.

라돈은 정리 1을 다음과 같이 일반화할 수 있었다:

정리 2

g가 기저 f를 가진 가법적 집합함수이면, T_f의 모든 E에 대해 $g(E) = \int_E \Psi(P)\,df$ 인 f-합가능 함수 Ψ가 존재한다.

이 결과를 확립하기 위하여 라돈이 채택한 방법은 좀 흥미있는 역사를 갖고 있으며 원래 의향과 거의 유사성이 없는 중요성과 효용성을 얻는 아이디어가 생겨날 수 있는 방법을 설명해 준다. 방법은 T_f와 구간 $K=[0, f(\zeta)]$의 1차원의 르베그-측정가능 부분집합 사이에 어떤 "측도 유지(measure-preserving)" 대응관계를 만들어 내는 것이다; 그래서 정리 2를 르베그의 정리 1로부터 끌어내는 것이 가능하다.

이 대응관계를 만들어 내는 데에 깔려있는 기본 아이디어는 페아노가 공간을 채우는(space-filling) 곡선들을 발견한 것 (4.1절에서 언급된)까지 거슬러 갈 수 있다. 페아노는 그의 예를 산술적으로 정의하였었다. 그 후 곧 힐베르트 [1891]는 페아노가 생각한 형태의 곡선이 다음과 같이 좀 더 직관적으로 만들어질 수 있는 것을 보았다:[3] [0, 1] 에서 단위 정방형 [0, 1 ; 0, 1] 위로의(onto) 연속 사상(mapping)을 정의하기 위하여, 구간을 네 개의 같은 구간 K_1, K_2, K_3, K_4로 나누고 정방형은 네 개의 같은 정방형 J_1, J_2, J_3, J_4로 나눈다; 그림 7의 왼쪽 편에 나타낸 것처럼 각 K_i에 J_i를 연관시킨다. 그리고는 K_1이 네 개의 같은 구간 $K_{11}, K_{12}, K_{13}, K_{14}$로 나뉘어지고 그림 7의 오른편에 나타낸 것처럼 J_1이 네 개의 대응되는 정방형 $J_{11}, J_{12}, J_{13}, J_{14}$로 나뉘어진다. 같은 분할과정이 K_2와 J_2에서, K_3와 J_3에서, K_4와 J_4에서, 등등 반복된다. 이 과정의 n 번째 단계에서 단위 구간이 4^n 개의 같은 구간들 $K_{m_1 \cdots m_n}$으로 나뉘어질 것이고 단위 정방형은 4^n 개의 대응되는 정방형 $J_{m_1 \cdots m_n}$ 으로 나뉘어질 것이다. 여기서 각 m_i는 1, 2, 3, 또는 4와 같다. 그래서 Q가 $[0, 1]$의 점이면, Q는 각 n에 대해 대응되는 구간들 $K_{m_1 \cdots m_n}$ 중 적어도 하나에 속할 것이다. 사실 각 n에 대해, Q를 포함하는 구간 $K^Q_{m_1 \cdots m_n m_{n+1}}$이 $K^Q_{m_1 \cdots m_n}$에 포함되고 Q가 모든 이 구간들에 공통인 유일한 점이 되도록 선택될 수 있다. 또한 정방형들과 구간들 사이의 대응관계는 구간들$K^Q_{m_1 \cdots m_n}$에 대응되는 정방형들 $J^Q_{m_1 \cdots m_n}$ 또한 축소열을 형성하도록 결정되었다. 따라서 $\bigcap_{n=1}^{\infty} J^Q_{m_1 \cdots m_n}$은 한

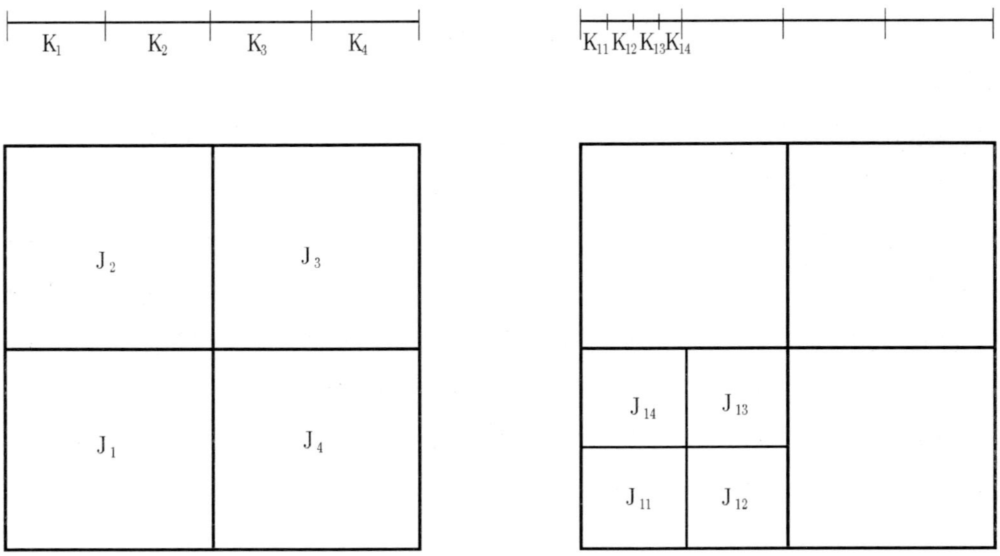

그림 7

3) 라돈의 증명과의 관계를 분명히 하기 위하여 다른 표기법을 사용하여 보여준다.

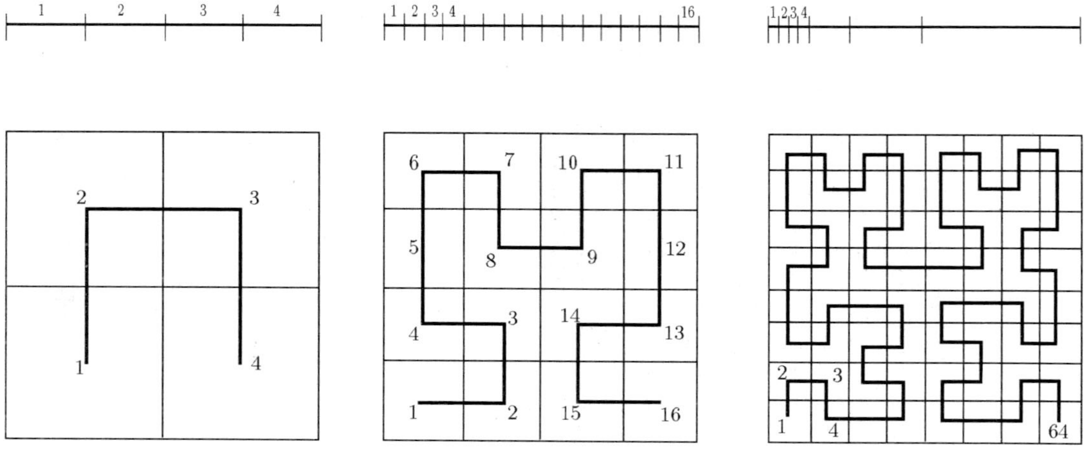

그림 8

개의 점 P를 포함한다. 대응관계 $Q \rightarrow P$는 단위 구간에서 단위 정방형 위로의 연속사상이다. 힐베르트의 논문에서 가져온 그림 8은 정방형의 연이은 분할이 공간을 채우는 곡선에 연이어서 접근하도록 어떻게 사용될 수 있나를 보여준다.

일찍이 1899년에 르베그는 실직선에서 성립하는 것으로 알려진 결과들을 더 높은 차원의 공간으로 확장하는 데에 페아노와 힐베르트의 공간을 채우는 곡선이 유용함을 강조하였다 [1899a: 812]. *Leçons sur l'integration*에서 그는 "페아노의 곡선과 또 다른 비슷한 곡선들이 어떻게 사용될 수 있는지 …"를 설명하기 위하여 이 방법으로 2차원에 대한 하이네-보렐 정리를 증명하였다 [1904: 117]. 르베그는 또한 그가 원래 이 곡선들에 의해 결정되는 n-차원 공간과 1차원 공간 사이의 대응관계에 의해 적분론에 대한 그의 결과들을 다변수함수로 확장하는 것을 시도하였었다고 설명하였다 [1910b]. $M=[a, b]$ 일 때 $L^p(M)$에 대한 그의 결과들 중 대부분이 다음의 대응관계를 적용함으로써 n-차원 공간의 임의의 측정가능 집합 M에 대해 성립될 수 있다는 것을 그가 보았을 때, 그것은 분명히 F. 리슈 [1910]가 마음속에 두었던 대응관계이었다:

> 측도 m을 가진 임의의 차원의 측정가능 집합 M이 주어지면, 이 집합은 길이 m인 직선 위로(onto), 한 집합의 모든 측정가능 부분집합에 같은 측도를 갖는 다른 집합의 측정가능 부분집합이 대응되는 방식으로, 근본적으로 1대 1 되게 (essentially biuniquely) 사상될 수 있다. "근본적으로 1대 1되게 (essentially biuniquely)"란 표현은 다음과 같이 설명된다: 두 집합 각각에 대해 다른 집합에서 아무런 점과 연관되지 않거나 한 점 보다 많은 점이 연관되어 있는 점들이 영집합(null set)을 형성한다 [1910: 497].

근본적으로 힐베르트의 방법인 것을 채택함으로써, 라돈은 리슈의 대응관계를 명백히 정의했고 n-차원 르베그 측도가 집합함수 f로 대치되고 측정가능집합들이 T_f로 대치되는 경우를 포함하도록 그것을 확장하였다.[4] 확장된 형태에서 그 원리는 다음과 같이 된다:

정리 3

다음 성질들을 가진 f-측도 0인 J의 부분집합 E_0와 르베그측도 0인 $K=[0, f(J))$의 부분집합 $\overline{E_0}$ 와 각각 $J-E_0$와 $K-\overline{E_0}$의 점들에서 정의된 함수 α와 β가 존재한다:

(i) 많아야 가산개의 점들 $P=P_i$를 제외하고, $\alpha(P)$는 K의 점 Q이다. 함수 α는 각 예외의 점 P_i에 $i \neq i'$ 이면 $A_i \cap A_{i'} = \varnothing$ 이 되도록 구간 $A_i = \alpha(P_i)$를 연결시킨다.

(ii) $K-\overline{E_0}$ 에 있는 각 Q에 대해 $\beta(Q)$는 $J-E_0$의 점이고, Q가 구간 A_i 중의 하나에 속하지 않으면 $\alpha(\beta(Q))=Q$ 이다.

(iii) E가 임의의 J의 f-측정가능 부분집합이라 하고 E'은 E의 어떤 P에 대해 $\alpha(P)=Q$ 이거나 Q가 A_i에 속하고 P_i가 E에 있는 K의 점 Q들의 집합을

---

4) 라돈은 위의 리슈의 원리를 단지 언급만 하였지만, 잘 알려진 힐베르트의 방법이 그의 증명에 영감을 주었다는 것은 거의 의심의 여지가 없다. 르베그 [1910b]는 라돈이 공부한 논문에서 그것을 논하였다. 사실, 르베그 [1910b: 401-04]는 그의 정리 1을 증명하는 데에 힐베르트의 공간을 채우는 곡선을 1차원의 경우 (정리 5.15)로 만들어서 사용하는 아이디어를 말하였다. 정리 2에 대한 라돈의 증명은 이 아이디어에 기초한다.

나타낸다고 하자. 그러면 E'은 측정가능이고, m이 르베그측도를 나타낼 때, $m(E)=f(E)$ 이다.

(iv) E'이 K의 임의의 측정가능 부분집합이고 E가 $E'-\bigcup_i A_i$에 있는 어떤 Q에 대해 $P=\beta(Q)$ 인 J에 있는 P들의 집합을 나타내면, E는 f-측정가능이고 $f(E)=m(E)$이다.

이 정리와 힐베르트가 공간을 채우는 곡선을 만들어낸 것 사이의 밀접한 관계를 나타내기 위하여, J가 이차원 구간, 즉 모서리가 포함되지 않은 어떤 정사각형인 경우에 (i)과 (ii)에 대한 라돈의 증명이 요약될 것이다. 힐베르트의 예에서와 같이 J가 연속적으로 정사각형으로 나누어진다고 가정하자 – 유일한 차이는 모든 정사각형들이 라돈의 의미에서 구간이라고 하기 때문에, 특정 분할의 정사각형들이 서로 소인 것이다. 구간 $K=[0, f(J))$의 대응되는 분할은 길이 $\frac{1}{4}f(J)$를 가진 것이 아니라 각각 길이 $f(J_1), f(J_2), f(J_3), f(J_4)$를 가진 구간 K_1, K_2, K_3, K_4를 연관시키는 것으로 고쳐진다. 비슷하게 다음 분할단계에서, $J_{11}, J_{12}, J_{13}, J_{14}$에 대응되는 구간 $K_{11}, K_{12}, K_{13}, K_{14}$가 각각 길이 $f(J_{11})$, $f(J_{12})$, $f(J_{13})$, $f(J_{14})$를 갖도록 택해지고, 등등.

힐베르트의 예에서와 같이, J의 모든 P는 P가 그들의 교집합의 유일한 원소인 정사각형들 $J^P_{m_1 \cdots m_n}$, $n=1, 2, 3, \cdots$의 축소열을 결정한다; 정사각형들이 구간이기 때문에 그러한 열은 단 1개 있다. $n=1, 2, 3, \cdots$에 대해 $K^P_{m_1 \cdots m_n}$이 K에 있는 구간들의 대응되는 축소열을 나타낸다고 하자. E_0가 $\bigcap_{n=1}^{\infty} K^P_{m_1 \cdots m_n}=\varnothing$ 인 P의 집합을 나타내면, $f(E_0)=0$ 이다. P가 E_0에 있지 않으면, 대응되는 교집합은 한 개의 점 또는 구간으로 이루어질 것이다. $P \neq P'$ 이면 $\bigcap_{n=1}^{\infty} K^P_{m_1 \cdots m_n}$과 $\bigcap_{n=1}^{\infty} K^{P'}_{m_1' \cdots m_n'}$은 서로 소라는 것이 쉽게 보여 진다; 그러므로 교집합이 구간이 되는 점 P는 많

아야 가산개가 존재한다. 함수 α가 그러면 E_0에 있지 않은 P와 $\bigcap_{n=1}^{\infty} K_{m_1 \cdots m_n}^{P}$ 에 있는 유일한 점 Q 또는 이 교집합이 형성하는 구간을 연관 짓도록 정의된다. β의 정의도 비슷하다: K에 있는 고정점 Q에 대해, 각 구간이 Q를 포함하는 유일한 구간들의 축소열 $K_{m_1 \cdots m_n}$이 있다. $n = 1, 2, 3, \cdots$에 대해, $J_{m_1 \cdots m_n}^{Q}$이 대응되는 정사각형의 열을 나타낸다고 하자. 라돈은 $\bigcap_{n=1}^{\infty} J_{m_1 \cdots m_n}^{Q} = \varnothing$이 되는 Q의 집합 $\overline{E_0}$가 측도 0을 갖는 것을 보였다. Q가 $\overline{E_0}$에 있지 않으면, 교집합은 한 개의 점 P를 포함하고 $\beta(Q)$가 P로 택해진다.

정리 3이 확립되면, 정리 2의 증명은 비교적 쉽다. 정리 2의 주어진 집합함수 g에 대응하는 것은

$$G(E') = g(E) + \sum_i \frac{m(E' \cap A_i)}{m(A_i)} g(P_i) \tag{6}$$

로 정의되는 집합함수 G이다. 여기서 E'은 K의 임의의 측정가능 부분집합이고 E는 정리 3의 (iv)에서 정의된 대응되는 f-측정가능 집합이다. G가 가법적이고 절대연속인 것이 쉽게 보여진다. ($m(E') = 0$ 이면 $G(E') = 0$ 이다.) 그러므로 르베그의 정리 1에 의해

$$G(E') = \int_{E'} \Phi(Q)\, dQ \tag{7}$$

인 합가능 함수 Φ가 존재한다. G의 정의에 의해, 일반성을 잃지 않으면서 함수가 $i = 1, 2, 3, \cdots$에 대해 구간 A_i에서 일정한 값 $\dfrac{g(P_i)}{m(A_i)}$를 취한다고 가정할 수 있다. 라돈은 그리고는 $J - E_0$에서 함수 Ψ를 $\Psi(P) = \Phi(\alpha(P))$로 정의하였다. (6), (7)과 함께 정리 3에서 정의된 대응관계 $E \leftrightarrow E'$의 성질은 Ψ가 f-합가능이고 모든 f-측정가능 집합 E에 대해

$$g(E) = \int_E \Psi(P)\, df$$

임을 보여준다. 적분론에 라돈이 기여한 것은 다른 사람들, 특히 르베그의 아이디

어에 많이 의존했다는 것이 분명하다. 라돈의 $\int_J F df$ 의 정의와 정리 2의 증명에서, 그의 독창성은, 근본적으로, 르베그측도의 맥락에서 이미 말해졌던 많은 것들이 가법적 집합함수와 관련하여 말해질 수 있다는 사실을 깨달은 것이었다. 그는 르베그의 아이디어들이 훨씬 더 일반적 상황에서도 실행가능하다는 것을 인식하였고, 그의 통찰력은 지금 수학에서 평범하게 된 추상측도와 적분론에 대한 다양한 이론과 응용에 의해 입증되었다.

부록

연속함수의 미분에 대한 디니 정리

2.3에서 본 것과 같이, 디니(Dini, U.) [1878: 188]는 다음 정리를 증명하였다:

> f가 $[a, b]$에서 연속이고, 아마도 유한개를 제외한 모든 A의 값들에 대해 $f(x)+Ax+B$가 $[a, b]$에서 많아야 유한개의 극대 극소값을 가지면, $[a, b]$의 조밀집합에서 $f'(x)$가 존재한다.

A에 대한 예외적인 값이 없는 경우를 다루면 디니의 증명방법이 충분히 설명될 것이다. 일반적인 증명은 특별한 흥미가 없는 몇 개의 수정만 하면 된다.

2.3에 있는 몇 몇 정의를 돌아 볼 필요가 있다. $[a, b]$의 부분구간 $I=[p, q]$에 대해, 디니는 물론 $f(x)+Ax+B$ 형태인 함수

$$g(x;p,q)=f(x)-f(p)-\frac{f(q)-f(p)}{q-p}(x-p)$$

를 생각하였다. 또한 l_I와 L_I는 각각, I의 모든 x와 $h\neq 0$인 $x+h$에 대해

$$\frac{f(x+h)-f(x)}{h}$$

의 최대하계와 최소상계를 나타낸다.

$[c, d]$는 $[a, b]$의 임의의 부분구간이라고 하자. 디니는 $f'(x_0)$가 존재하는 x_0가 (c, d)에 존재함을 보임으로써 정리를 증명하였다. 정리의 가정으로부터 그 위에서 f가 단조인 $[c, d]$의 부분구간들 I가 존재함이 보장되어서, l_I나 L_I가 유한이어야 한다. 따라서, 일반성을 잃지 않으면서, $[c, d]$에 대응되는 I 자신이 유한이라고 가정하자. 증명의 핵심이 다음 보조정리에 있다:

$[c, d]$에 포함되는 임의의 구간 I와 임의의 $\epsilon > 0$에 대해, I에 포함되는 구간 J로서 J의 모든 x와 $h \neq 0$인 $x+h$에 대해

(1) $$l_I \leq \frac{f(x+h)-f(x)}{h} \leq l_I + \epsilon$$

인 구간 J가 존재한다.

이 보조정리의 증명은 다음과 같다: l_I의 정의에 의해 $r < s$이고

(2) $$\frac{f(s)-f(r)}{s-r} < l_I + \epsilon$$

인 r과 s가 I에 존재한다. 가정에 의해 $g(x;r,s)$가 유한개의 극대와 극소값을 갖고 g가 r과 s에서 값 0을 취하기 때문에, $[r, s]$에 포함되고 그 위에서 g가 감소하는 구간 J가 존재하고, 이것은 J의 모든 x와 $h \neq 0$인 $x+h$에 대해

(3) $$l_I \leq \frac{f(x+h)-f(x)}{h} \leq \frac{f(s)-f(r)}{s-r}$$

임을 뜻한다. (2)와 (3) 으로 부터 (1)이 나온다.

이제 $f'(x_0)$가 존재하는 x_0가 (c, d)에 존재함을 증명하는데 보조정리가 적용된다: $I_1 = [c, d]$이고 $\epsilon = \frac{1}{2}$라고 하자. 그러면 I_1의 내부에 포함되는 구간 I_2 로서 I_2의 모든 x와 $x+h$에 대해

$$l_1 \leq \frac{f(x+h)-f(x)}{h} \leq l_1 + \frac{1}{2}$$

인 구간 I_2가 존재한다. 여기서 $l_1 = l_{I_1}$ 이다. 다음에 $\epsilon = \frac{1}{2^2}$라 하고 보조정리를 I_2에 적용하여 I_2의 내부에 포함되는 구간 I_3로서 I_3의 모든 x와 $x+h$에 대해

$$l_2 \le \frac{f(x+h)-f(x)}{h} \le l_2 + \frac{1}{2^2}$$

인 구간 I_3를 얻는다. 이와 같이 계속하여 I_{n+1}의 모든 x와 $x+h$에 대해

$$l_n \le \frac{f(x+h)-f(x)}{h} \le l_n + \frac{1}{2^n} \tag{4}$$

인 축소구간열 $I_1 \supset I_2 \supset I_3 \supset \cdots \supset I_n \supset \cdots$을 얻는다. 여기서 I_{n+1}은 I_n의 내부에 포함된다. 수열 l_n은 분명히 증가하고

$$l_{n+1} \le l_1 + \frac{1}{2} + \frac{1}{2^2} + \cdots + \frac{1}{2^n} < l_1 + 1$$

이어서, $l_0 = \lim_{n\to\infty} l_n$ 이 유한이다. 또한, 모든 I_n의 내부에 있고, (4)에 의해 $f'(x_0) = l_0$인 x_0가 존재한다.

❖ 메모

해설

용어해설

절대연속함수(Absolutely continuous function). 임의의 $\epsilon > 0$에 대해 $\sum_{n=1}^{\infty}(b_n - a_n) < \delta$ 인 모든 구간열 $[a_n, b_n]$, $n = 1, 2, 3, \cdots$에 대해 $\sum_{n=1}^{\infty}|F(b_n) - F(a_n)| < \epsilon$이 되는 $\delta > 0$가 존재하면, 함수$y = F(x)$는 절대연속이다.

거의 모든 곳에서 (a.e.). 집합 E에 대해, 어떤 성질이 르베그측도 0인 E의 점들의 집합을 제외하고 E의 모든 점에서 성립할 때 그 성질이 거의 모든 곳에서 (a.e.) 성립한다고 한다.

보렐 집합(Borel set). 보렐의 의미로 측정가능한 집합 (4.2절 보기). 현대 용어로 좀 더 정확히 하면, $[a, b]$의 보렐 집합은 $[a, b]$에서 모든 구간들을 포함하는 가장 작은 $\sigma-$대수 ($\sigma-$algebra)의 원소이다. $[a, b]$에서 $\sigma-$대수란 다음과 같은 $[a, b]$의 부분집합들의 모임 Σ이다: (i) $[a, b]$가 Σ에 있다; (ii) E가 Σ에 있으면, $[a, b]-E$도 Σ에 있다; (iii) $n = 1, 2, 3, \cdots$에 대해 E_n이 Σ에 있으면, $\bigcup_{n=1}^{\infty} E_n$도 Σ에 있다.

집합의 경계(Boundary of a set). 집합 E의 경계점들의 집합 ∂E를 E의 경계라고 부른다. 한 점을 포함하는 모든 열린집합이 E의 점들과 E에 있지 않는 점들을 포함하면 그 점은 E의 경계점이다. 집합의 여집합 - 그 집합에 속하지 않는 점들의 집합 - 이 닫힌집합이면 그 집합은 열린집합이다.

유계변동(Bounded variation). $[a, b]$의 모든 분할 $a = x_0 < x_1 < \cdots < x_n = b$에 대해 $\sum_{i=1}^{n} |f(x_i) - f(x_{i-1})| \le M$ 인 상수 M이 존재하면, 함수 f는 $[a, b]$에서 유계변동을 갖는다고 한다.

특성함수(Characteristic function). 특성함수는 어떤 집합 E에 대해 $\chi_E(x)$ 형태의 함수이다. 여기서 E에 있는 x에 대해 $\chi_E(x) = 1$이고 E에 있지 않는 x에 대해 $\chi_E(x) = 0$이다.

닫힌집합(Closed set). 집합이 자신의 모든 극한점들을 포함하면 닫힌집합이다. 2.1절 보기.

컴팩트집합(Compact set). $E \subset \bigcup_{\alpha} O_\alpha$이고 O_α가 열린집합이면 합집합이 E를 포함하는 유한개의 O_α가 존재하는 성질을 가진 집합 E.

조밀집합(Dense set). $[a, b]$의 모든 부분구간이 E의 점들을 포함하면 집합 E는 $[a, b]$에서 조밀하다.

이산집합(Discrete set). 외측도 0을 갖는 집합에 대해 하낵이 사용한 용어.

제 1종의 함수(First species function). $\frac{f(x+h) - f(x)}{h}$가 다루고 있는 구간의 모든 x와 $h \neq 0$인 $x + h$에 대해 위 또는 아래로 유계인 연속함수 f를 나타내기 위하여 디니가 사용한 용어.

제 1종의 집합(First species set). 어떤 정수 n에 대해 $E^{(n)} = \varnothing$인 집합을 위해 칸토르가 소개한 용어. 여기서 유도집합 $E^{(n)}$은 $E^{(1)} = E'$ - E의 극한점들의 집합 - 이고 $E^{(n)} = (E^{(n-1)})'$으로 정의된다.

푸비니정리(Fubini's theorem). 이중적분과 반복적분이 같다고 하는 모든 정리를 칭하는데 사용된 포괄적 용어.

기본정리 1(Fundamental theorem 1). "어떤" x의 값들에 대하여 $\left(\int_a^x f\right)' = f(x)$ 임을 말하는 모든 정리를 칭할 때 사용된 포괄적 용어. 코시의 이 정리는 1.2절에서 보기.

기본정리 2(Fundamental theorem 2). $\int_a^b f' = f(b) - f(a)$ 임을 말하는 모든 정리를 칭하는데 사용된 포괄적 용어. 코시의 이 정리는 1.2절에서 보기.

기본정리 3(Fundamental theorem 3). $F'(x)$ – 또는 x에서 F의 일반화된 도함수 – 가 x의 어떤 집합에서 0이 되면, F는 상수함수임을 말하는 모든 정리를 칭하는데 사용된 포괄적 용어. 코시의 이 정리는 1.2절에서 보기.

하이네–보렐 정리(Heine–Borel theorem). 가장 일반적 형태로, 이 정리는 n–차원 유클리드 공간의 닫히고 유계인 부분집합이 컴팩트라는 것을 말한다. 보렐은 이 정리를 닫힌구간에 대해 증명하였다. 그의 증명은 하이네가 닫힌구간에서 연속인 함수는 거기에서 균등연속이라는 것을 증명하는 데에 사용했던 방법과 다소 비슷한 것을 사용하였지만, 하이네의 증명은 분명히 바이어슈트라스까지 거슬러 간다. 보렐의 정리에 대한 용어 "하이네–보렐 정리"는 4.3절에서 논의된 집합론에 대한 쇤플리스의 보고서 [1900]에서 도입되었다.

적분가능 함수(Integrable function). 다른 의미가 명백히 언급되지 않는 한, 리만의 의미로 적분가능한 유계함수.

측정가능 함수(Measurable function). 모든 실수 α에 대해 $f(x) > \alpha$인 x의 집합이 르베그–측정가능인 함수 f. 5.1절 보기.

분할의 노름(Norm of a partition). $a = x_0 < x_1 < \cdots < x_n = b$로 정의된 $[a, b]$의 분할 P의 노름은 차 $x_i - x_{i-1}$, $i = 1, 2, \cdots, n$의 최대값이고, $\| P \|$로 표기된다. $(-\infty, \infty)$의 분할의 노름도 비슷하게 정의된다.

어느 곳에서도 조밀하지 않은 집합(Nowhere dense set). $[a, b]$의 임의의 부분구간 I에 대해, E의 점을 하나도 포함하지 않는, I에 포함되는 구간 J가 존재하면, 집합 E는 $[a, b]$의 어느 곳에서도 조밀하지 않다고 한다.

한 점에서 함수의 진폭(Oscillation of a function at a point). f가 x를 포함하는 열린구간에서 정의되면, x에서 f의 진폭은, $M(\delta)$와 $m(\delta)$가 각각 $|t-x|<\delta$에 대한 $f(t)$의 최소상계와 최대하계를 나타낼 때, $\omega_f(x) = \lim_{\delta \to 0}[M(\delta) - m(\delta)]$이다.

축소가능 집합(Reducible set). Ω보다 작은 어떤 서수 γ에 대해 $E^{(\gamma)} = \varnothing$인 성질을 갖는 집합 E. 3.3절 보기

리만의 적분가능 조건(R_1)(Riemann's integrability condition (R_1)). $f(x)$가 $[a, b]$에서 정의되고 유계일 때,

$$\lim_{\| P \| \to 0}(D_1\delta_1 + D_2\delta_2 + \cdots\ D_n\delta_n) = 0$$

이면 f는 리만 조건 (R_1)을 만족시킨다. 여기서 P는 $[a, b]$의 분할 $a = x_0 < x_1 < \cdots < x_n = b$이고 $\delta_i = x_i - x_{i-1}$, D_i는 $[x_{i-1}, x_i]$에서 $f(x)$의 진폭, 즉 $D_i = M_i - m_i$이고 M_i와 m_i는 각각 $[x_{i-1}, x_i]$에서 $f(x)$의 최소상계와 최대하계를 나타낸다. 나중에 (R_1)은 f의 상적분과 하적분이 같다는 조건으로 바뀌었다:

$$\overline{\int_a^b} f(x)\,dx = \underline{\int_a^b} f(x)\,dx.$$

리만의 적분가능 조건(R_2)(Riemann's integrability condition (R_2)). 함수 f와 분할 P를 리만의 적분가능 조건 (R_1)에서와 같다고 놓자. 임의의 $\sigma > 0$와 $\epsilon > 0$에 대해 $\| P \| < \delta$인 모든 분할 P에 대해 $s(P, \sigma) < \epsilon$인 $\delta > 0$가 존재하면 f가 (R_2)를 만족시킨다. 여기서 $s(P, \sigma)$는 (R_1)의 표기에서 $D_i > \sigma$인 δ_i들의 합을 나타낸다. 나중에 (R_2)는 다음의 형태로 표현되었다: 모든 $\sigma > 0$에

대해, $c_e(S_\sigma)=0$. 여기서 S_σ는 x에서 f의 진폭이 σ 보다 큰 모든 x들의 집합이다.

합가능 함수(Summable function). 함수가 르베그의 의미로 적분가능하면 $[a, b]$에서 합가능하다. 모든 유계 측정가능 함수는 합가능이다. 비유계 측정가능 함수는 $\sum_{-\infty}^{\infty}|a_i|m(e_i)<\infty$이면 $[a, b]$에서 합가능하다. 여기서 $\cdots<a_{-2}<a_{-1}<a_0<a_1<a_2<\cdots$이고, a_i-a_{i-1}은 i에 대해 유계이고, e_i는 $[a, b]$에서 $a_i \le f(x)<a_{i+1}$인 모든 x들의 집합이다.

균등유계 급수(Uniformly bounded series). E의 모든 x와 모든 n에 대해 $|S_n(x)| \le M$인 수 M이 존재하면 함수급수 $f(x)=\sum_{n=1}^{\infty}u_n(x)$는 집합 E에서 균등유계이다. 여기서 $S_n(x)=\sum_{k=1}^{n}u_k(x)$ 이다.

균등수렴 급수(Uniformly convergent series). 임의의 $\epsilon>0$에 대해 모든 $n \ge N$과 E의 모든 x에 대해 $|R_n(x)|<\epsilon$인 정수 N이 존재하면 함수급수 $f(x)=\sum_{n=1}^{\infty}u_n(x)$는 집합 E에서 균등하게 수렴한다. 여기서 $R_n(x)=\sum_{k=n+1}^{\infty}u_k(x)$.

❖ 메모

약자 목록

Abh. Gesch. Math.	Abhandlungen zur Geschichte der Mathematik
Acta Math.	Acta Mathematica
Amer. Jl. Math.	American Journal of Mathematics
Amer. Math. Soc. Trans.	Transactions of the American Mathematical Society
Ann. Inst. Fourier.	Annales de l'Institut Fourier
Ann. Mat.	Annali di Mathematica pura ed applicata
Ann. Math.	Annals of Mathematics
Arch. Hist. Exact Sci.	Archive for History of Exact Science
Arch. Math. Phys.	Archiv der Mathematik und Physik
Berlin Ak. Abh.	Abhandlungen der Königlichen Akademie der Wissenschaften zu Berlin
Berlin Ak. Monatsber.	Monatsberichte der Königlich Preusschen Akademie der Wissenschaften zu Berlin
Berlin Ak. Sber.	Sitzungsberichte der Königlich Preussischen Akademie der Wissenschaften zu Berlin
Bologna Acc. Sci. Mem.	Memorie della [R.] Accademia delle Scienze dell'Instituto di Bologna
Brit. Ass. Rep.	Report of the Third Meeting of the British Association for the Advancement of Science. Held at Cambridge in 1833.
Brux., Ac. Bull.	Bulletins de l'Académie Royale des Sciences, des Lettres et des Beaux-Arts de Belgique
Brux., Ac. Mém.	Mémoires de l'Académie Royale des Sciences, des Lettres et des Beaux-Arts de Belgique
Brux., Ac. Sci. Bull.	Académie Royale de Belgique. Bulletin de la classe des sciences. Bruxelles

Brux., Mém. Couronn.	Mémoires Couronnés et Mémoires des Savants Étrangers publiés par l'Académie Royale des Sciences, des Lettres et des Beaux-Arts de Belgique
Brux. Soc. Sci. Ann.	Annales de la Société Scientifique de Bruxelles
Bull. Sci. Math.	Bulletin des Sciences Mathématiques
Cambridge Phil. Soc. Proc.	Proceedings of the Cambridge Philosophical Society
Cambridge Phil. Soc. Trans.	Transactions of the Cambridge Philosophical Society
Catania Acc. Gioen. Bull.	Bullettino Mensile della Accademia Gioenia di Scienze Naturali in Catania [New Series]
Crelle. Jl. Math.	Journal für die reine und angewandte Mathematik
Deutsch. Math. Ver. Jber.	Jahresbericht der Deutschen Mathematiker-Vereinigung
Fortschr. Math.	Jahrbuch über die Fortschritte der Mathematik
Giorn. Mat.	Giornale di Matematiche
Göttingen Nachr.	Nachrichten von der Königl. Gesellschaft der Wissenschaften zu Göttingen. Mathematisch-physikalische Klasse
Helsingfors. Acta.	Acta Societatis Scientiarum Fennicae
Irish Ac. Trans.	The Transactions of the Royal Irish Academy
Lioubille. Jl.Math.	Journal de Mathématiques pures et appliquées...
London Math. Soc. Proc.	Proceedings of the London Mathematical Society
Manchester Lit. Phil. Soc. Mem.	Memoirs of the Literary and Philosophical Society of Manchester
Math. Ann.	Mathematische Annalen
Milano. Ist. Lomb. Rend.	Reale Istituto Lombardo di Scienze e Lettere. Rendiconti
Modena Mem. Soc. Ital.	Memorie di Matematiche e di Fisica della Società Italiana della Scienze, Modena
Monhfte Math. Phys., Wien.	Monatshefte für Mathematik und Physik
München. Ak. Abh.	Abhandlungen der mathematisch-physikalischen Classe der k. b. Akademie der Wissenschaften
München. Ak. Sber.	Sitzungsberichte der mathematisch-physikalischen Classe der k. b. Akademie der Wissenschaften zu München

Palermo Circ. Mat. Rend.	Rendiconti del Circolo Matematico di Palermo
Paris. Ac. Sci. C.R.	Comptes Rendus hebdomadaires des Séances de l'Académie des Sciences
Paris. Ac. Sci. Mém.	Mémoires de l'Académie des Sciences
Paris. École Norm. Ann.	Annales Scientifiques de l'École Normale Supérieure
Paris. École Polyt. Jl.	Journal de l'École Polytechnique
Paris. Soc. Math. Bull.	Bulletin de la Société Mathématique de France
Phil. Trans.	Philosophical Transactions of the Royal Society of London
Pisa, Univ. Toscane Ann.	Annali delle Università Toscane
Quart. Jl. Math.	The Quarterly Journal of Pure and Applied Mathematics
Repert. der Phys.	Repertorium der Physik
Roma. R. Acc. Lincei Rend.	Atti della R. Accademia dei Lincei. Rendiconti
Roma. R. Acc. Lincei Trans.	Atti della R. Accademia dei Lincei. Transunti
Roy. Soc. Proc.	Proceedings of the Royal Society of London
Schweiz. Natf. Ges. Verh.	Verhandlungen der Schweizerischen Naturforschenden Gesellschaft
Stockh., Öfvers.	Öfversigt af Kongl. Vetenskaps-Akademiens Förhandlingar
Torino Acc. Sci. Atti.	Atti della R. Accademia delle Scienze di Torino [Classe di Scienze Fisiche, Matematiche e Naturali]
Toulouse Ann.	Annales de la Faculté des Sciences de Toulouse, pour les Sciences Mathématiques et les Sciences Physiques
Wien, Ak. Sber.	Sitzungsberichte der kaiserlichen Akademie der Wissenschatfen. Mathematisch-Naturwissenschaftliche Classe
Zeitschr. Math. Phys.	Zeitschrift für Mathematik und Physik

참고문헌

Abel, N. H., 1826. "Recherches sur le série $1+(m/1)x+(m(m-1)/1 \cdot 2)x^2 + (m(m-1)(m-2)/1 \cdot 2 \cdot 3)x^2 + \cdots$." *Crelle, Jl. Math., 1*, 221-24.

Ampère, A. M., 1806. "Recherches sur quelques points de la théorie des fonctions derivées qui conduissent à une nouvelle démonstration de la série de Taylor." *Paris Êcole Polyt. Jl., 13*. 148-81.

Appell, P., 1882a. "Développements en série d'une fonction holomorphe dans une aire limitée par des arcs de cercle." *Paris, Ac. Sci. C. R., 94*, 1238-40.

Appell, P., 1882b. "Développements en série dans une aire limitée par des ares de cercle." *Acta Math., 1*, 145-52.

Arzelà, Cesare, 1885a. "Un teorema intorno alle serie di funzioni." *Roma, R. Acc. Lincei Rend., (4) 1*, 262-67.

Arzelà, Cesare, 1885b. "Sulla integrabilità di una serie di funzioni." *Roma, R. Acc. Lincei Rend., (4) 1*, 321-26.

Arzelà, Cesare, 1885c. "Sulla integrazione per serie." *Roma, R. Acc. Lincei Rend., (4) 1*, 532-37, 566-69.

Arzelà, Cesare, 1891. "Sulla integrali doppi." *Bologna Acc. Sci. Mem., (5) 2*, 133-47.

Arzelà, Cesare, 1889-1900. "Sulle serie di funzioni." *Bologna Acc. Sci. Mem., (5) 8*, 131-86, 701-44.

Ascoli, G., 1873. "Ueber trigonometrische Reihen." *Math. Ann., 6*, 231-40.

Ascoil, G., 1875. "Sul concetto di integrale definito." *Roma, R. Acc. Lincei, (2) 2*, 863-72

Ascoli, G., 1883. "Il concetto di lunghezza di curva è indipendente da quello di derivata." *Milano Ist. Lomb. Rend., (2) 16*, 851-53.

Ascoli, G., 1884. "Il concetto di lunghezza di linea non è soltanto indipendente dal concetto di derivata ma anche da quello di continuità." *Milano Ist. Lomb. Rend., (2) 17*, 567-72.

Baire, R., 1898. "Sur les fonctions discontinues qui rattachent aux fonctions continues." *Paris, Ac. Sci., C. R., 126*, 1621-23.

Baire, R., 1899. "Sur les fonctions de variables réelles." *Ann. Mat., (3) 3*, 1-122.

Baire, R., 1905. *Leçons sur les fonctions discontinues.* Paris, Gauthier-Villars.

Bendixson, Ivar, 1883. "Quelques théorèmes de la théorie des ensembles." *Acta. Math., 2*, 415-29.

Bernkopf, Michael, 1966. "The Development of Function Spaces with Particular Reference to Their Origins in Integral Equation Theory." *Arch. Hist. Exact Sci., 3*, 1-96.

Bertrand, Joseph, 1864-70. *Traité de calcul différentiel et de calcul intégral.* 2 vols. Paris, Gauthier-Villars.

Bettazzi, Rodolfo, 1884. "Sui concetti di derivazione e d'integrazione delle funzioni di piu variabili reali." *Giorn. Mat., 22*, 133-67.

Bolzano, B., 1930. *Functionenlehre. Schriften*, Vol. 1. Prague, Karl Petr.

Boole, G., 1848. "On the Analysis of Discontinuous Functions." *Irish Ac. Trans., 21*, 124-39.

Borel, Émile, 1895. "Sur quelques points de la théorie des fonctions." *Paris, École Norm. Ann., (3) 12*, 9-55. Also published separately as a doctoral thesis (Paris, 1894).

Borel, Émile, 1898. *Leçons sur la théorie des fonctions*. Paris, Gauthier-Villars.

Borel, Émile, 1905. *Leçons sur les fonctions de variables réelles*. Paris, Gauthier-Villars.

Borel, Émile, 1905. *Leçons sur les travaux scientifiques de M. Émile Borel*, 2nd ed. Paris, Gauthier-Villars.

Borel, Émile, 1940. *Selecta: Jubilé scientifique de M. Émile Borel*. Paris, Gauthier-Villars.

Borel, Émile, and Jules Drach, 1895. *Introduction a l'étude de la théorie des nombres et de l'algèbre supériure.* Paris, Nony.

Bourbaki, N., 1960. *Éléments d'histoire des mathématiques*. Paris, Hermann.

Boussinesq, J., 1887-90. *Cours d'analyse infinitésimale*...4 vols. Paris, Gauthier-Villars.

Boyer, C. B., 1959. *The History of the Calculus and its Conceptual Development*, 2nd ed. New York, Dover. Reprint of *The Concepts of the Calculus, A Critical and Historical Discussion of the Derivative and the Integral* (New York, Hafner, 1949).

Brodén, T., 1896. "Ueber das Weierstrass-Cantor'sche Condensations-verfahren." *Stockh. Öfvers., 53*, 583-602.

Brodén, T., 1900. "Derivirbare Funktionen mit überall dichten Maxima und Minima." *Stockh. Öfvers., 57*, 423-41, 743-61.

Burkill, J. C., 1942-44. "Henri Lebesgue." *Obituary Notices of Fellows of the Royal Society, 4*, 483-90.

Cajori, Florian, 1919. *A History of Mathematics*, 2nd ed. New York, Macmillan.

Cantor, Georg, 1870a. "Ueber einen die trigonometrischen Reihen betreffenden Lehrsatz." *Crelle, Jl. Math., 72*, 130-38.

Cantor, Georg, 1870b. "Beweis, dass eine für jeden reellen Werth von x durch eine trigonometrische Reihe gegebene Function $f(x)$ sich nur auf eine einzige Weise in dieser Form darstellen lässt," Pt 1. *Crelle, Jl. Math., 72*, 139-42.

Cantor, Georg, 1871a. "Beweis, dass eine für jeden reellen Werth von x durch eine trigonometrische Reihe gegebene Function $f(x)$ sich nur auf eine einzige Weise in dieser Form darstellen lässt," Pt 2. *Crelle, Jl. Math., 73*, 294-96.

Cantor, Georg, 1871b. Review of [Hankel 1870]. *Literarisches Centralblatt für Deutschland*, (February), 150-51.

Cantor, Georg, 1872. "Ueber die Ausdehnung eines Satzes aus der Theorie der trigonometrischen Reihen." *Math. Ann., 5*, 92-101.

Cantor, Georg, 1874. "Ueber eine Eigenschaft des Inbegriffs aller reellen algebraischen Zahlen." *Crelle, Jl. Math., 77*, 258-62

Cantor, Georg, 1879. "Ueber unendliche, lineare Punktmannichfaltigkeiten." Pt 1. *Math. Ann., 15*. 1-7.

Cantor, Georg, 1880. "Ueber unendliche, lineare Punktmannichfaltigkeiten." Pt 2. *Math. Ann., 17*. 355-58.

Cantor, Georg, 1882a. "Ueber ein neues und allgemeines Kondensationsprinzip der Singularitäten von Funktionen." *Math. Ann., 19*, 588-94.

Cantor, Georg, 1882b. "Ueber unendliche, lineare Punktmannichfaltigkeiten." Pt 3. *Math. Ann., 20*, 113-21.

Cantor, Georg, 1883. "Ueber unendliche, lineare Punktmannichfaltigkeiten." Pt 4. *Math. Ann., 21*, 51-58, 545-91.

Cantor, Georg, 1884a. "Ueber unendliche, lineare Punktmannichfaltigkeiten." Pt 5. *Math. Ann., 23*, 453-88.

Cantor, Georg, 1884b. "De la puissance des ensembles parfaits de points: Extrait d'une lettre adressé à l'éditeur." *Acta Math., 4*, 381-92.

Carathéodory C. 1914. "Über das lineare Mass von Punktmengen-eine Verallgemeinerung des Längenbegriffes." *Göttingen Nachr.*, 404-26.

Cauchy, Augustin, 1821. *Cours d'Analyse de l'École Royale Polytechnique*. Paris, deBure. Page references are from *Oeuvres complètes, (2) 3* (1897).

Cauchy, Augustin, 1823. *Résumé des Leçons données à l'École Royale Polytechnique sur le calcul infinitésimale*. Paris, deBure. Page references are from *Oeuvres complètes, (2) 4* (1899).

Cauchy, Augustin, 1827a. "Mémoire sur les intégrales définies." *Paris, Ac. Sci. Mem., 1*. Page references are from *Oeuvres complètes*, (1) 1 (1882), 319-506.

Cauchy, Augustin, 1827b. "Mémoire sur les développements des fonctions en séries périodiques." *Paris, Ac. Sci. Mem., 6*, 603ff. Page references are from *Oeuvres complètes*, *(1) 2* (1908), 12-19.

Cauchy, Augustin, 1829. *Leçons sur le calcul differentiel*. Paris, deBure. Page references are from *Oeuvres complètes*, *(2) 4* (1899), 263-609.

Cauchy, Augustin, 1841. "Mémoire sur le rapport différentiel de deux grandeurs qui varient simultanément." *Exercices d'analyse et de physique mathématique*, Vol. 2, pp.188-229. Page references are from *Oeuvres complètes*, *(2) 12* (1916), 214-62.

Cauchy, Augustin, 1849. "Mémoire sur les fonctions discontinues." *Paris, Ac. Sci. C. R., 28*, 277ff. Page references are from *Oeuvres complètes, (1) 11* (1899), Extract 435, pp.120-26.

Cauchy, Augustin, 1853. "Note sur les séries convergentes dont les divers terms sont des fonctions continues d'une variable réelle ou imaginaire, entre des limites données." *Paris, Ac. Sci. C. R., 36*, 454-59. Page references are from *Oeuvres complètes, (1) 12* (1900), Extract 518, pp.30-36.

Cauchy, Augustin, 1882-1958. *Oeuvres complètes d'Augustin Cauchy.* 26 vols. Paris, Gauthier-Villars.

Cellérier, C., 1890. "Note sur les principes fondamentaux de l'analyse." *Bull. Sci. Math., (2) 14*, 142-60.

Daniell, P. J., 1917-18. "A General Form of the Integral." *Ann. Math., (2) 19*, 279-94.

Darboux, Gaston, 1875. "Mémoire sur la théorie des fonctions discontinues." *Paris, École Norm. Ann., (2) 4*, 57-112.

Darboux, Gaston, 1879. "Addition au mémoire sur les fonctions discontinues." *Paris, École Norm. Ann., (2) 8*, 195-202.

Darboux, Gaston, 1881. *Notice sur les travaux scientifiques de M. Gaston Darboux*, lst ed. Paris, Gauthier-Villars. 2nd ed., 1884.

de la Vallée-Poussin, C., 1892. "Sur la convergence des intégrales défines." *Liouville, Jl. Math., (4) 8*, 421-67.

de la Vallée-Poussin, C., 1893. "Sur quelques applications de l'intégrale de Poisson." *Brux., Soc. Ann., 17*, 18-34.

de la Vallée-Poussin, C., 1899. "Réduction des intégrales multiples généralizées." *Liouville, Jl. Math., (5) 5*, 191-204.

de la Vallée-Poussin, C., 1903. *Cours d'analyse infinitésimale*, Vol. 1. Louvain and Paris.

de la Vallée-Poussin, C., 1910. "Réduction des intégrales doubles de Lebesgue: Application à la définition des fonctions analytiques." *Brux., Ac. Sci. Bull.*, 768-98.

Denjoy, Arnaud, 1912a. "Une extension de l'intégrale de M. Lebesgue." *Paris, Ac. Sci. C. R., 154*, 859-62.

Denjoy, Arnaud, 1912b. "Calcul de la primitive de la fonction dérivée la plus générale." *Paris, Ac. Sci. C. R., 154*, 1075-78.

Denjoy, Arnaud, 1916. "Mémoire sur la totalisation des nombres dérivées non sommables." *Paris, École Norm. Ann., (3) 33*, 127-222.

Dickstein, S., 1899. "Zur Geschichte der Prinzipien der Infinitesmalrechnung: Die Kritiker der 'Theorie des Fonctions Analytiques' von Lagrange." *Abh. Gesch. Math., 9*, 65-79.

Dini, Ulisse, 1874. "La serie di Fourier." *Pisa, Univ. Toscane Ann., 14*, 161-76.

Dini, Ulisse, 1877. "Sopra una classe di funzioni finite e continue, che non hanno mai una derivata." *Roma, R. Acc. Lincei Trans., (3) 1*, 70-72.

Dini, Ulisse, 1877b. "Su alcune funzioni che in tutto un intervallo non hanno mai derivata." *Ann. Mat., (2), 8*, 121-37.

Dini, Ulisse, 1877c. "Sulle funzioni finite continue di variabili reali che non hanno mai derivata." *Roma, R. Acc. Lincei Trans., (3) 1*, 130-33.

Dini, Ulisse, 1878. *Fondamenti per la teorica della funzioni di variabili reali*. Pisa. Translated and supplemented by Jacob Lüroth and Adolf Schepp as *Grundlagen für eine Theorie der Functionen einer veränderlichen reellen Grösse* (Leipzig, B. G. Teubner, 1892).

Dini, Ulisse, 1880. *Serie di Fourier e altre rappresentazioni analitiche delle funzioni di una variabile reale*. Pisa, Eip. T. Nistri.

Dirichlet, P. G. Lejeune, 1829. "Sur la convergence des séries trigonométriques qui servent a représenter une fonction arbitraire entre des limites données." *Crelle, Jl. Math., 4*, 157-69.

Dirichlet, P. G. Lejeune, 1837. "Ueber die Darstellung ganz willkürlicher Functionen durch Sinus-und Cosinusreihen." *Repert. der Phys., 1*, 152-74

Dirichlet, P. G. Lejeune, 1904. G. *Lejeune Dirichlet's Vorlesungen über die Lehre von den einfachen und mehrfachen bestimmten Integralen*. Edited by G. Arendt. Brunswick, Germany, F. Vieweg.

Dirksen, E. H., 1833. "Über die Anwendung der Analysis auf die Rectification der Curven, die Quadratur der Flächen und die Cubatur der Körper." *Berlin Ak. Abh.*, 123-68.

Drach, Jules, 1895. "Sur l'application aux équations différentielles de méthodes analogues à celles de Galois." *Paris, Ac. Sci. C. R., 120*, 73-76.

Drach, Jules, 1898. "Essai sur une theorie générale de l'intégration et sur la classification des transcendentes." *Paris, Ecole Norm. Ann., (3) 15*, 243-384.

du Bois-Reymond, Paul, 1870. *Antrittsprogramm, enthaltend neue Lehrsätze über die Summen unendlicher Reihen zur Ubernahme der ordentlichen Professur für Mathematik an der Üniversität Freiburg in Baden.* Berlin.

du Bois-Reymond, Paul, 1873. "Ueber die Fourier'schen Reihen." *Göttingen Nachr.*, 571-82.

du Bois-Reymond, Paul, 1875a. "Versuch einer Classification der willkürlichen Functionen reeller Argumente nach ihren Aenderungen in den kleinsten Intervallen." *Crelle, Jl. Math., 79*, 21-37.

du Bois-Reymond, Paul, 1875b. "Beweis, dass die Coeffizienten der trigonometrischen Reihe $f(x)=\sum_{p=0}^{\infty}(a_p\cos px+b_p\sin px)$ die Werthe $a_0=\frac{1}{2\pi}\int_{-\pi}^{+\pi}d\alpha f(\alpha)$, $a_p=\frac{1}{\pi}\int_{-\pi}^{+\pi}d\alpha f(\alpha)\cos p\alpha$, $b_p=\frac{1}{\pi}\int_{-\pi}^{+\pi}d\alpha f(\alpha)\sin p\alpha$ haben, jedesmal wenn diese Integrale endlich und bestimmt sind. (Mit. einem Anhang: Über den Fundamentalsatz der Integralrechnung.)" *München, Ak. Abh., 12_1,* 117-66.

du Bois-Reymond, Paul, 1875c. Review of [Thomae 1875]. *Zeitschr. Math. Phys., 20,* 121-29.

du Bois-Reymond, Paul, 1876. "Untersuchungen über die Convergenz und Divergenz der Fourier'schen Darstellungsformeln." *München, Ak. Abh., 12_2,* 1-102.

du Bois-Reymond, Paul, 1879. "Erläuterungen zu den Anfangsgründen der Variationrechnung." *Math. Ann., 15*, 282-315, 564-76.

du Bois-Reymond, Paul, 1880a. *Zur Geschichte der trigonometrischen Reihen: Eine Entgegnung*. Tübingen, H. Laupp.

du Bois-Reymond, Paul, 1880b. "Der Beweis des Fundamentalsatzes der Integralrechnung: $\int_a^b F'(x)dx = F(b) - F(a)$." *Math. Ann., 16*, 115-28.

du Bois-Reymond, Paul, 1882. *Die allgemeine Functionentheorie*. Tübingen, H. Laupp. Translated by G. Milhaud and A. Girot as *Théorie générale des fonctions* (Nice, 1887).

du Bois-Reymond, Paul, 1883a. "Ueber das Doppelintegral." *Crelle, Jl. Math., 94*, 273-90.

du Bois-Reymond, Paul, 1883b. "Ueber die Integration der trigonometrischen Reihe." *Math. Ann., 22*, 260-68.

du Bois-Reymond, Paul, 1885. "Ueber den Begriff der Länge einer Curve." *Acta Math., 6*, 167-68.

du Bois-Reymond, Paul, 1886. "Ueber die Integration der Reihen." *Berlin Ak. Sber.*, 359-71.

du Bois-Reymond, Paul, 1887. "Uber den Convergenzgrad der variablen Reihen und den Stetigkeitsgrad der Functionen zweier Argumente." *Crelle, Jl. Math., 100*, 331-58.

Duhamel, J. M. C., 1847. *Cours d'analyse de l'Ecole polytechnique*, 2nd ed. 2 vols. Paris, Bachelier.

Duhamel, J. M. C., 1856. *Éléments de calcul infinitésimale*. 2 vols. Paris, Mallet-Bachelier.

Duhamel, J. M. C., 1866. *Des méthodes dans les sciences de raisonnement*, Vol 2. Paris, Gauthier-Villars.

Euler, Leonhard, 1748. *Introductio in analysin infinitorum*. 2 vols. Lausanne.

Fatou, P., 1906. "Séries trigonométriques et séries de Taylor." *Acta Math., 30*, 335-400.

Fejér, L., 1900. "Sur les fonctions bornées et intégrables." *Paris, Ac. Sci. C. R., 131*, 984-87.

Fejér, L., 1904. "Untersuchungen über Fouriersche Reihen." *Math. Ann., 58*, 51-69.

Fischer, Ernst, 1904. "Zwei neue Beweise für den 'Fundamentalsatz der Fourierschen Konstenten.'" *Monhfte Math., Phys., Wien, 15*, 69-92.

Fischer, Ernst, 1907a. "Sur la convergence en moyenne." *Paris, Ac. Sci. C. R., 144*, 1022-24.

Fischer, Ernst, 1907b. "Applications d'un théorème sur la convergence moyenne." *Paris, Ac. Sci. C. R., 144*, 1148-51.

Fourier, Joseph, 1822. *La théorie analytique de la chaleur*. Paris, Didot. Translated by Alexander Freeman as *The Analytical Theory of Heat*, Cambridge, 1878. Page references are from the English translation.

Fréchet, Maurice, 1915. "Sur l'intégrale d'une fonctionelle étendue à un ensemble abstrait." *Paris, Soc. Math. Bull., 43*, 248-65.

Fréchet, Maurice, 1965. "La vie et l'oeuvre d'Emile Borel." *L'Enseignement mathematique, (2) 11*, 1-94.

Freycinet, C., 1860. *De l'analyse infinitésimale: Élude sur la métaphysique du haut calcul.* ··· Paris, Mallet-Bachelier.

Fubini, G., 1907. "Sugli integrali multipli." *Roma, R. Acc. Lincei Rend., (5) 16_1*, 608-14.

Galois, É., 1962. *Écrits et mémoires mathématiques d'Évariste Galois*. Edited by Robert Bourgne and J.-P. Azra. Paris, Gauthier-Villars.

Gauss, Karl F., 1863-1929. Werke. 12 vols. Leipzig, B. G. Teubner.

Gilbert, P., 1873a. "Mémoire sur l'existence de la dérivée dans les fonctions continues." *Brux., Mém. Couronn., 23*, No. 3.

Gilbert, P., 1873b. "Rectification au sujet d'un mémoire précédent." *Brux., Ac. Bull., (2) 35*, 709-17.

Gilbert, P., 1892. *Cours d'analyse infinitésimale*, 4th ed. Paris, Gauthier-Villars.

Goursat, E., 1882. "Sur les fonctions uniformes présentant des lacunes." *Paris, Ac. Sci. C. R., 94*, 715-18.

Goursat, E., 1887. "Sur les fonctions à espaces lacunaires." *Bull. Sci. Math., (2) 11*, 109-14.

Hadamard, J., 1898. *Leçons de géométrie élémentaire*, Vol. 1. Paris, A. Colin.

Hadamard, J., 1903. "Sur les opérations fonctionnelles." *Paris, Ac. Sci. C. R., 136*, 351-54.

Hahn, H., 1905. “Über den Fundamentalsatz der Integralrechnung.” *Monhfte Math. Phys., Wien, 16*, 161-66.

Halphén, G., 1882. “Sur la série de Fourier.” *Paris, Ac. Sci. C. R., 95*, 1217-19.

Hankel, H., 1870. *Untersuchungen über unendlich oft oszillierenden und unstetigen Functionen*. Presented at the University of Tübingen, March 6, 1870. Page references are from the reprinting in *Math. Ann.*, 20 (1882), 63-112.

Hankel, H., 1871. “Grenze.” *Allgemeine Encyklopädie der Wissenschaften und Künste,* Sec. I, Pt 90, pp.189-211. Leipzig, F. A. Brockhaus.

Hardy, G. H, 1918. “Sir George Stokes and the Concept of Uniform Convergence.” *Cambridge Phil. Soc. Proc., 19*, 148-56.

Hardy, G. H., 1943. “William Henry Young.” *Obituary Notices of Fellow's of the Royal Society, 4*, 307-23.

Harnack, Axel, 1880. “Über die trigonometrische Reihe und die Darstellung willkü rlicher Functionen.” *Math. Ann., 17*, 122-32.

Harnack, Axel, 1881. *Die Elemente der Differential-und Integral-rechnung*. Leipzig, B. G. Teubner.

Harnack, Axel, 1882a. “Vereinfachung der Beweise in der Theorie der Fourier'schen Reihe.” *Math. Ann., 19*, 235-79.

Harnack, Axel, 1882b. “Berichtigung dem Aufsatz: ‘Ueber die Fourier'sche Reihe.’” *Math. Ann., 19*, 524-28.

Harnack, Axel, 1882c. “Théorie de la série de Fourier.” *Bull. Sci. Math., (2), 6*, 242-60, 265-80, 282-300.

Harnack, Axel, 1883. “Anwendung der Fourier'schen Reihe auf die Theorie der Functionen einer complexen Veränderlichen.” *Math. Ann., 21*, 305-26.

Harnack, Axel, 1884a. “Die allgemeinen Sätze über den Zusammenhang der Functionen einer reellen Variabelen mit ihren Ableitungen,” Pt 1. *Math. Ann., 23*, 244-84.

Harnack, Axel, 1884b. “Notiz über die Abbildung einer stetigen linearen Mannigfaltigkeit auf eine unstetige.” *Math. Ann., 23*, 285-88.

Harnack, Axel, 1884c. "Die allgemeinen Sätze über den Zusammenhang der Functionen einer reellen Variabelen mit ihren Ableitungen," Pt 2. *Math. Ann., 24*, 217-52.

Harnack, Axel, 1884-85. *Lehrbuch der Differential-und Integralrechnung*. 2 vols. Leipzig, B. G. Teubner. Translation, with supplementation, of [Serret 1868].

Harnack, Axel, 1885. "Ueber den Inhalt von Punktmengen." *Math. Ann., 25*, 241-50.

Harnack, Axel, 1886. "Bemerkung zur Theorie des Doppelintegrals." *Math. Ann., 26*, 566-68.

Hausdorff, F., 1919. "Dimension und äusseres Mass." *Math. Ann., 79*, 157-79.

Heine, H., 1870. "Ueber trigonometrische Reihen." *Crelle, Jl. Math., 71*, 353-65.

Hermite, C., 1883. "Sur quelques points de la theorie des fonctions." *Helsingfors, Acta, 12*, 69-94.

Hermite, C., 1891. *Cours de M. Hermite*, 4th ed. Paris, A. Hermann.

Hermite, C., 1916. "Briefe von Ch. Hermite an P. du Bois-Reymond aus den Jahren 1875-1888." *Arch. Math. Phys., (3) 24*, 193-220, 289-310.

Hermite, C., and T. J. Stieltjes, 1905. *Correspondance d'Hermite et de Stieltjes*. 2 vols. Edited by B. Baillaud and H. Bourget. Paris, Gauthier-Villars.

Hilbert, D., 1891. "Ueber die stetige Abbildung einer Linie auf ein Flächenstück." *Math. Ann., 38*, 459-60.

Hobson, E. W., 1906. "On Absolutely Convergent Improper Double Integrals." *London Math. Soc. Proc., (2) 4*, 136-59.

Hobson, E. W., 1907. "On Repeated Integrals." *London Math. Soc. Proc., (2) 5*, 325-34.

Hobson, E. W., 1910. "On Some Fundamental Properties of Lebesgue Integrals in a Two-Dimensional Domain." *London Math. Soc. Proc., (2) 8*, 22-39.

Hobson, E. W., 1926-27. *The Theory of Functions of a Real Variable and the Theory of Fourier Series*, 2nd ed. 2 vols. Cambridge, The University Press.

Hölder, O., 1884. "Zur Theorie der trigonometrischen Reihen." *Math. Ann., 24*, 181-216.

Hoüel, J., 1870. Review of [Hankel 1870]. *Bull. Sci. Math., 1*, 117-24.

Hurwitz, A., 1903. "Uber die Fourierschen Konstanten integrirbarer Funktionen." *Math. Ann., 57*, 425-46.

Jordan, C., 1881. "Sur la série de Fourier." *Paris, Ac. Sci. c. R., 92*, 228-30.

Jordan, C., 1882-87. *Cours d'analyse de l'Ecole Polytechnique*, lst ed. 3 vols. Paris, Gauthier-Villars.

Jordan, C., 1892. "Remarques sur les intégrales défines." *Liouville, Jl. Math., (4) 8*, 69-99.

Jordan, C., 1893-96. *Cours d'analyse de l'Ecole Polytechnique*, 2nd ed. 3 vols. Paris, Gauthier-Villars.

Jourdain, P. E. B., 1906. "The Development of the Theory of Transfinite Numbers," Pt 1. *Arch. Math. Phys., (3) 10*, 254-81.

Jourdain, P. E. B., 1909. "The Development of the Theory of Transfinite Numbers," Pt 2. *Arch. Math. Phys., 14*, 280-311.

Jourdain, P. E. B., 1910. "The Development of the Theory of Transfinite Numbers," Pt 3. *Arch. Math. Phys., 16*, 21-43.

Jourdain, P. E. B., 1913a. "The Origin of Cauchy's Conceptions of a Definite Integral and of the Continuity of a Function." *Isis, 1*, 661-703.

Jourdain, P. E. B., 1913b. "The Development of the Theory of Transfinite Numbers," Pt 4. *Arch. Math. Phys., 22*, 1-21.

Königsberger, L., 1874. *Vorlesungen über die Theorie der elliptischen Functionen, nebst einer Einleitung in die allgemeine Functionenlehre*. Leipzig.

Köpcke, H. A., 1887. "Ueber Differentiirbarkeit und Anschaulichkeit der stetigen Functionen." *Math. Ann., 29*, 123-40.

Köpcke, H. A., 1889. "Ueber eine durchaus differentiirbare, stetige Function mit Oscillationen in jedem Intervalle." *Math. Ann., 34*, 161-71.

Köpcke, H. A., 1890. "Nachtrag zu dem Aufsatze 'Ueber eine durchaus differentiirbare, stetige Function …'" *Math. Ann., 35*, 104-09.

Kronecker, L., 1879. "… Notiz über Potenzreihen …" *Berlin Ak. Monatsber.*, 53-58.

Kronecker, L., 1889. "Paul du Bois-Reymond." *Crelle, Jl. Math., 104*.

Lacroix, S. F., 1810-19. *Traité de calcul différentiel et de calcul intégral*, 2nd ed. 3 vols. Paris, Courcier.

Lagrange, J. L., 1772. "Sur une nouvelle espèce de calcul relatif à la différentiation et à l'intégration des quantités variables." *Nouveaux Mémoires de l'Académie royale des Sciences et Belles-Lettres de Berlin*, 185-221.

Lagrange, J. L., 1797. *Théorie des fonctions analytiques* ··· Paris.

Lagrange, J. L., 1803. "Leçons sur le calcul des fonctions." *Paris, Ecole Polyt. Jl., (1) 12.*

Lamarle, A. H. E., 1855. "Étude approfondie sur les deux équations fondamentales lim $(f(x+h)-f(x))/h=f'(x)$ et $dy=f'(x)\Delta x$." *Brux., Ac. Mem., 29.*

Lebesgue, H., 1898. "Sur l'approximation des fonctions." *Bull. Sci. Math., 22*, 278-87.

Lebesgue, H., 1899a. "Sur les fonctions de plusieurs variables." *Paris, Ac. Sci. C. R., 128*, 811-13.

Lebesgue, H., 1899b. "Sur quelques surfaces non réglées applicables sur le plan." *Paris, Ac. Sci. C. R., 128*, 1502-05.

Lebesgue, H., 1899c. "Sur la définition de l'aire d'une surface." *Paris, Ac. Sci. C. R., 129*, 870-73.

Lebesgue, H., 1900a. "Sur la définition de certaines intégrales de surface." *Paris, Ac. Sci. c. R., 131*, 867-70.

Lebesgue, H., 1900b. "Sur le minimum de certaines intégrales." *Paris, Ac. Sci. C. R., 131*, 935-37.

Lebesgue, H., 1901. "Sur une généralisation de l'intégrale définie." *Paris, Ac. Sci. C. R., 132*, 1025-28.

Lebesgue, H., 1902a. "Intégrale, longueur, aire." *Ann. Mat., (3) 7*, 231-359.

Lebesgue, H., 1902b. "Un théoréme sur les séries trigonométriques." *Paris, Ac. Sci. C. R., 134*, 585-87.

Lebesgue, H., 1903a. "Sur les séries trigonométriques." *Paris, Ecole Norm. Ann., (3) 20*, 453-85.

Lebesgue, H., 1903b. "Sur l'existence des dérivées." *Paris, Ac. Sci. C. R., 136*, 659-61.

Lebesgue, H., 1903c. "Sur une propriété des fonctions." *Paris, Ac. Sci. C. R., 137*, 1228-30.

Lebesgue, H., 1904. *Leçons sur l'intégration et la recherche des fonctions primitives*. Paris, Gauthier-Villars.

Lebesgue, H., 1905a. "Sur une condition de convergence des séries de Fourier." *Paris, Ac. Sci. C. R., 140*, 1378-81.

Lebesgue, H., 1905b. "Recherches sur la convergence des séries de Fourier." *Math. Ann., 61*, 251-80.

Lebesgue, H., 1906a. *Leçons sur les séries trigonométriques*. Paris, Gauthier-Villars.

Lebesgue, H., 1906b. "Sur les fonctions dérivées." *Roma, R. Acc. linces Rend., (5)* 15_2, 3-8.

Lebesgue, H., 1907a. "Encore une observation sur les fonctions dérivées." *Roma, R. Acc. Lincei Rend., (5)* 16_1, 92-100.

Lebesgue, H., 1907b. "Sur la recherche des fonctions primitives par l'intégration." *Roma, R. Acc. Lincei Rend., (5)* 16_1, 283-90.

Lebesgue, H., 1907c. "Contribution a l'étude des correspondences de M. Zermelo." *Bull. Soc. Math. de France, 35*, 202-21.

Lebesgue, H., 1908. "Sur la méthode de M. Goursat pour la résolution de l'équation de Fredholm." *Paris, Soc. Math. Bull, 36*, 3-19.

Lebesgue, H., 1910a. "Sur l'intégrale de Stieltjes et sur les opérations linéaires." *Paris, Ac. Sci. C. R., 150*, 86-88.

Lebesgue, H., 1910b. "Sur l'intégration des fonctions discontinues." *Paris, École Norm. Ann., (3) 27*, 361-450.

Lebesgue, H., 1922. *Notice sur les travaux scientifiques de M. Henri Lebesgue*. Toulouse.

Lebesgue, H., 1926. "Notice sur la via et les travaux de Camille Jordan." *Paris, Ac. Sci. Mém., (2) 58*, xxxix-lxvi.

Lebesgue, H., 1927. "Sur le développement de la notion d'intégrale." *Revue de métaphysique et de morale, 34*, 149-67.

Lebesgue, H., 1932. "Notice sur René-Louis Baire, Correspondant pour la Section de Géometrie." *Paris. Ac. Sci. C. R., 195*, 86-88.

Lebesgue, H., 1966. *Measure and the Integral*. Edited, with a biographical essay, by Kenneth O. May. San Francisco, Holden-Day.

Levi, B., 1906a. "Richerche sulle funzioni derivate." *Roma, R. Acc. Lincei Rend., (5) 15_1*, 433-38, 551-58.

Levi, B., 1906b. "Richerche sopra la funzioni derivate." *Roma, R. Acc. Lincei Rend., (5) 15_1*, 674-84.

Levi, B., 1906c. "Ancora alcune osservazione sulle funzioni derivate." *Roma, R. Acc. Lincei Rend., (5) 15_2*, 358-68.

Levi, B., 1906d. "Sopra l'integrazione delle serie." *Milano Ist. Lomb. Rend., (2) 39*, 775-80.

Levi, B., 1906e. "Sul principio di Dirichlet." *Palermo, Circ. Mat. Rend., 22*, 293-359.

Libri, G., 1831-33. "Mémoire sur les fonctions discontinues." *Crelle, Jl. Math., 7 (1831), 224-33; 10* (1833), 303-16.

Libri, G., 1842. "Mémoire sur l'emploi des fonctions discontinues dans l'analyse, pour la recherche des formules générales." *Paris, Ac. Sci. C. R., 15*, 401-11.

Lipschitz, R., 1864. "De explicatione per series trigonometricas instituenda functionum unius variabilis arbitrariarum, et praecipue earum, quae per variabilis spatium finitum valorum maximorum et minimorum numerum habent infinitum, disquisitio." *Crelle, Jl. Math., 63*, 296-308. Translated as [Montel 1912a].

Lipschitz, R., 1877-80. *Lehrbuch der Analysis*. 2 vols. Bonn, M. Cohen.

MacFarlane, Alexander, 1916. *Lectures on Ten British Mathematicians of the Nineteenth Century*, 1st ed. New York, John Wiley and Sons.

Manheim, J. H., 1964. The Genesis of Point Set Topology. New York, Macmillan.

May, Kenneth O., 1966. "Biographical Sketch of Henry Lebesgue." [Lebesgue 1966: 1-7].

Meschowski, H., 1961. *Denkweisen grosser Mathematiker: Ein Weg zur Geschichte der Mathematik*. Brunswick, Germany, F. Vieweg.

Meyer, Gustav Ferdinand, 1871. *Vorlesungen über die Theorie der bestimmten Integrale zwischen reellen Grenzen, mit vorzüglicher Berücksichtigung der von P. Gustav Lejeune-Dirichlet im Sommer 1858 gehaltenen Vorträge über bestimmte Integrale*. Leipzig, B. G. Teubner.

Mittag-Leffler, G., 1912. "Zur Biographie von Weierstrass." *Acta Math., 35*, 29-65.

Mittag-Leffler, G., 1923. "Weierstrass et Sonja Kowalewsky." *Acta Math., 39*, 133-98.

Montel, P., 1912a. "Recherches sur le développement en séries trigonométriques des fonctions arbitraires d'une variable et principalement de celles qui, dans un intervalle fini, admettent une infinité de maxima et de minima." *Acta Math., 36*, 281-95. Translation of [lipschitz 1864].

Montel, P., 1912b. "Intégration et dérivation." *Encyclopédie des sciences mathématiques pures at appliquées*, Tome II, Vol. 1, Fasc. 2, pp.171-209. Paris, Gauthier-Villars, and Leipzig, B. G. Teubner.

Moore, E. H., 1901a. "Concerning Harnack's Theory of Improper Definite Integrals." *Amer. Math. Soc. Trans., 2*, 296-330.

Moore, E. H., 1901b. "On the Theory of Improper Definite Integrals." *Amer. Math. Soc. Trans., 2*, 459-75.

Murphy, R., 1833. "On the Inverse Method of Definite Integrals with Physical Applications." *Cambridge, Phil. Soc. Trans., 4*, 353-408.

Osgood, W. F., 1896. "Ueber die ungleichmässige Convergenz und die gliedweise Integration der Reihen." *Göttingen Nachr.*, 288-91.

Osgood, W. F., 1897. "Non Uniform Convergence and the Integration of Series Term by Term." *Amer. Jl. Math., 19*, 155-90.

Pasch, M., 1887. "Ueber einzige Punkte der Functionentheorie." *Math. Ann., 30*, 132-54.

Peacock, George, 1833. "Report on the Recent Progress and Present State of Certain Branches of Analysis." *Brit. Ass. Rep.*, 185-352.

Peano, G., 1883. "Sulla integrabilità delle funzioni." *Torino Acc. Sci. Atti, 18*, 439-46.

Peano, G., 1887. *Applicazione geometriche del calcolo infinitesimale*. Torino, Bocca.

Peano, G., 1890. "Sur une courbe qui remplit une aire." *Math. Ann., 36*, 157-60.

Pereno, Italo, 1897. "Sulle funzioni derivabili in ogni punto ed infinitamente oscillanti in ogni intervallo." *Giorn. Mat., 35*, 132-49.

Picard, Émile, 1891. Traité d'analyse, Vol. 1. Paris, Gauthier-Villars.

Piola, G., 1828. "Sulla teoria delle funzioni discontinue." *Modena Mem. Soc. Ital., 20,* 573-639.

Poincaré, H., 1883. "Sur les fonctions à espaces lacunaires." *Helsingfors, Math, 12.* 343-50.

Poincaré, H., 1892. "Sur les fonctions à espaces lacunaires." *Amer.* Jl. *Math, 14.* 201-21.

Pompeiu, D., 1907. "Sur les fonctions dérivées." *Math. Ann., 63,* 326-32.

Pringsheim, A., 1892. "Zur Theorie der Taylor'sche Reihe und der analytischen Functionen mit beschränktem Existenzbereich." *München, Ak. Sber., 22,* 211-45. Also in *Math. Ann., 42* (1893), 153-84.

Pringsheim, A., 1900. "Zur Theorie des Doppel-Integrals, des Green'schen und Cauchy'schen Integralsatzes." *München, Ak. Sber., 29,* 39-62.

Pringsheim, A., and J. Molk, 1909. "Principes fondamentaux de la théorie des fonctions." *Encyclopédie des sciences mathématiques pures et appliquees*, Tome II, Vol. 1, Fasc. 1. Paris, Gauthier-Villars.

Raabe, J. L., 1839-47. *Die Differential-und Integralrechnung.* 2 vols. Zürich, Orell, Füssli und Cie.

Radon, J., 1913. "Theorie und Anwendungen der absolut additiven Mengenfunctionen." *Wien, Ak. Sber.,* 122_{IIa}, 1295-1438.

Rawson, R., 1848. "A New Mode of Representing Discontinuous Functions." *Manchester Lit. Phil. Soc. Mem., (2) 8,* 235-64.

Reiff, R., 1889. *Geschichte der unendlichen Reihen.* Tübingen, H. Laupp.

Riemann, Bernhard, 1851. "Grundlagen für eine allgemeine Theorie der Functionen einer veränderlichen complexen Grösse." Inaugural dissertation, Göttingen. Page references are from *Werke*, pp.1-48.

Riemann, Bernhard, 1902. *Gesammelte Mathematische Werke und Wissenschaftlicher Nachlass*, 2nd ed., and *Nachträge.* Leipzig, B. G., Teubner.

Riesz, F., 1906. "Sur les ensembles de fonctions." *Paris, Ac. Sci. C. R., 143,* 738-41.

Riesz, F., 1907a. "Sur les systèmes orthogonaux de fonctions." *Paris, Ac. Sci. C. R., 144,* 615-19.

Riesz, F., 1907b. "Über orthogonale Funktionensysteme." *Göthingen Nachr.,* 116-22.

Riesz, F., 1909a. "Sur les suites de fonctions mesurables." *Paris, Ac. Sci. C. R., 148*, 1303-05.

Riesz, F., 1909b. "Sur les opérations fonctionnelles linéaires." *Paris, Ac. Sci. C. R., 149*, 974-77.

Riesz, F., 1910. "Untersuchungen über Systeme integrirbarer Funktionen." *Math. Ann., 69*, 449-97.

Riesz, F., 1949. "L'Évolution de la notion d'intégrale depuis Lebesgue." *Ann. Inst. Fourier, 1*, 29-42.

Rubini, R., 1868. *Elemenli di calcolo infinitesimale*, Vol. 1. Naples.

Scheeffer, L., 1884a. "Allgemeine Untersuchungen über Rectification der Curven." *Acta Math., 5*, 49-82.

Scheeffer, L., 1884b. "Zur Theorie der stetigen Funktionen einer reellen Veränderlichen." *Acta Math., 5*, 183-94.

Sehlesinger, L., 1912. "Über Gauss' Arbeiten zur Funktionentheorie." *Materialen füreine wissenschaftliche Biographie von Gauss*, Pt 3. Leipzig, B. G. Teubner.

Sehmidt, E., 1906. "Sur la puissance des systèmes orthogonaux." *Paris, Ac. Sci. C. R., 143*, 955-57.

Sehoenflies, Arthur, 1900. "Die Entwickelung der Lehre von den Punktmannigfaltigkeiten." *Deutsch. Math. Ver. Jber., 8*.

Schoenflies, Arthur, 1901. "Ueber die oscillirenden differenzirbaren Functionen." *Math. Ann., 54*, 553-63.

Schwarz, H. A., 1870. Letter to Georg Cantor dated 25 February. [Meschkowski, 1961: 78-79].

Schwarz, H. A., 1872. "Zur Integration der partiellen Differentialgleichung. $\partial^2 u/\partial x^2 + \partial^2 u/\partial y^2 = 0$." *Crelle, Jl. Math., 74*, 218-53.

Schwarz, H. A., 1873. "Neues Beispiel einer stetigen nicht differentiirbaren Function." *Schweiz. Natf. Gas. Verh., 56*, 252-58.

Seidel, P. L., 1850. "Note über eine Eigenschaft der Reihen, welche discontinuirliche Functionen darstellen." *München, Ak. Abh., 5*, 379-93.

Serret, J. A., 1868. *Cours de calcul différentiel et intégral.* 2 vols. Paris, Gauthier-Villars. Translated into German, with supplementation, as [Harnack 1884-85].

Singh, A. N., 1953. "The Theory and Construction of Non-differentiable Functions." *Squaring the Circle and Other Monographs*. New York, Chelsea.

Smith, H. J. S., 1875. "On the Integration of Discontinuous Functions." *London Math. Soc. Proc.,* 6, 140-53.

Stieltjes, T.-J., 1887. "Exemple d'une fonction qui n'existe qu'a l'intérieur d'un cercle." *Bull. Sci. Math., (2) 11*, 46-51.

Stieltjes, T.-J., 1894. "Recherches sur les fractions continues." *Toulouse Ann., 8*, J.1-J.122.

Stokes, G. G., 1848. "On the Critical Values of the Sums of Periodic Series." *Cambridge, Phil. Soc. Trans.,* 8_5, 533-83. Also in [Stokes 1880-1905: I, 236-313].

Stokes, G. G., 1880-1905. *Mathematical and Physical Papers*. 5 vols. Cambridge, At the University Press.

Stolz, O., 1898. "B. Bolzano's Bedeutung in der Geschichte der Infinitesimalrechnung." *Math. Ann., 18*, 256-79.

Stolz, O., 1884. "Ueber einen zu einer unendlichen Punktmenge gehörigen Grenzwerth." Math. Ann., 23, 152-56.

Stolz, O., 1893-99. *Grundzüge der Differential-und Integralrechnung*. 3 vols. Leipzig, B. G. Teubner.

Stolz, O., 1898. "Zur Erklärung der absolut convergenten uneigentlichen Integrale." *Wien, Ak. Sber.,* 107_{IIa}, 207-24.

Stolz, O., 1902a. "Zur Erklärung der Bogenlänge und des Inhaltes einer krummen Fläche." *Amer, Math. Soc. Trans., 3*, 23-33.

Stolz, O., 1902b. "Nachtrag zum Artikel: 'Zur Erklärung der Bogenlänge usw.'" *Amer. Math. Soc. Trans., 3*, 302-04.

Study, E., 1896. "Ueber eine besondere Classe von Funktionen einer reellen Veränderlichen." *Math. Ann., 47*, 298-316.

Tannery, Jules, 1887. Review of [Peano 1887]. *Bull. Sci. Math., (2) 11*, 237-39.

Thomae, K. J., 1875. *Einleitung in die Theorie der bestimmten Integrale*. Halle.

Thomae, K. J., 1876. "Zur Definition des bestimmtes Integrales durch den Grenzwerth einer Summe." *Zeitschr. Math. Phys., 21*, 224-27.

Thomae, K. J., 1878. "Ueber bestimmte Integrale." *Zeitschr. Math. Phys., 23*, 67-68.

Van Vleck, E. B., 1908. "On Non-measurable Sets of Points with an Example." *Amer. Math. Soc. Trans., 9*, 237-44.

Veltmann, W., 1882. "Ueber die Anordnung unendlich vieler Singularitäten einer Function." *Zeitschr. Math. Phys., 27*, 176-79.

Vitali, G., 1903. "Sulla condizione di integrabilità delle funzioni." *Catania Acc. Gioen. Bull., 79*, 27-30.

Vitali, G., 1904a. "Sulla integrabilità delle funzioni." *Milano, Ist. Lomb. Rend., (2) 37*, 69-73.

Vitali, G., 1904b. "Sui gruppi di punti." *Palermo, Circ. Mat. Rend., 18*, 116-26.

Vitali, G., 1904-05. "Sulla funzioni integrali." *Torino Acc. Sci. Atti, 40*, 1021-34.

Vitali, G., 1905a. "Sopra l'integrazione di serie di funzioni di una variabile reale." *Catania Acc. Gioen. Bull., 86*, 3-9.

Vitali, G., 1905b. *Sul problema della misura dei gruppi de punti di una retta.* Bologna.

Vitali, G., 1907. "Sull'integrazione per serie." *Palermo, Circ. Mat. Rend., 23*, 137-55.

Vitali, G., 1907-08. "Sui gruppi di punti e sulle funzioni di variabili reali." *Torino Acc. Sci. Atti., 43*, 229-46.

Volterra, V., 1881a. "Alcune osservazioni sulle funzioni punteggiate discontinue." *Giorn. Mat., 19*, 76-86.

Volterra, V., 1881b. "Sui principii del calcolo integrale." *Giorn. Mat., 19*. 333-72.

Volterra, V., 1889. "Sur une généralisation de la théorie des fonctions d'une variable imaginaire." *Acta Math., 12*, 233-86.

Weierstrass, Karl, 1880. "Zur Functionenlehre." *Berlin Ak. Monatsber*, 719-43.

Weierstrass, Karl, 1894-1927. *Mathematische Werke*. 7 vols. Berlin, Mayer and Müller.

Weierstrass, Karl, 1923a. "Briefe von K. Weierstrass an Paul du Bois-Reymond" [with notes by G. Mittag-Leffler]. *Acta. Math., 39*, 199-225.

Weierstrass, Karl, 1923b. "Briefe von K. Weierstrass an L. Koenigsberger." *Acta. Math., 39*, 226-39.

Weyl, H., 1909. "Über die konvergenz von Reihen, die nach Orthogonalfunktionen fortschreiten." *Math. Ann., 67*, 225-45.

Young, G. C., 1916. "On Infinite Derivatives: An Essay." *Quart. Jl. Math., 47*, 127-75.

Young, W. H., 1903a. "Sets of Intervals on the Straight Line." *London Math. Soc. Proc., 35*, 245-68.

Young, W. H., 1903b. "On Closed Sets of Points as the Limit of a Sequence of Closed Sets of Points." *London Math. Soc. Proc., 35*, 269-82.

Young, W. H., 1903c. "A Note on Unclosed Sets of Points as the Limit of a Sequence of Closed Sets of Points." *London Math. Soc. Proc., 35*, 283-84.

Young, W. H., 1903d. "Overlapping Intervals." *London Math. Proc., 35*, 384-88.

Young, W. H., 1904a. "A Note on the Condition of Integrability of a Function of One Variable." *Quart. Jl. Math., 35*, 189-92.

Young, W. H., 1904b. "Open Sets and the Theory of Content." *London Math. Soc. Proc., (2) 2*, 16-51.

Young, W. H., 1904c. "The General Theory of Integration." *Roy. Soc. Proc., 73*, 445-49. Abstract of [Young 1905].

Young, W. H., 1904d. "On Upper and Lower Integration." *London Math. Soc. Proc., (2) 2*, 52-66.

Young, W. H., 1905. "On the General Theory of Integration." *Phil. Trans., 204*, 221-52. (The abstract of this is [Young 1904e].)

찾아보기

인명 색인

• 역자 소개 •

김 경 화

1973. 2 서울대학교 문리과대학 수학과 졸업(B.S.)
1981. 5 미국 퍼듀대학교 졸업(Ph.D.)
1981. 3 ~ 현재 이화여자대학교 교수

〈역서〉

· 지식의 추구와 수학(1994)
· 미분적분학사 – 그 개념의 발달(2004)

르베그 적분 기원과 발달 [제2판]

Lebesgue's Theory of Integration:
Its Origins and Development, Second Edition

2012년 1월 15일 초판 발행
2023년 7월 5일 초판 1쇄 발행

저 자 / Tomas Hawkins
역 자 / 김경화
발행자 / 오판근
발행처 / 교우사

주 소 / 서울특별시 동대문구 약령시로 8 교우빌딩 2층
전 화 / 925-2861(代), 편집부 / 925-2825
팩 스 / 925-2860

E–mail / kyowoo@kyowoo.co.kr
http://www.kyowoo.co.kr

등록 / 1994. 3. 24 제6-0256호

ISBN 978-89-8172-907-3 (93410)

값 22,000원